高职高专"十二五"规划教材

有机化学

孙洪涛　胡志泉　主　编
韩　宗　副主编

化学工业出版社

·北京·

本书按照化学、化工及相关专业基础化学教学的基本要求，着重介绍了有机化学的基本理论和基本知识。全书共 13 章，主要内容有绪论、烷烃、烯烃、炔烃、二烯烃、脂环烃、芳香烃、卤代烃、醇酚醚、醛酮、羧酸及其衍生物、含氮有机物、杂环化合物等。书中采用了现行国家标准规定的术语、符号和单位，化合物的命名依据 IUPAC 及中国化学会提出的命名原则。

　　本书适合于高职高专石油化工、材料、环境、制药、分析检验等专业的教学用书，还可供从事化学、化工及相关技术专业的工作人员学习和参考。

图书在版编目（CIP）数据

　　有机化学/孙洪涛，胡志泉主编 . —北京：化学工业出版社，2013.1（2020.1重印）
　　高职高专"十二五"规划教材
　　ISBN 978-7-122-15733-1

　　Ⅰ.①有… Ⅱ.①孙…②胡… Ⅲ.①有机化学-高等职业教育-教材 Ⅳ.①O62

　　中国版本图书馆 CIP 数据核字（2012）第 257759 号

责任编辑：旷英姿　石　磊　　　　　　　　　　文字编辑：陈　雨
责任校对：徐贞珍　　　　　　　　　　　　　　装帧设计：王晓宇

出版发行：化学工业出版社（北京市东城区青年湖南街 13 号　邮政编码 100011）
印　　装：大厂聚鑫印刷有限责任公司
787mm×1092mm　1/16　印张 12¼　字数 279 千字　2020 年 1 月北京第 1 版第 5 次印刷

购书咨询：010-64518888　　　　　　　　售后服务：010-64518899
网　　址：http://www.cip.com.cn
凡购买本书，如有缺损质量问题，本社销售中心负责调换。

定　　价：25.00 元　　　　　　　　　　　　　　　　　版权所有　违者必究

前　言

本教材是根据教育部有关高职高专教材建设精神，按照化学、化工及相关专业基础化学教学的基本要求编写的。可作为高职高专院校化学、化工及相关专业的教学用书，也可作为其他专业人员的学习或参考书。

当前，为贯彻落实《国家中长期教育改革和发展规划纲要（2010～2020年）》和《国家中长期人才发展规划纲要（2010～2020年）》，在高等学校内开始启动实施了"卓越工程师教育培养计划"（简称"卓越计划"）的重大改革项目。在这一背景下，本书在编写过程中，本着"实用、实际、必需、够用"的原则，融入了现代高职教育理念，更加注重把知识传授与培养学生分析问题和解决问题的能力有机结合，强调理论知识的应用性，突出了理论联系实际，不盲目追求基础理论的完整性、系统性以及专业知识的"高、精、尖"，对有机化合物的结构理论、反应机理部分进行了简化。通过在章节中插入阅读资料"走进生活"，提供新知识、新技术以及环保方面的知识等，拓宽学习视野，激发学生学习本门课程的兴趣。

本教材在整体上以简明为特点，基本内容覆盖面宽而不杂。表述深入浅出，简明扼要，突出重点。本教材共有13章，第1章为绪论，主要介绍有机化合物的特点和有机化学的基本理论知识；从第2章开始，主要以官能团为纲，以基本反应为主线，阐明各类有机化合物的基本性质。

本书由孙洪涛、胡志泉主编，韩宗副主编。参加本书编写的人员有：胡志泉（第一至第五章），沈晓洁（第六、第七章），孙洪涛（第八至第十一章），韩宗（第十二、第十三章）。程军、蒋诗洋参加了书中部分文字、图表的编辑工作。为方便教学，本书配有电子课件。

教材在编写过程中，得到了沈阳工业大学石油化工学院相关领导的支持和帮助，在此表示衷心感谢！对本书所引用文献资料的作者表示深深的谢意！

限于编者水平，若有疏漏和不当之处，恳请各位老师和读者批评指正。

编者

2012 年 6 月

目　　录

第一章 绪 论

第一节 有机化合物和有机化学

一、有机化合物

有机化合物与人们的生活密切相关。棉花、羊毛、蚕丝、合成纤维、脂肪、蛋白质、碳水化合物、木材、煤、石油、天然气、橡胶及合成橡胶、塑料、各种药物、染料、添加剂、化妆品等都包含有机化合物。早期，有机化合物系指由动植物有机体内取得的物质。自1828年德国化学家维勒人工合成尿素后，有机物和无机物之间的界线随之消失，但由于历史和习惯的原因，"有机"这个名词仍沿用。大量研究表明，所有的有机化合物中都含有碳元素，绝大多数有机化合物中含有氢元素，许多有机化合物除了含碳和氢两种元素外，还含有氧、氮、硫、磷等元素。从化学组成上看，有机化合物可以看作是碳氢化合物，以及从碳氢化合物衍生而得的化合物。因此，有机化合物可以定义为碳氢化合物及其衍生物。部分有机物来自植物界，但绝大多数是以石油、天然气、煤等作为原料，通过人工合成的方法制得。

众所周知，有机化合物与无机化合物虽然没有截然不同的界限，但在性质上存在着一定的差异。有机化合物一般具有如下特性：

1. 易燃烧

除少数例外，一般有机化合物都含有碳和氢两种元素，因此容易燃烧，生成二氧化碳和水，同时放出大量的热量。大多数无机化合物，如酸、碱、盐、氧化物等都不能燃烧。可利用这个性质来初步区别有机物和无机物。我们日常食用的糖和盐可以看成是有机物和无机物的两个典型代表。糖加热发烟、变黑、烧焦，而盐是烧不焦的。

2. 熔、沸点低

在室温下，绝大多数无机化合物都是高熔点的固体，而有机化合物通常为气体、液体或低熔点的固体。例如，氯化钠和丙酮的相对分子质量相当，但二者的熔、沸点相差很大，见表1-1。

表 1-1 氯化钠和丙酮的熔点和沸点

项目	NaCl（氯化钠）	CH_3COCH_3（丙酮）
相对分子质量	58.44	58.08
熔点 / ℃	801	−95.35
沸点 / ℃	1413	56.2

大多数有机化合物的熔点一般在400℃以下，而且它们的熔、沸点随着相对分子质量的增加而逐渐增加。一般来说，纯粹的有机化合物都有固定的熔点和沸点。因此，熔点和沸点

是有机化合物的重要物理常数,人们常利用熔点和沸点的测定来鉴定有机化合物。

3. 难溶于水、易溶于有机溶剂

水是一种强极性物质,所以以离子键结合的无机化合物大多易溶于水,不易溶于有机溶剂。而有机化合物一般都是共价键型化合物,极性很小或无极性,所以大多数有机化合物在水中的溶解度都很小,但易溶于极性小的或非极性的有机溶剂(如乙醚、苯、烃、丙酮等)中,这就是"相似相溶"的经验规律。正因为如此,有机反应常在有机溶剂中进行。

4. 反应速率慢

无机反应大多是离子间的反应,一般反应速率都很快。如 H^+ 与 OH^- 的反应,Ag^+ 与 Cl^- 生成 $AgCl$ 沉淀的反应等都是在瞬间完成的。

有机反应大部分是分子间的反应,反应过程中包括共价键旧键的断裂和新键的形成,所以反应速率比较慢。一般需要几小时,甚至几十小时才能完成。为了加速有机反应的进行,常采用加热、光照、搅拌或加催化剂等措施。随着新的合成方法的出现,改善反应条件,促使有机反应速率的加快也是很有希望的。

5. 副反应多,产物复杂

有机化合物的分子大多是由多个原子结合而成的复杂分子,所以在有机反应中,反应中心往往不局限于分子的某一固定部位,常常可以在不同部位同时发生反应,得到多种产物。反应生成的初级产物还可继续发生反应,得到进一步的产物。因此在有机反应中,除了生成主要产物以外,还常常有副产物生成。

为了提高主产物的收率,控制好反应条件是十分必要的。由于得到的产物是混合物,故需要经分离、提纯的步骤,以获得较纯净的物质。

6. 同分异构现象普遍存在

同分异构现象是有机化学中极为普遍而又很重要的问题,也是造成有机化合物数目繁多(现已知有机化合物近八千万种)的主要原因之一。所谓同分异构现象是指具有相同分子式,但结构不同,从而性质各异的现象。例如,乙醇和甲醚,分子式均为 C_2H_6O,但它们的结构不同,因而物理和化学性质也不相同。乙醇和甲醚互为同分异构体。

乙醇 b. p. 78.5℃   甲醚 b. p. −25℃

由于在有机化学中普遍存在同分异构现象,故在有机化学中不能只用分子式来表示某一有机化合物,必须使用构造式。分子中原子间互相连接的次序和方式叫做分子构造,表示分子构造的化学式叫做构造式。一般使用的构造式有短线式、缩简式和键线式三种。短线式是用短线代表共价键。缩简式是为了书写方便,省略了碳氢键的短线。键线式是不写出碳原子和氢原子,用短线代表碳碳键,短线的端点和连接点代表碳原子。例如:

$CH_3CH_2CH_2CH_3$

正戊烷: 短线式   缩简式   键线式

$$H-\overset{\overset{\displaystyle H}{|}}{\underset{\underset{\displaystyle H}{|}}{C}}-\overset{\overset{\displaystyle H}{|}}{\underset{\underset{\displaystyle H}{|}}{C}}-\overset{\overset{\displaystyle H}{|}}{\underset{\underset{\displaystyle H}{|}}{C}}-O-H \qquad CH_3CH_2CH_2OH$$

| 正丙醇： | 短线式 | 缩简式 | 键线式 |

二、有机化学

有机化学是研究有机化合物的来源、制备、结构、性质及其变化规律的科学。有机化学可以看作是碳氢化合物及其衍生物的化学，它包括有机合成化学、天然有机化学、生物有机化学、元素有机及金属有机化学、物理有机化学等分支。

有机化学是化学学科的重要组成部分。200 多年来，有机化学的发展，揭示了构成物质世界的各种有机化合物的结构、有机分子中各原子间键合的本质以及它们相互转化的规律，并设计合成了大量具有特定性质的有机分子；同时，它又为相关学科（如材料科学、生命科学、环境科学等）的发展提供了理论、技术和材料。有机化学的成就使煤、石油、天然气、农产品等自然资源得到了充分的综合利用，为合成染料、医药、炸药等工业奠定了基础。有机化学工业的飞速发展又促进了有机化学的研究。在有机化学发展的初期，有机化学工业的主要原料是动、植物体，有机化学主要研究从动、植物体中分离的有机化合物。19 世纪中到 20 世纪初，有机化学工业逐渐变为以煤焦油为主要原料。合成染料的发现，使染料、制药工业蓬勃发展，推动了对芳香族化合物和杂环化合物的研究。20 世纪 30 年代以后，以乙烯为原料的有机合成兴起。20 世纪 40 年代前后，有机化学工业的原料又逐渐转变为以石油和天然气为主，发展了合成橡胶、合成塑料和合成纤维工业。由于石油资源将日趋枯竭，以煤为原料的有机化学工业必将重新发展。

随着社会的进步和科学的发展，有机化学的研究手段也从手工操作发展到自动化、计算机化，从常量到超微量。电子计算机的引入，使有机化合物的分离、分析方法向自动化、超微量化方向又前进了一大步。带傅里叶变换技术的核磁共振谱和红外光谱又为反应动力学、反应机理的研究提供了新的手段。这些仪器和 X 射线结构分析、电子衍射光谱分析，已能测定微克级样品的化学结构。用电子计算机设计合成路线的研究也已取得某些进展。

有机化学是一门基础理论课程，是实验科学。随着有机化学的发展，有机化学已延伸到国民经济的各个领域，成为和衣食住行密切相关的一门科学。今天，如果没有有机化学是不可想象的，它已渗透到了我们生活的每一个角落，使我们的物质世界发生了一场大革命，许多东西改变了旧有的面貌。然而，在有机化学为人类社会做出巨大贡献的同时，人们也面对所合成的大量有机化合物对生态、环境、人体的影响问题。展望未来，科技进步将使人们更加注重优化使用有机化合物。

第二节　有机化合物的结构特点

分子的性质不仅取决于其元素组成，更取决于分子的结构（分子中原子间的排列次序，原子相互间的立体位置、化学键的结合状态以及分子中电子的分布状况等各项内容的总和）。"结构决定性质，性质反映结构"，所以非常有必要了解有机化合物的结构特点。

一、共价键的形成

有机化合物中的原子都是用共价键结合起来的。共价键是有机化合物分子基本的、共同的结构特征。对共价键本质的解释，其中最常用的是价键理论。在介绍价键理论之前，先简单地介绍下原子轨道。原子是由原子核和核外电子两部分组成的，电子绕核作高速运动。化学反应主要涉及原子外层电子运动状态的改变。常用小黑点的密度大小来表示电子出现的概率大小。电子在核外的分布就好像云雾一样，因此把这种分布形象地称为电子云（见图 1-1）。这种电子在空间可能出现的区域称为原子轨道。价键理论认为，共价键的形成可以看作是原子轨道的重叠或电子配对的结果。原子轨道重叠后，在两个原子核间电子云密度较大，因而降低了两核之间的正电排斥，增加了两核对负电的吸引，使整个体系的能量降低，形成稳定的共价键。成键的电子定域在两个成键原子之间。由一对电子形成的共价键叫做单键。如果两个原子各有两个或三个未成键的电子，构成的共价键则为双键或三键。碳原子的成键方式不同，可以形成两种共价键，即 σ 键和 π 键。其中，σ

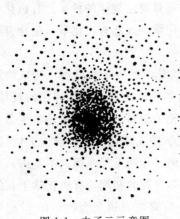

图 1-1　电子云示意图

键存在于任何含有共价键的有机化合物分子中。例如，碳氢单键（C—H）、碳碳单键（C—C）等都是 σ 键。π 键一般存在于双键或三键中。例如，在碳碳双键（C＝C）、碳氧双键（C＝O）或碳碳三键（C≡C）中都含有 π 键。

二、共价键的键参数

1. 键长

形成共价键的两个原子核之间的平均距离称为键长。一般来说，形成的共价键越短，表示键越强，越牢固。键长的单位常用 nm（10^{-9} m）表示。一些常见的共价键的键长如表 1-2 所示。

表 1-2　一些常见的共价键的键长

共价键	键长/nm	共价键	键长/nm
C—C	0.154	C—Cl	0.177
C—H	0.109	C—Br	0.191
C—N	0.147	C—I	0.212
C—O	0.143	C＝C	0.134
C—F	0.141	C≡C	0.120

2. 键角

两个共价键之间的夹角称为键角。例如，图 1-2 所示甲烷分子中两个 C—H 键的夹角约为 109.5°。键角反映了分子的空间结构。

3. 键能

1mol A—B 双原子分子（气态）离解为原子（气态）时，所需要的能量，叫做 A—B 键

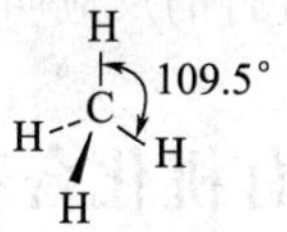

$$\underset{\text{H}}{\overset{\text{H}}{\underset{\big|}{\overset{\big|}{\text{C}}}}}\overset{109.5°}{\text{H}}$$

图 1-2　甲烷分子中 C—H 键的键角

的离解能，也就是 A—B 键的键能。单位为 $kJ \cdot mol^{-1}$。对于多原子的分子，键能一般是指同一类共价键的离解能的平均值。键能表示共价键的牢固程度。化学键的键能越大，键越牢固。表 1-3 是一些常见共价键的键能。

表 1-3　一些常见共价键的键能

共价键	键能/$kJ \cdot mol^{-1}$	共价键	键能/$kJ \cdot mol^{-1}$
C—C	347	C—Cl	339
C—H	414	C—Br	285
C—N	305	C—I	218
C—O	360	C=C	611
C—F	485	C≡C	837

4. 键的极性

元素的电负性表示分子中原子吸引电子能力的大小。键的极性是由于成键的两个原子之间的电负性差异而引起的。当两个不相同的原子形成共价键时，由于电负性的差异，电子云偏向电负性较大的原子一方，使正、负电荷重心不能重合，电负性较大的原子带有微弱的负电荷（用 δ^- 表示），电负性较小的原子带有微弱的正电荷（用 δ^+ 表示）。这种键叫做极性共价键。共价键的极性大小可用偶极矩（键矩）μ 来表示。μ 的单位为 $C \cdot m$（库仑·米），$1D = 3.33564 \times 10^{-30} C \cdot m$。

$$\mu = qd$$

式中，q 为正、负电荷中心所带的电荷值，C；d 为正、负电荷间的距离，m。

偶极矩是矢量，有方向性，通常规定其方向由正到负，用 ┼———▶ 表示。例如：

$$\underset{\longrightarrow}{\text{H—Cl}} \qquad \underset{\longrightarrow}{\text{CH}_3\text{—Cl}}$$

三、共价键的断裂和有机反应类型

有机化合物中共价键的断裂方式有两种，一种是断键时，成键的一对电子平均分给两个原子或基团，这种断裂方式称为均裂。

$$A \colon B \xrightarrow{\text{均裂}} A \cdot + B \cdot$$

均裂所产生的带单电子的原子或基团称为自由基或游离基。自由基性质非常活泼，一旦生成会立刻引发一系列反应，由自由基引发的化学反应叫做自由基反应。一般有链引发、链传递和链终止三个阶段。

共价键的另一种断裂方式是，断键时成键的一对电子完全转移到其中的一个原子上，这种断键方式称为异裂。

$$A \colon B \xrightarrow{\text{异裂}} A \colon^- + B^+ \ (\text{或 } A^+ + B \colon^-)$$

异裂断键产生正、负离子。按异裂进行的反应叫做离子型反应。

第三节 有机化合物的分类

为了便于介绍和讨论有机化合物，需要对有机物进行分类。常用的分类方法有两种，一种是按碳骨架（碳原子的连接方式）分类，另一种是按官能团来分类。

一、按碳骨架分类

1. 开链化合物

在开链化合物中，碳原子互相结合形成链状。因为这类化合物最初是从脂肪中得到的，所以又称脂肪族化合物。例如：

$CH_3CH_2CH_3$　　　　$CH_3CH=CH_2$　　　　$CH_3CH_2OCH_2CH_3$　　　　CH_3CH_2OH

丙烷　　　　　　　丙烯　　　　　　　乙醚　　　　　　　乙醇

2. 脂环化合物

分子中的碳原子连接成环状，其性质与脂肪族化合物相似，因此称脂环族化合物。例如：

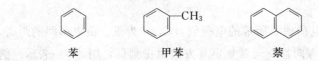

环丁烷　　　环戊烷　　　环己烷　　　1,3-环戊二烯

3. 芳香族化合物

这类化合物大多数都含有苯环，它们具有与开链化合物和脂环化合物不同的化学特性。例如：

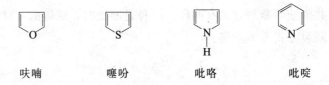

苯　　　　　　甲苯　　　　　　萘

4. 杂环化合物

在这类化合物分子中，组成环的元素除碳原子以外还含有其他元素的原子（如氧、硫、氮），这些原子通常称为杂原子。例如：

呋喃　　　　　噻吩　　　　　吡咯　　　　　吡啶

二、按官能团分类

官能团是有机化合物分子中比较活泼而又易起化学反应的原子或基团，它决定化合物的主要化学性质。显然，含有相同官能团的有机化合物具有相似的化学性质。因此，只要研究该类化合物中的一个或几个化合物的性质后，即可了解该类其他化合物的性质。一些常见的官能团见表1-4。

表 1-4 一些常见的官能团

官能团名称	官能团结构	化合物分类	实例
羧基	$\overset{\displaystyle O}{-\overset{\|}{C}-OH}$	羧酸	CH_3COOH (乙酸)
磺基	$-SO_3H$	磺酸	SO_3H (苯磺酸)
烷氧基羰基 (酯基)	$\overset{\displaystyle O}{-\overset{\|}{C}-OR}$	酯	$CH_3\overset{\displaystyle O}{\overset{\|}{C}}-OCH_2CH_2CH_3$ (乙酸丁酯)
卤代甲酰基	$\overset{\displaystyle O}{-\overset{\|}{C}-X}$	酰卤	$CH_3\overset{\displaystyle O}{\overset{\|}{C}}-Cl$ (乙酰氯)
氨基甲酰基	$\overset{\displaystyle O}{-\overset{\|}{C}-NH_2}$	酰胺	$CH_3\overset{\displaystyle O}{\overset{\|}{C}}-NH_2$ (乙酰胺)
氰基	$-CN$	腈	CH_3CN (乙腈)
醛基(甲酰基)	$\overset{\displaystyle O}{-\overset{\|}{C}-H}$	醛	$CH_3\overset{\displaystyle O}{\overset{\|}{C}}-H$ (乙醛)
羰基	$\overset{\displaystyle \diagdown}{\underset{\diagup}{C}}=O$	酮	$CH_3\overset{\displaystyle O}{\overset{\|}{C}}CH_3$ (丙酮)
羟基	$-OH$	醇、酚	CH_3OH (甲醇) 　 $-OH$ (苯酚)
巯基	$-SH$	硫醇、硫酚	CH_3CH_2SH (乙硫醇) 　 $-SH$ (苯硫酚)
氨基	$-NH_2$	胺	CH_3NH_2 (甲胺)
三键	$-C\equiv C-$	炔烃	$HC\equiv CCH_3$ (丙炔)
双键	$\overset{\diagdown}{\diagup}C=C\overset{\diagup}{\diagdown}$	烯烃	$H_2C=CH_2$ (乙烯)
烷氧基	$-OR$	醚	CH_3OCH_3 (甲醚)
卤原子	$-X$ (F,Cl,Br,I)	卤代烃	CH_3CH_2Br (溴乙烷)
硝基	$-NO_2$	硝基化合物	CH_3NO_2 (硝基甲烷)

注：该表次序为重要官能团的优先次序。

第二章 烷 烃

由碳、氢两种元素组成的有机化合物叫做碳氢化合物，简称为烃。烃是组成最简单的一类有机化合物，其他有机化合物可以看作是烃分子中的氢原子被其他原子取代后生成的衍生物。

分子中碳原子连接成链状的烃，称为脂肪烃。在脂肪烃分子中，只有碳碳（C—C）单键和碳氢（C—H）单键的叫做烷烃，由于石蜡是烷烃的混合物，故烷烃也称石蜡烃，烷烃分子中与碳结合的氢原子数已达到饱和程度，所以烷烃又叫饱和烃。

第一节 烷烃的通式、同分异构和结构

一、烷烃的通式、同系列

最简单的烷烃是甲烷，依次为乙烷、丙烷、丁烷等，在这些烷烃分子中，碳和氢的数目有一定的关系，当碳原子数目为 n，则氢原子数目一定为 $2n+2$，我们可以用通式 C_nH_{2n+2} 来表示它们。考察烷烃的分子式，可以看出乙烷比甲烷多一个 CH_2，丙烷比乙烷多一个 CH_2，推而广之，相邻烷烃之间都相差一个 CH_2，把这些通式相同，组成上相差一个或几个 CH_2 的一系列化合物，称为同系列，同系列是有机化学中的普遍现象。同系列中的化合物互称为同系物。同系物的化学性质相似，其物理性质也随着分子中碳原子数目的增加而呈规律性变化，因此，只要研究同系列中的一个或几个化合物，就可以了解其他成员的基本性质，为研究庞大的有机物提供了方便。

$$\begin{array}{cccc}
\mathrm{H} & \mathrm{H}\ \ \mathrm{H} & \mathrm{H}\ \ \mathrm{H}\ \ \mathrm{H} & \mathrm{H}\ \ \mathrm{H}\ \ \mathrm{H}\ \ \mathrm{H} \\
\mathrm{H-C-H} & \mathrm{H-C-C-H} & \mathrm{H-C-C-C-H} & \mathrm{H-C-C-C-C-H} \\
\mathrm{H} & \mathrm{H}\ \ \mathrm{H} & \mathrm{H}\ \ \mathrm{H}\ \ \mathrm{H} & \mathrm{H}\ \ \mathrm{H}\ \ \mathrm{H}\ \ \mathrm{H}
\end{array}$$

甲烷　　　　　　乙烷　　　　　　丙烷　　　　　　　丁烷

$$CH_4 \xrightarrow{CH_2} CH_3CH_3 \xrightarrow{CH_2} CH_3CH_2CH_3 \xrightarrow{CH_2} \cdots\cdots$$

二、烷烃的同分异构现象

具有相同的分子式，而不同的化合物互称为同分异构体，这种现象称为同分异构现象。甲烷、乙烷和丙烷没有同分异构体，从丁烷开始产生同分异构体。

$$CH_3-CH_2-CH_2-CH_3 \qquad\qquad\qquad \begin{array}{l} CH_3-CH-CH_3 \\ \qquad\quad | \\ \qquad\ \ CH_3 \end{array}$$

正丁烷　　　　　　　　　　　　　异丁烷

沸点：$-0.5\,℃$　　　　　　　　　　　沸点：$-11.7\,℃$

正丁烷和异丁烷这种同分异构体是由于分子的构造（分子中各原子相连的方式和次序不同）不同造成的，又称为构造异构体，同时这种构造异构体是由于碳骨架不同引起的，故又称为碳架异构。随着分子中碳原子数目的增加，烷烃的同分异构体的数目迅速增多，如表2-1所示。同分异构现象是造成有机化合物数量庞大的重要原因之一。

表 2-1　烷烃构造异构体的数目

碳原子数	异构体数	碳原子数	异构体数
1～3	1	8	18
4	2	9	35
5	3	10	75
6	5	15	4347
7	9	20	366319

三、烷烃的结构

1. 甲烷的正四面体构型

甲烷是最简单的烷烃，分子式为 CH_4，分子中只有一个碳原子和四个氢原子，实验测得甲烷的空间结构是正四面体。碳原子位于正四面体的中心，和碳原子相连的四个氢原子，位于四面体的四个角。四个 C—H 键是完全等同的，彼此间的键角为 109.5°。甲烷的正四面体构型如图 2-1 所示。

2. 其他烷烃的结构

其他烷烃分子的结构与甲烷分子相似，需要注意的是，除乙烷外，其他烷烃分子中的碳链并不是以直线型排列，而是排列成锯齿形，但为了书写方便，通常都是写成直线形式。正丁烷的球棒模型如图 2-2 所示。

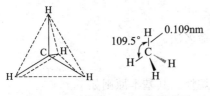

图 2-1　甲烷的正四面体构型

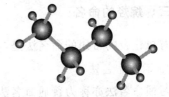

图 2-2　正丁烷的球棒模型

第二节　烷烃的命名

一、碳原子的类型

1. 伯碳原子

与三个氢原子相连的碳原子，叫伯碳原子（也称一级碳原子），常用 1° 表示。

2. 仲碳原子

与两个氢原子相连的碳原子，叫仲碳原子（也称二级碳原子），常用 2° 表示。

3. 叔碳原子

与一个氢原子相连的碳原子，叫叔碳原子（也称三级碳原子），常用 3°表示。

4. 季碳原子

与四个碳原子相连的碳原子，叫季碳原子（也称四级碳原子），常用 4°表示。

与伯、仲、叔碳原子连接的氢原子分别叫做伯、仲、叔氢原子。不同类型的氢原子在发生化学反应时，反应活性是不相同的。

$$\underset{\text{季碳，4℃}}{\underset{CH_3}{CH_3-C-CH_2-CH-CH_3}}\underset{\text{叔碳，3℃}}{}$$

伯碳，1℃　　仲碳，2℃　伯碳，1℃

二、烷基

烷烃分子去掉一个氢原子后余下的基团叫做烷基，其通式为 $C_nH_{2n+1}-$，常用 R— 表示。

常见的烷基有：

CH_3-　　CH_3CH_2-　　$CH_3CH_2CH_2-$　　$\underset{CH_3}{CH_3CH-}$　　$CH_3CH_2CH_2CH_2-$

甲基　　　乙基　　　　正丙基　　　　　异丙基　　　　　正丁基

$\underset{CH_3}{CH_3CHCH_2-}$　　$\underset{CH_2CH_3}{\overset{CH_3}{CH-}}$　　$\underset{CH_3}{\overset{CH_3}{CH_3-C-}}$　　$\underset{CH_3}{\overset{CH_3}{CH_3-C-CH_2-}}$

异丁基　　　　　仲丁基　　　　　叔丁基　　　　　新戊基

三、烷烃的命名

有机化合物常用的命名法是习惯命名法和系统命名法。

1. 习惯命名法

习惯命名法亦称为普通命名法，适用于简单的烷烃。其基本原则如下。

（1）直链的烷烃（没有支链）叫做"正某烷"。"某"指烷烃中碳原子的数目。10 个或 10 个以下碳原子用天干顺序甲、乙、丙、丁、戊、己、庚、辛、壬、癸 10 个字分别表示，10 个以上碳原子的用中文数字十一、十二、……表示。例如：

$CH_3CH_2CH_2CH_3$　　　　　　　$CH_3(CH_2)_{12}CH_3$

正丁烷　　　　　　　　　　正十四烷

（2）含支链的烷烃。为区别同分异构体，用"正"、"异"、"新"等词头表示。例如：

$CH_3CH_2CH_2CH_2CH_3$　　$\underset{CH_3}{CH_3CHCH_2CH_3}$　　$\underset{CH_3}{\overset{CH_3}{CH_3-C-CH_3}}$

正戊烷　　　　　　　异戊烷　　　　　　新戊烷

其中"异"表示碳链的一端具有 CH_3CH-（下接 CH_3）结构的烷烃，"新"表示碳链一端具有

$$CH_3-\overset{\overset{\displaystyle CH_3}{|}}{\underset{\underset{\displaystyle CH_3}{|}}{C}}-$$

结构的烷烃。

2. 系统命名法

现在书籍、期刊中经常使用普通命名法和国际纯粹与应用化学联合会命名法，后者简称 IUPAC 命名法。IUPAC 命名法是一种系统命名有机化合物的方法。中文的系统命名法是中国化学会结合 IUPAC 的命名原则和中国文字特点而制定的。其原则如下。

(1) 对于直链的烷烃，与习惯命名法相似，根据含有的碳原子数目叫做"某烷"，省去正字。例如：

$$CH_3CH_2CH_3 \qquad CH_3CH_2CH_2CH_3 \qquad CH_3(CH_2)_{10}CH_3$$

丙烷 　　　　　　戊烷 　　　　　　十二烷

(2) 对于结构复杂的烷烃，则按以下步骤命名。

① 选择分子中最长的碳链作为主链，若有几条等长碳链时，选择支链较多的一条为主链。根据主链所含碳原子的数目定为某烷，再将支链作为取代基。此处的取代基都是烷基。

② 从距支链较近的一端开始，给主链上的碳原子编号。若主链上有 2 个或者 2 个以上的不同取代基时，则主链的编号应遵守最低系列原则。即顺次逐项比较各系列的不同位次，最先遇到的位次最小者为最低系列。

③ 将支链的位次及名称加在主链名称之前。若主链上连有多个相同的支链时，用数字二、三、四等表示支链的个数，再在前面用阿拉伯数字表示各个支链的位次，每个位次之间用逗号隔开，最后一个阿拉伯数字与汉字之间用半字线隔开。若主链上连有不同的几个支链时，则按由小到大的顺序将每个支链的位次和名称加在主链名称之前。

不同取代基的大小顺序可依据立体化学中的次序规则进行比较。次序规则的主要内容如下。

a. 对于不同的原子，按原子序数大小排列，原子序数大者"较优"。若为同位素，则质量高者为"较优"。例如：

$$I>Br>Cl>F>O>N>C>H$$
$$D>H$$

b. 对于不同的基团，如果两个基团的第一个元素都为碳（或为相同的其他元素），则比较与它直接相连的几个原子。比较时，按原子序数排列，先比较各组中的最大者；若相同，再依次比较第二个、第三个；若仍相同，则沿取代链逐次相比（外推法）直至比出"较优"者时为止。例如：

$(CH_3)_3C-$	$(CH_3)_2CH-$	CH_3CH_2-	CH_3-
$C(C,C,C)$	$C(C,C,H)$	$C(C,H,H)$	$C(H,H,H)$
最大	次大	次小	最小

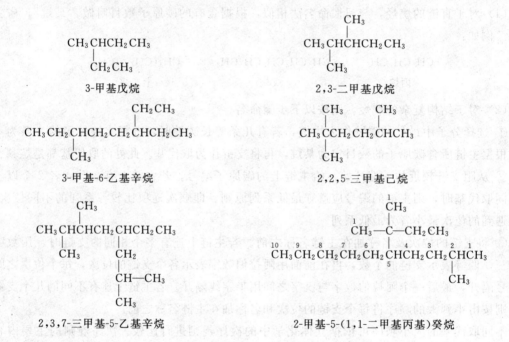

$$\begin{array}{ccc} & H & & H \\ & | & & | \\ & C-Cl & > & C-H \\ & | & & | \\ & H & & H \\ & H & & H \end{array}$$

利用外推法比较

常见烷基大小的顺序:

叔丁基>仲丁基>异丙基>异丁基>丁基>丙基>乙基>甲基

④ 如果支链上还有取代基时,则必须从与主链相连接的碳原子开始,给支链上的碳原子编号。然后补充支链上烷基的位次、数目及名称。

下面是采用系统命名法的几个实例:

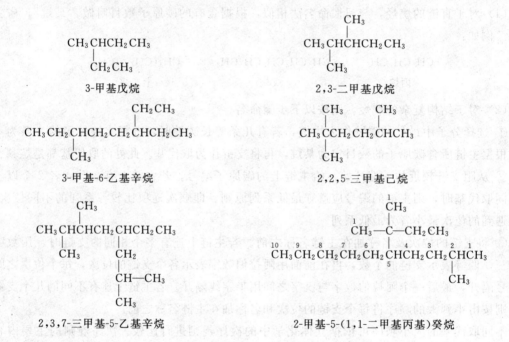

CH₃CHCH₂CH₃
      |
      CH₂CH₃

3-甲基戊烷

$$\begin{array}{c} CH_3 \\ | \\ CH_3CHCHCH_2CH_3 \\ | \\ CH_3 \end{array}$$

2,3-二甲基戊烷

$$\begin{array}{c} CH_2CH_3 \\ | \\ CH_3CH_2CHCH_2CH_2CHCH_2CH_3 \\ | \\ CH_3 \end{array}$$

3-甲基-6-乙基辛烷

$$\begin{array}{c} CH_3 \quad CH_3 \\ | \quad\quad | \\ CH_3CCH_2CH_2CHCH_3 \\ | \\ CH_3 \end{array}$$

2,2,5-三甲基己烷

$$\begin{array}{c} CH_3 \\ | \\ CH_3CHCHCH_2CHCH_2CH_3 \\ | \quad\quad | \\ CH_3 \quad CH_2 \\ \quad\quad | \\ CH-CH_3 \\ | \\ CH_3 \end{array}$$

2,3,7-三甲基-5-乙基辛烷

2-甲基-5-(1,1-二甲基丙基)癸烷

有机化合物的系统命名法基本形式如下:

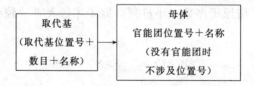

| 取代基
(取代基位置号+
数目+名称) | → | 母体
官能团位置号+名称
(没有官能团时
不涉及位置号) |

第三节 烷烃的物理性质

有机化合物的物理性质一般指物理状态 (物态)、熔点、沸点、密度、折射率、溶解度等。通常纯的有机化合物,其物理性质在一定条件下是不变的,其数值一般称为物理常数。

1. 物理状态

在常温常压下,$C_1 \sim C_4$ 的直链烷烃是气体,$C_5 \sim C_{16}$ 的烷烃是液体,C_{17} 以上的烷烃是固体。

2. 沸点

直链烷烃的沸点随相对分子质量的增加而有规律地升高（图 2-3）。而低级烷烃的沸点相差较大，随着碳原子的增加，沸点升高的幅度逐渐变小。同数碳原子的构造异构体中，分子的支链越多，则沸点越低。

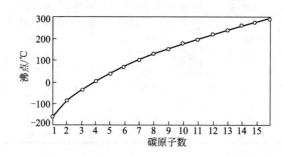

图 2-3　直链烷烃的沸点与碳原子数的关系图

	甲烷(16)→乙烷(30)		差	十一烷(156)→十二烷(170)		差
沸点/℃	−161.5	−88.6	72.9	195.9	216.3	20.4

	正戊烷	异戊烷	新戊烷
沸点/℃	36.1	27.9	9.5

3. 熔点

直链烷烃的熔点，基本上也是随相对分子质量的增加而逐渐升高（图 2-4）。但偶数碳原子的烷烃熔点增高的幅度比奇数碳原子的要大一些。

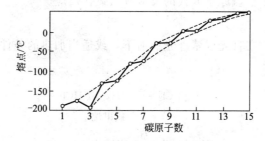

图 2-4　直链烷烃的熔点与碳原子数的关系图

4. 溶解度

烷烃不溶于水，易溶于有机溶剂。

5. 相对密度

烷烃是有机化合物中密度最小的一类化合物。无论是液体还是固体，烷烃的密度均比水小。随着相对分子质量的增大，烷烃的密度也逐渐增大。

6. 折射率

折射率是液体有机化合物纯度的标志。液态直链烷烃的折射率随相对分子质量的增加而缓慢增大。

表 2-2 是一些直链烷烃的物理常数。

表 2-2 一些直链烷烃的物理常数

名　称	熔点/℃	沸点/℃	相对密度(d_4^{20})	折射率(n_D^{20})
甲　烷	-183	-161.5	0.424	—
乙　烷	-172	-88.6	0.546	—
丙　烷	-188	-42.1	0.501	1.3397
丁　烷	-135	-0.5	0.579	1.3562
戊　烷	-130	36.1	0.626	1.3577
己　烷	-95	68.7	0.659	1.375
庚　烷	-91	98.4	0.684	1.3877
辛　烷	-57	125.7	0.703	1.3976
壬　烷	-54	150.8	0.718	1.4056
癸　烷	-30	174.1	0.73	1.412
十一烷	-26	195.9	0.74	1.4173
十二烷	-10	216.3	0.749	1.4216

第四节　烷烃的化学性质

在常温下烷烃是不活泼的,具有极大的化学稳定性,它们与强酸、强碱、强氧化剂、强还原剂及活泼金属都不发生反应。

但烷烃的稳定性并不是绝对的,在高温、高压、光照或有催化剂存在时,烷烃可发生一些化学反应。这些反应在石油化工中占有重要的地位。

一、取代反应

烷烃分子中的氢原子被氯原子取代的反应称为氯代反应。

1. 甲烷的氯代

将甲烷与氯气混合,在日光或紫外光照射下,或适当加热的条件下,甲烷分子中的氢原子能逐个被氯原子取代:

$$CH_4 + Cl_2 \xrightarrow{h\nu} CH_3Cl + HCl$$

一氯甲烷

$$CH_3Cl + Cl_2 \xrightarrow{h\nu} CH_2Cl_2 + HCl$$

二氯甲烷

$$CH_2Cl_2 + Cl_2 \xrightarrow{h\nu} CHCl_3 + HCl$$

三氯甲烷(氯仿)

$$CHCl_3 + Cl_2 \xrightarrow{h\nu} CCl_4 + HCl$$

四氯化碳

得到的产物是四种氯甲烷的混合物,工业上常把这种混合物作为溶剂使用,但通过控制一定的反应条件和原料的用量比,可以使其中一种氯代烷成为主要产物。例如,当甲烷:氯气=10:1时,主要产物为一氯甲烷,当甲烷:氯气=0.263:1时,主要产物为四氯化碳。

工业上生产一氯甲烷、二氯甲烷、三氯甲烷、四氯化碳的方法之一就是利用甲烷的氯代反应，得到四种氯甲烷的混合物，再结合适当的方法把它们分离。

一氯甲烷主要用作合成硅树脂、硅橡胶和甲基纤维素的原料，也可用作冷冻剂、萃取剂和低温聚合催化剂的载体。二氯甲烷、三氯甲烷、四氯化碳都是很好的溶剂。四氯化碳还可用作纤维脱脂剂、分析试剂和灭火剂等。

2. 其他烷烃的氯代

烷烃的氯代反应是制备卤代烷的方法之一，高级烷烃的氯代反应在工业上有重要的应用。例如：

$$C_{12}H_{26} + Cl_2 \xrightarrow{120℃} C_{12}H_{25}Cl + HCl$$
氯代十二烷

氯代十二烷为工业上生产合成洗涤剂的主要成分。

对于同一烷烃，不同级别的氢原子被取代的难易程度也不是相同的。大量的实验证明叔氢原子最容易被取代，伯氢原子最难被取代。

$$CH_3CH_2CH_3 + Cl_2 \xrightarrow[25℃]{h\nu} CH_3CH_2CH_2Cl + CH_3\underset{|}{C}HCH_3$$
43%　　　　57%

$$CH_3-\underset{\underset{CH_3}{|}}{\overset{\overset{CH_3}{|}}{C}}-H + Cl_2 \xrightarrow[25℃]{h\nu} CH_3-\underset{\underset{CH_3}{|}}{\overset{\overset{CH_3}{|}}{C}}-Cl + CH_3-\underset{\underset{CH_3}{|}}{\overset{\overset{CH_2Cl}{|}}{C}}-H$$
36%　　　　64%

丙烷分子中有 6 个伯氢原子，2 个仲氢原子。它们被取代的概率是 3∶1，而从实际产物的相对量来看它们被取代的概率约为 1∶4。同理，异丁烷分子中伯氢原子和叔氢原子的被取代的概率约为 1∶5，所以，不同类型的氢原子反应活性顺序为：

叔氢 > 仲氢 > 伯氢

3. 氯磺酰化反应

烷烃中 H 原子被氯磺酰基（—SO₂Cl）取代的反应称为氯磺酰化反应，亦称 Reed 反应。例如：

$$R-H + SO_2 + Cl_2 \xrightarrow[常温]{h\nu} R-SO_2Cl + HCl$$
烷基磺酰氯

工业上常利用此反应由高级烷烃生产烷基磺酰氯和烷基磺酸钠（R—SO₂ONa），它们都是合成洗涤剂的原料。

4. 硝化反应

烷烃与浓硝酸常温下不反应，高温（350～400℃）时，发生硝化反应，生成硝基烷。例如：

$$CH_3CH_2CH_3 + HNO_3 \xrightarrow{420℃} CH_3CH_2CH_2NO_2 + CH_3\underset{|}{C}HCH_3 + CH_3CH_2NO_2 + CH_3NO_2$$
25%　　　　40%　　　　10%　　　25%

硝基烷烃为优良的溶剂，对纤维素化合物、聚氯乙烯、聚酰胺、环氧树脂等均有良好的溶解能力，并可作为溶剂添加剂和燃料添加剂。它们也是有机合成的原料，如用于合成羟胺、三羟甲基硝基甲烷、炸药、医药、农药和表面活性剂等。

二、氧化反应

在有机化学中，经常把在有机化合物分子中引进氧或脱去氢的反应叫做氧化，引进氢或脱去氧的反应叫做还原。

1. 完全氧化

烷烃很容易燃烧，燃烧时发出光并放出大量的热，生成 CO_2 和 H_2O。

$$C_n H_{2n+2} + O_2 \longrightarrow CO_2 + H_2O + 能量$$

据此，烷烃最广泛的用途就是用做燃料，如汽油、柴油、煤油等。

上述反应也是内燃机中进行的主要反应，故有其实用意义。不同烷烃的燃烧效果不同。汽油在汽缸中燃烧经常会发生爆炸性反应而出现声响，即所谓的"爆震"。一般支链烷烃倾向于抑制爆震，因此人们用辛烷值来表示汽油的爆震性能。不同化学结构的烃类，具有不同的抗爆震能力。异辛烷（2,2,4-三甲基戊烷）的抗爆性较好，辛烷值给定为100。正庚烷的抗爆性差，给定为0。汽油辛烷值的测定是以异辛烷和正庚烷为标准燃料，按标准条件，在实验室标准单缸汽油机上用对比法进行的。调节标准燃料组成的比例，使标准燃料产生的爆震强度与试样相同，此时标准燃料中异辛烷所占的体积百分数就是试样的辛烷值。通常人们所说的"××号汽油"便是指汽油的辛烷值。如 93# 汽油，即代表它的辛烷值为93。辛烷值越高，说明汽油中的支链烷烃越多，质量就越好。

2. 部分氧化

烷烃在室温下，一般不与氧化剂反应，与空气中的氧也不起反应，但在引发剂下可以使它发生部分氧化，生成各种含氧衍生物，如醇、醛、酸等，目前最重要最成功的实例就是用正丁烷或低级正烷烃生成乙酸。

$$CH_3CH_2CH_2CH_3 + 5/2O_2 \xrightarrow{\text{催化剂}} \underset{\text{乙酸}}{2CH_3COOH} + H_2O$$

乙酸又称醋酸，普通食醋中含有 3%～5% 的乙酸。乙酸是无色液体，有强烈刺激性气味，是一个重要的化学试剂。乙酸也被用来制造电影胶片所需要的醋酸纤维素和木材用胶黏剂中的聚醋酸乙烯酯以及很多合成纤维和织物。

$$CH_4 + O_2 \xrightarrow[400～500℃]{V_2O_5} \underset{\text{甲醛}}{H-\overset{\overset{\displaystyle O}{\|}}{C}-H}$$

甲醛是一种重要的有机原料，主要用于人工合成黏结剂，如：制酚醛树脂、脲醛树脂、皮革工业、医药、染料等。35%～40% 的甲醛水溶液叫做福尔马林。福尔马林具有杀菌和防腐能力，可浸制生物标本，其稀溶液（0.1%～0.5%）农业上可用来浸种，给种子消毒。

高级烷烃氧化生成高级脂肪酸，由此得到的 C_{10}～C_{20} 的脂肪酸的混合物可用来代替动物油脂制造肥皂，节约了大量的实用油脂，目前已工业化。

$$RCH_2CH_2R' \xrightarrow[\text{Mn 盐, } 1.5～3.0MPa]{O_2, 120℃} RCOOH + R'COOH$$

三、裂化反应

烷烃在隔绝空气的条件下加强热，分子中的碳碳键或碳氢键发生断裂，生成较小的分子，这种反应叫做裂化反应。裂化反应产生的低级烯烃是有机化学工业的基本原料，因此裂化反应在石油工业中具有非常重要的意义。

$$CH_3CH_2CH_2CH_3 \xrightarrow{500℃} \begin{cases} CH_4 + CH_3CH{=}CH_2 \\ CH_2{=}CH_2 + CH_3CH_3 \\ H_2 + CH_3CH_2CH{=}CH_2 \end{cases}$$

根据反应条件的不同，可将裂化反应分为三种：

① 热裂化：$2\sim5.0MPa$，$500\sim700℃$，可提高汽油产量。

② 催化裂化：$450\sim500℃$，常压，硅酸铝催化，除断 C—C 键外还有异构化、环化、脱氢等反应，生成带有支链的烷、烯、芳烃，使汽油、柴油的产量、质量提高。

③ 深度裂化：温度高于 $700℃$，又称为裂解反应，主要是提高烯烃（如乙烯）的产量。

四、异构化反应

化合物转变成它的异构体的反应，称为异构化反应。

$$CH_3CH_2CH_2CH_3 \underset{95\sim150℃,\ 1\sim2MPa}{\overset{AlCl_3,\ HCl}{=\!=\!=\!=\!=}} \underset{80\%}{CH_3\overset{\displaystyle CH_3}{\overset{\displaystyle |}{C}}HCH_3}$$

$\quad\quad\quad\quad\quad\quad\quad\quad 20\%\quad\quad\quad\quad\quad\quad\quad\quad\quad\quad 80\%$

烷烃的异构化反应主要用于石油加工工业中，将直链烷烃转变为支链烷烃，可以提高汽油的辛烷值及润滑油的质量。

第五节　烷烃的来源、制法及重要的烷烃

一、烷烃的来源和制法

烷烃的主要来源是石油以及与石油共存的天然气。石油又称原油，是一种黏稠的、深褐色液体。主要成分是各种烷烃、环烷烃、芳香烃的混合物。石油主要被用作燃油和汽油，也是许多化学工业产品如溶剂、化肥、杀虫剂和塑料等的原料。原油一般可按沸点不同分馏成不同的馏分（见表 2-3），以满足各种需要。

表 2-3　原油的分馏产物

成分	碳数	分馏温度/℃	用途
石油气	$C_1\sim C_4$	<20	燃料、化工原料
石油醚	$C_5\sim C_6$	20~60	有机溶剂
汽油	$C_7\sim C_9$	60~200	燃料
煤油	$C_{10}\sim C_{16}$	175~300	燃料
柴油	$C_{15}\sim C_{20}$	250~400	燃料

天然气中含有大量 $C_1 \sim C_4$ 的低级烷烃，其中甲烷占绝大多数，另有少量的乙烷、丙烷和丁烷，此外一般有硫化氢、二氧化碳、氮和水汽及微量的惰性气体，如氦和氩等。在标准状况下，甲烷至丁烷以气体状态存在，戊烷以上为液体。天然气燃烧后无废渣、废水产生，相比较煤炭、石油等能源有使用安全、热值高、洁净等优势。

某些动、植物体内也含有少量烷烃。例如，烟草叶中含有二十七烷和三十一烷；成熟的水果中含有 $C_{27} \sim C_{33}$ 的烷烃；一些昆虫体内的性激素中也含有烷烃。

工业上常采用烯烃加氢、卤代烷与金属有机试剂作用等方法来制备烷烃。

二、重要的烷烃

1. 甲烷

甲烷（CH_4）是最简单的有机物，是一种很重要的燃料，是沼气、天然气、坑道气和油田气的主要成分，熔点 $-183℃$，沸点 $-164℃$，微溶于水，易溶于汽油、乙醚等溶剂中。甲烷是无色、无味、可燃和无毒的气体，家用天然气的特殊味道，是为了安全而添加的人工气味，通常是使用甲硫醇或乙硫醇。

以甲烷为主要成分的天然气，用作优质气体燃料，已有悠久的历史。现代化的勘探、采输技术促进了天然气的大规模利用，使之成为世界第三能源。发达国家已大规模铺设天然气输气管网，将天然气用作城市煤气。天然气加压液化所得的液化天然气，热值比航空煤油高 15%，用于汽车、海上快艇和超音速飞机，不但能提高速度，而且可节省燃料消耗。

富含甲烷的干性或湿性天然气中的甲烷组分，是生产一系列化工产品的重要原料。现代的天然气化工，其主要内容就是甲烷的化工利用。甲烷经蒸汽转化可制得合成气；经热裂解可生产乙炔或炭黑；经氯化可制得甲烷氯化物；经硫化可制得二硫化碳；经硝化可制得硝基烷烃；加氨氧化可制得氢氰酸；直接催化氧化可得甲醛。

工业用甲烷主要来自天然气、烃类裂解气、炼焦时副产的焦炉煤气及炼油时副产的炼厂气，煤气化产生的煤气也提供一定量的甲烷。甲烷也可人工合成，将有机质放入沼气池中，控制好温度和湿度，甲烷菌迅速繁殖，将有机质分解成甲烷、二氧化碳、氢、硫化氢、一氧化碳等，其中甲烷占 60%~70%。经过低温液化，将甲烷提出，可制得廉价的甲烷。

2. 正己烷

正己烷（C_6H_{14}）是有微弱的特殊气味的无色挥发性液体，不溶于水，可与乙醚、氯仿混溶，溶于丙酮。工业上使用的正己烷是从石油、油田气及某些天然气中分离出来的，可由石油馏分中分出。近年来，由于石油精炼技术的发展，生产正己烷的成本不断降低，所以正己烷的使用范围和用量大大增加。

正己烷是一种化学溶剂，主要用于丙烯等烯烃聚合时的溶剂、食用植物油的提取剂、橡胶和涂料的溶剂以及颜料的稀释剂。还有食品制造业的粗油浸出、日用化学品生产时的花香溶剂萃取、机械设备表面清洗去污等行业也用到正己烷。正己烷常用来配制胶黏剂以黏合鞋革、箱包，用于电子信息产业生产过程中的擦拭清洗作业等。此外，正己烷还广泛用于有机合成。

正己烷具有一定的毒性，会通过呼吸道、皮肤等途径进入人体，长期接触可导致人体出现头痛、头晕、乏力、四肢麻木等慢性中毒症状，严重的可导致晕倒、神志丧失、甚至死亡。正己烷虽可经呼吸道、消化道、皮肤进入机体，但职业中毒多经呼吸道和皮肤吸收。正己烷在体内分布与器官的脂肪含量有关，主要分布于脂肪含量高的器官，如脑、肾、肝、脾、睾丸等。正己烷属低毒类，且具有高挥发性、高脂溶性，并有蓄积作用。正己烷中毒可分为急性中毒和慢性中毒。

3. 石油醚

石油醚是无色透明液体，有煤油气味。主要为戊烷和己烷的混合物，也含有少量不饱和烃。不溶于水，溶于无水乙醇、苯、氯仿、油类等多数有机溶剂。易燃易爆，与氧化剂可强烈反应。

石油醚是一种轻质石油产品，其沸程为 30～150℃，收集的温度区间一般为 30℃左右，一般有 30～60℃、60～90℃、90～120℃等沸程规格。通常用铂重整抽余油或直馏汽油经分馏、加氢或其他方法制得。

石油醚主要用作有机溶剂及色谱分析溶剂，也用作医药萃取剂、精细化工合成助剂等。还可用于有机合成等。

石油醚的蒸气或雾对眼睛、黏膜和呼吸道有刺激性。中毒表现可有烧灼感、咳嗽、喘息、喉炎、气短、头痛、恶心和呕吐。该品可引起周围神经炎，对皮肤有强烈刺激性。

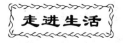

沼气及其应用

沼气，顾名思义就是沼泽里的气体。人们经常看到，在沼泽地、污水沟或粪池里，有气泡冒出来，如果我们划着火柴，可把它点燃，这就是自然界天然产生的沼气。沼气，是各种有机物质，在隔绝空气，并在适宜的温度、湿度下，经过微生物的发酵作用产生的一种可燃烧气体。

沼气是多种气体的混合物，主要成分为甲烷，其余为二氧化碳和少量的氮、氢和硫化氢等。其特性与天然气相似。沼气除直接燃烧用于炊事、烘干农副产品、供暖、照明和气焊等外，还可作为内燃机的燃料以及生产甲醇、福尔马林、四氯化碳等化工原料。经沼气装置发酵后排出的料液和沉渣，含有较丰富的营养物质，可用作肥料和饲料。

一个完整的大中型沼气发酵工程，无论其规模大小，都包括了如下的工艺流程：原料（废水）的收集、预处理、消化器（沼气池）、出料的后处理和沼气的净化与储存等。

沼气是可再生的清洁能源，既可替代秸秆、薪柴等传统生物质能源，也可替代煤炭等商品能源，而且能源效率明显高于秸秆、薪柴、煤炭等。所以在农村推广户用沼气非常必要。其意义如下：

①沼气不仅能解决农村能源问题，而且能增加有机肥料资源，提高质量和增加肥效，从而提高农作物产量，改良土壤；②使用沼气，能大量节省秸秆、干草等有机物，以便用来生产牲畜饲料和作为造纸原料及手工业原材料；③兴办沼气可以减少乱砍树木和乱铲草皮的现象，保护植被，使农业生产系统逐步向良性循环发展；④兴办沼气，有利于净化环境和减少疾病的发生，这是因为在沼气池发酵处理过程中，人畜粪便中的病菌大量死亡，使环境卫生

条件得到改善；⑤用沼气煮饭照明，既节约家庭经济开支，又节约家庭主妇的劳作时间，降低劳动强度；⑥使用沼肥，提高农产品质量和品质，增加经济收入，降低农业污染，为无公害农产品生产奠定基础。常用的物质循环利用型生态系统主要有种植业-养殖业-沼气工程三结合、养殖业-渔业-种植业三结合及养殖业-渔业-林业三结合的生态工程等类型。其中种植业-养殖业-沼气工程三结合的物质循环利用型生态工程应用最为普遍，效果最好。

　　中国农业资源和环境的承载力十分有限，发展农业和农村经济，不能以消耗农业资源、牺牲农业环境为代价。农村沼气把能源建设、生态建设、环境建设、农民增收联系起来，促进了生产发展和生活文明。发展农村沼气，优化广大农村地区能源消费结构，是中国能源战略的重要组成部分，对增加优质能源供应、缓解国家能源压力具有重大的现实意义。沼气知识的普及和应用并非纸上谈兵，是一个任重而道远的过程！目前，中国沼气池的推广应用规模居世界首位。

习　　题

1. 什么是伯、仲、叔、季碳原子？什么是伯、仲、叔氢原子？
2. 写出分子式为 C_6H_{14} 烷烃的所有构造异构体，并用系统命名法命名。
3. 写出符合下列条件的烷烃的构造式，并用系统命名法命名
   (1) 只含伯氢原子的戊烷　　　　　　　(2) 只含伯氢原子和仲氢原子的己烷
   (3) 只含一个季碳的己烷　　　　　　　(4) 含一个叔氢原子的戊烷
4. 写出下列各烷基的构造式
   (1) 正戊基　　　　　(2) 正丁基　　　　　(3) 异丁基
   (4) 异丙基　　　　　(5) 叔丁基　　　　　(6) 仲丁基
5. 用系统命名法命名下列化合物

   (1) $CH_3CH_2CHCH_2CH_3$
   　　　　　　|
   　　　　$CH_2CH_2CH_2CH_3$

   (2) $CH_3CHCHCH_2CHCH_3$
   　　　　|　　　　　　|
   　　　CH_2CH_3
   　　　　|　　　　　　|
   　　　CH_3　　　　CH_3

   (3) CH_3　CH_3
   　　　|　　|
   $CH_3-CH-C-CH_2CH_2CH_3$
   　　　　　|
   　　　　CH_3

   (4) $CH_3CHCHCH_3$
   　　　　|　|
   　　　　　C_2H_5

   (5) $(CH_3)_2CHC(CH_3)_2C(CH_3)_3$

   (6) $CH_3CH_2C(CH_3)_2CH(CH_3)_2$

   (7)

   (8)

6. 写出下列化合物的构造式
   (1) 2-甲基-3-乙基己烷　　　　　　　　(2) 2,4-二甲基-3-乙基戊烷
   (3) 2-甲基-3-乙基-4-丙基辛烷　　　　　(4) 3-甲基-4-异丙基庚烷
7. 将下列化合物按沸点由高到低排列
   (1) 正庚烷　　　　　(2) 正己烷　　　　　(3) 正辛烷
   (4) 2-甲基戊烷　　　(5) 2,3-二甲基丁烷
8. 已知烷烃的分子式为 C_5H_{12}，根据氯代产物的不同，试推测各烷烃的构造，并写出其构造式
   (1) 有四种一氯取代的戊烷
   (2) 只含一种一氯取代的戊烷

（3）只含三种一氯取代的戊烷

（4）只有两种二氯取代的戊烷

9. 试写出下列各反应生成的一氯代烷，并且判断哪一种是主要产物

（1） 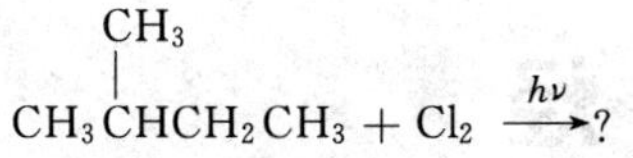
$$\underset{\underset{CH_3}{|}}{CH_3CHCH_2CH_3} + Cl_2 \xrightarrow{h\nu} ?$$

（2）
$$CH_3-\underset{\underset{CH_3}{|}}{\overset{\overset{CH_3}{|}}{C}}-H + Cl_2 \xrightarrow{h\nu} ?$$

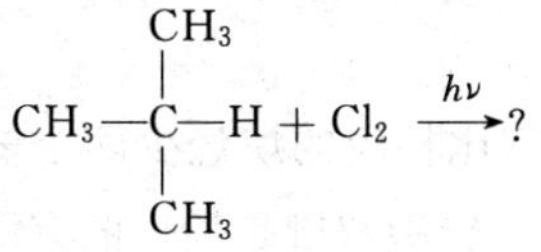

第三章 烯 烃

在脂肪烃分子中含有碳碳双键（C＝C）的，叫做烯烃。由于它比相应的烷烃少两个氢原子，也叫做不饱和烃，其通式为 C_nH_{2n}。烯烃的多数反应发生在双键上，碳碳双键是烯烃的官能团。

根据烯烃分子中含有双键的数目，烯烃分为单烯烃、二烯烃与多烯烃。本章重点介绍单烯烃。

第一节 烯烃的同分异构现象及结构

一、烯烃的同分异构现象

由于烯烃分子含有碳碳双键，所以烯烃的同分异构现象比烷烃复杂，除碳架异构外，还有双键位置异构、顺反异构。

1. 碳架异构

烯烃的碳架异构与烷烃相似，是由于分子中碳骨架的不同引起的。乙烯 $CH_2＝CH_2$ 和丙烯 $CH_3CH＝CH_2$ 没有碳架异构体，但从丁烯开始就存在碳架异构体，例如烯烃 C_4H_8 有两种碳架异构体。

$$CH_3CH_2CH＝CH_2 \qquad\qquad CH_3-\underset{\underset{CH_3}{|}}{C}＝CH_2$$

正丁烯 　　　　　　　　　　　 异丁烯

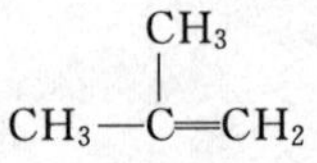

2. 双键位置异构

烯烃的位置异构是由于碳碳双键（官能团）位置的不同而引起的。例如：

$$CH_3CH_2CH＝CH_2 \qquad\qquad CH_3CH＝CHCH_3$$

1-丁烯 　　　　　　　　　　　 2-丁烯

碳架异构现象和双键位置异构现象都是由碳原子间的连接次序和方式不同而形成的，所以都属于构造异构现象。

3. 顺反异构

由于双键两侧的基团在空间的位置不同而引起的异构，叫做顺反异构。两个相同的原子或基团处于双键同侧的叫做顺式，处于双键异侧的叫做反式。例如，2-丁烯的两种顺反异构体：

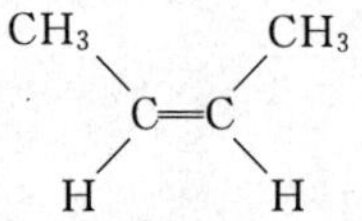

顺式 　　　　　　　　　　　　 反式

沸点：3.5℃ 　　　　　　　　　 沸点：0.9℃

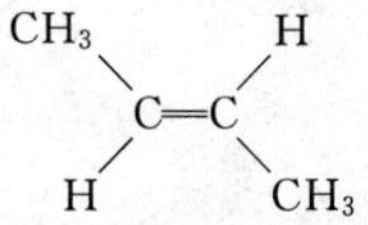

熔点：−139.3℃ 　　　　　　　 熔点：−105.5℃

顺反异构体在物理性质、化学性质上都有差异，它们是两种不同的物质。我们注意到并不是所有的烯烃都存在顺反异构体。产生顺反异构体的充分条件是烯烃分子中，构成双键的任何一个碳原子所连接的两个原子或基团都必须不相同。例如：

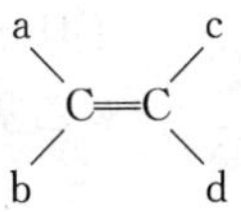

$$\begin{array}{c} a \quad\quad c \\ \diagdown \quad\quad \diagup \\ C = C \\ \diagup \quad\quad \diagdown \\ b \quad\quad d \end{array} \quad\quad\quad\quad CH_2 = C \begin{array}{c} H \\ \diagup \\ \diagdown \\ CH_2CH_3 \end{array}$$

（其中 a≠b，c≠d） 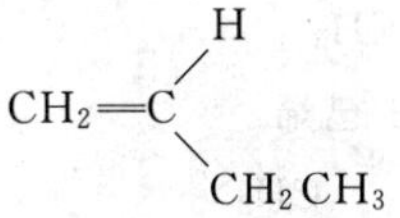　　　　　1-丁烯不存在顺反异构体

二、烯烃的结构

以乙烯为例，它是所有烯烃分子中最简单的，其分子式为 C_2H_4，结构简式为 $CH_2 = CH_2$。现代物理手段测得：乙烯分子为平面型分子（图 3-1），它的所有原子都在同一平面。乙烯分子中的碳碳双键的键能为 $610kJ \cdot mol^{-1}$，键长为 $0.133nm$，而乙烷分子中碳碳单键的键能为 $345kJ \cdot mol^{-1}$，键长为 $0.154nm$。比较可知，双键并不是单键的简单加和。现代结构理论也表明，双键并不是单键的简单加和，而是由一个 σ 键和 π 键组成。实验事实证明，与 σ 键比较，π 键表现出较大的化学活泼性。因此，π 键是烯烃的官能团。

其他单烯烃和乙烯属烯烃的同系列，故其基本结构都是相似的。

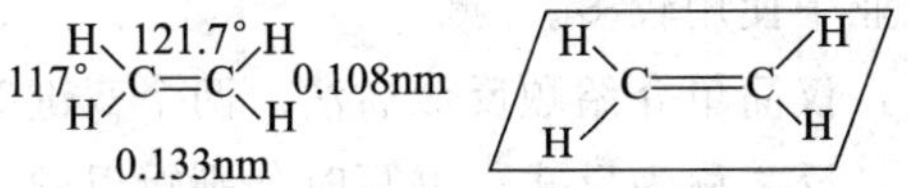

$$\begin{array}{c} H \quad 121.7° \quad H \\ 117° \diagdown \quad\quad \diagup \\ C = C \quad 0.108nm \\ \diagup \quad\quad \diagdown \\ H \quad\quad H \\ 0.133nm \end{array}$$

图 3-1　乙烯分子的平面结构

第二节　烯烃的命名

1. 烯基

烯烃分子从形式上去掉一个氢原子后，剩下的基团称为烯基。常见的烯基如下：

$$CH_2 = CH- \quad\quad\quad CH_3CH = CH- \quad\quad\quad CH_2 = CHCH_2-$$

　　乙烯基　　　　　　　　丙烯基　　　　　　　　　烯丙基

2. 烯烃的命名

烯烃的命名方法包括习惯命名法和系统命名法。其中习惯命名法只适用于少数简单烯烃，例如：

$$CH_3CH_2CH = CH_2 \quad\quad\quad\quad CH_3 - \overset{\displaystyle CH_3}{\underset{}{C}} = CH_2$$

　　　　正丁烯　　　　　　　　　　　　　　异丁烯

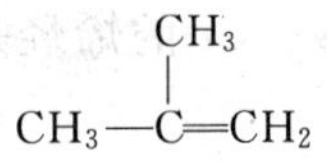

对于碳原子数较多和结构比较复杂的烯烃，主要用系统命名法命名。烯烃的系统命名法，基本上和烷烃相似。其要点如下。

① 选择含有双键的最长碳链为主链，以碳原子数目称为"某烯"。与烷烃一样，碳原子数在 10 以内的用天干表示，10 以上的用中文数字表示，并常在烯字前面加碳字（烷烃不加碳字）。

② 从靠近双键的一端开始编号，使双键位次最小，并用阿拉伯数字表示双键的位置。

③ 取代基的位次、数目、名称写在"某烯"名称之前，其原则和书写格式与烷烃相同。例如：

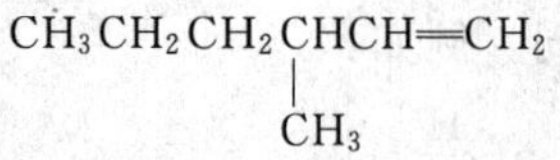

$$CH_3CH_2CH_2CHCH=CH_2$$
$$|$$
$$CH_3$$

3-甲基-1-己烯

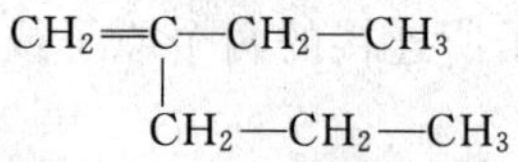

$$CH_2=C-CH_2-CH_3$$
$$|$$
$$CH_2-CH_2-CH_3$$

2-乙基-1-戊烯

$$CH_3CHCH=CCH_3$$

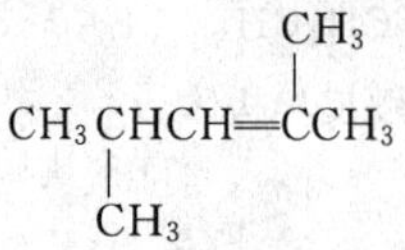

2,4-二甲基-2-戊烯

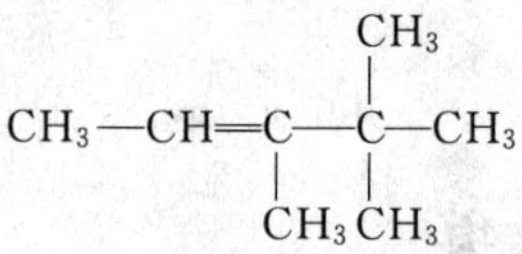

3,4,4-三甲基-2-戊烯

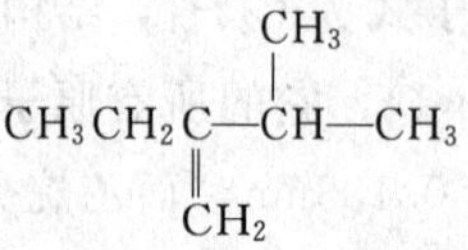

3-甲基-2-乙基-1-丁烯

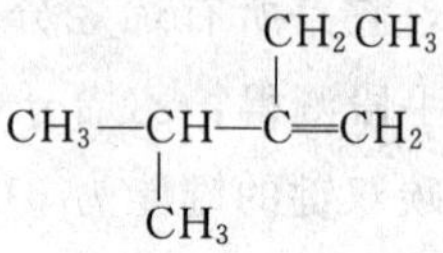

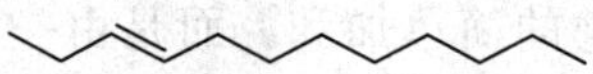

3-甲基-2-乙基-1-丁烯

3-十二碳烯

通常将碳碳双键处于端位的烯烃，统称为 α-烯烃，如 1-丁烯（$CH_3CH_2CH=CH_2$）等，这一术语在石油化学工业中使用较多。

对于顺反异构体的命名，仅简单介绍顺反命名法。两个双键碳上相同的原子或原子团在双键的同一侧者，称为顺式，反之称为反式。书写时分别冠以顺、反。例如：

$$CH_3CH=CHCH_3$$

2-丁烯

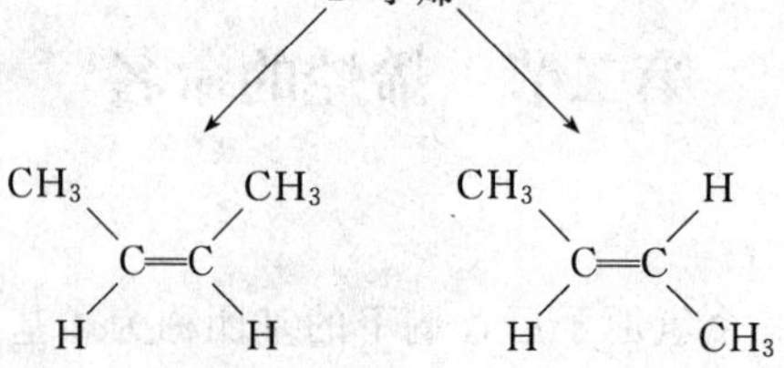

顺-2-丁烯　　　　反-2-丁烯

第三节　烯烃的物理性质

1. 物理状态

在常温常压下，$C_2\sim C_4$ 的烯烃是气体，$C_5\sim C_{18}$ 的烯烃是液体，C_{19} 以上的烯烃是蜡状固体。

2. 沸点

烯烃的沸点随着相对分子质量的增加而升高。同碳数直链烯烃的沸点比带支链的烯烃沸点高。在顺反异构体中，顺式异构体的沸点略高于反式异构体。

3. 熔点

烯烃的熔点变化规律与沸点类似，也是随着相对分子质量的增加而升高。但在顺反异构体中，顺式异构体的熔点低于反式异构体。

4. 溶解度

烯烃一般难溶于水，易溶于有机溶剂。

5. 相对密度

烯烃的相对密度都小于 1，比水轻。

6. 颜色、气味

纯的烯烃都是无色的。乙烯略带甜味，液态烯烃具有汽油的气味。

表 3-1 为一些常见烯烃的物理常数。

表 3-1　一些常见烯烃的物理常数

名称	熔点/℃	沸点/℃	相对密度 d_4^{20}
乙烯	−169.5	−103.7	0.570
丙烯	−185.2	−47.7	0.610
1-丁烯	−130	−6.4	0.625
顺-2-丁烯	−139.3	3.5	0.621
反-2-丁烯	−105.5	0.9	0.604
2-甲基丙烯	−140.8	−6.9	0.631
1-戊烯	−166.2	30.1	0.641
2-甲基-1-丁烯	−137.6	31.2	0.650
3-甲基-1-丁烯	−168.5	20.1	0.633
1-己烯	−139	63.5	0.673
1-庚烯	−119	93.6	0.697
1-十八碳烯	17.5	179	0.791

第四节　烯烃的化学性质

由于烯烃分子中含有官能团碳碳双键（C＝C），所以烯烃的化学性质与烷烃不同，它很活泼，可以和很多试剂作用，能发生加成、氧化、聚合等反应。

一、加成反应

在一定的条件下，烯烃分子与某些试剂作用时，双键中的 π 键断裂，在原来的 π 键的两个碳原子上各连一个原子或基团的反应，称为加成反应。加成反应是烯烃的典型反应。通过加成反应，可以由烯烃合成许多有用的化工产品。

$$\mathrm{C{=}C} \; + \; X{-}Y \longrightarrow \underset{\overset{|}{C}{-}\overset{|}{C}}{\overset{X\quad Y}{}}$$

1. 催化加氢

在催化剂的作用下氢分子加成到有机化合物的不饱和基团上的反应，称为催化氢化，亦称催化加氢。烯烃在常温常压下很难与氢气作用。但在催化剂存在时，烯烃可与氢气发生加成反应，生成烷烃。

$$\mathrm{RCH{=}CHR' + H_2 \xrightarrow{催化剂} RCH_2CH_2R'}$$

$$\mathrm{CH_2{=}CH_2 + H_2 \xrightarrow{催化剂} CH_3{-}CH_3}$$

烯烃催化加氢常用的催化剂有镍、铂、钯等。工业上一般用雷尼镍（Raney Ni）作为催化剂。雷尼镍是用氢氧化钠溶液处理镍铝合金，溶去铝后，得到灰黑色的小颗粒多孔性的镍粉。它的表面积较大，催化活性较高，吸附能力较强，价格低廉。

加氢反应是还原反应的一种重要形式，在工业上有重要作用。例如：在 20 世纪 60 年代以后，炼油厂广泛采用加氢精制工艺，以提高油品质量。因为粗汽油中含有少量烯烃，而烯烃容易发生氧化、聚合等反应，影响油品质量，利用催化加氢变成烷烃便可提高汽油质量。又如：在油脂工业中将含有不饱和双键的液态油氢化为固态或半固态的脂肪，生产人造奶油或肥皂工业用的硬化油。现在，加氢过程已是化学工业和石油炼制工业中最重要的反应过程之一。

在实验室中也可以利用烯烃加氢反应来制备纯的烷烃。由于烯烃加氢反应能定量进行，可根据吸收氢气的体积，计算出某些化合物的不饱和程度。

2. 加卤素

烯烃能与卤素发生加成反应，生成邻二卤代烃，这是合成邻二卤代烃的一种重要方法。例如：

$$CH_2{=\!=}CH_2 + Cl_2 \xrightarrow[CH_2ClCH_2Cl]{FeCl_3,40℃} \begin{matrix} Cl & Cl \\ | & | \\ CH_2 & CH_2 \end{matrix}$$

1,2-二氯乙烷

1,2-二氯乙烷是一种工业上广泛使用的有机溶剂，主要用来制取氯乙烯、乙二醇、乙二酸、乙二胺、四乙基铅等。也是杀菌剂稻瘟灵和植物生长调节剂矮壮素的中间体。

在常温下，烯烃可与溴迅速发生加成反应，生成 1,2-二溴代烷烃。例如：

$$CH_3CH{=\!=}CH_2 + Br_2 \xrightarrow{CCl_4} \begin{matrix} CH_3CH{-}CH_2 \\ | \quad\quad | \\ Br \quad\; Br \end{matrix}$$

　　　　　　　　红棕色　　　　　　　　无色

1,2-二溴丙烷，主要用作溶剂和有机合成的原料。

把烯烃加到 Br_2/CCl_4（起稀释作用）溶液中，轻微振荡，红棕色褪去，前后有明显的颜色变化，利用此反应可以检验烯烃的存在。工业上常用此法来检验汽油、柴油中是否含有不饱和烃。实验室中也可以用来鉴别烯烃与饱和烃。例如：区别乙烷和乙烯；丙烷和丙烯。

不同的卤素反应活性不同，$F_2{>}Cl_2{>}Br_2{>}I_2$，氟与烯烃的反应非常激烈而难于控制，碘的加成则比较困难，实际应用主要是氯、溴与烯烃的加成。

3. 加卤化氢

烯烃可与卤化氢（氯化氢、溴化氢、碘化氢）发生加成反应，生成卤代烷。例如：

$$CH_2{=\!=}CH_2 + HCl \longrightarrow CH_3CH_2Cl$$

氯乙烷

氯乙烷可用作农药、染料、医药及其中间体的合成。氯乙烷具有冷冻麻醉作用，从而使局部产生快速镇痛效果，因此医药上用于外科手术的麻醉剂（局部麻醉）。

由于乙烯是对称分子，不论氢原子和卤原子加到哪一个碳原子上，都得到同样的一卤代乙烷，但不对称的烯烃分子与卤化氢（HX）反应情形就不同了，可以得到两种加成产物。如：

$$CH_3CH{=}CH_2 + HX \longrightarrow \begin{cases} \overset{\displaystyle X}{\underset{\displaystyle |}{C}}H_3\overset{\displaystyle H}{\underset{\displaystyle |}{C}}H{-}CH_2 \quad \text{2-卤代丙烷} \\ \\ \overset{\displaystyle H}{\underset{\displaystyle |}{C}}H_3\overset{\displaystyle X}{\underset{\displaystyle |}{C}}H{-}CH_2 \quad \text{1-卤代丙烷} \end{cases}$$

双键两侧基团不同

实验发现，上述反应的主要产物是 2-卤丙烷，1869 年马尔科夫尼科夫（V. W. Markovnikov，1839—1904，俄国科学家）根据大量的实验事实总结出一条经验规律：不对称烯烃与卤化氢加成时，氢原子总是加到含氢较多的双键碳原子上，而卤原子加到含氢较少的双键碳原子上。此规律称为马尔科夫尼科夫规则，简称马氏规则。利用此规则可以预测很多加成反应的主要产物。

当有过氧化物存在时，不对称烯烃与溴化氢加成时，得到的主要产物是违反马氏规则的，称为过氧化物效应。

$$CH_3CH{=}CH_2 + HBr \xrightarrow{\text{过氧化物}} \overset{\displaystyle H}{\underset{\displaystyle |}{C}}H_3\overset{\displaystyle Br}{\underset{\displaystyle |}{C}}H{-}CH_2$$

1-溴丙烷

1-溴丙烷主要用于制备格氏试剂、多溴化合物，用作汽油添加剂、阻燃剂。它是农药杀虫剂、杀菌剂的原料，也是医药、香料、染料等的中间体。

注意在过氧化物存在下，只有溴化氢与不对称烯烃加成时得到的主要产物是违反马氏规则的，而氯化氢、碘化氢与不对称烯烃加成时得到的主要产物没有这种影响。

不同卤化氢的反应活性顺序为：

$$HI > HBr > HCl$$

4. 加硫酸

烯烃可与硫酸发生加成反应，生成硫酸氢酯。例如：

$$CH_2{=}CH_2 + H_2SO_4(98\%) \longrightarrow CH_3CH_2OSO_3H$$

硫酸氢乙酯

$$CH_3CH{=}CH_2 + H_2SO_4\,(75\%{\sim}85\%) \longrightarrow \underset{\underset{\displaystyle OSO_3H}{\displaystyle |}}{C}H_3CHCH_3$$

硫酸氢异丙酯

不对称烯烃和硫酸的加成，也符合马氏规则。

烯烃与硫酸的加成产物硫酸氢酯能溶于硫酸中而被吸收，利用这一性质，常用来分离烯烃和烷烃。从石油工业中得到的烷烃常含有少量的烯烃，将它们通过硫酸，烯烃即生成可溶于硫酸的硫酸氢酯，而烷烃不溶于硫酸，从而达到分离的目的。

烯烃与浓硫酸的加成产物——硫酸氢酯与水共热，则水解生成相应的醇，并重新析出硫酸。例如：

$$CH_3CH_2OSO_3H + H_2O \longrightarrow CH_3CH_2OH + H_2SO_4$$

把烯烃与硫酸的加成反应和硫酸氢酯的水解反应组合起来，相当于烯烃与水的加成反应，又称为烯烃的间接水合法。工业上常用这一方法以烯为原料制备乙醇、异丙醇等低级醇。此法的优点是对烯烃的纯度要求不高，对于回收利用石油炼厂气中的烯烃是一个好方法。但缺点是反应产生的硫酸对生产设备有腐蚀作用。

　5. 加水

　烯烃与水不易直接作用，但在适当的催化剂和加压下也可与水直接加成生成相应的醇。

$$CH_2\!=\!CH_2 + H_2O \xrightarrow[300℃,\ 7\sim8MPa]{H_3PO_4} CH_3CH_2OH$$
乙醇

　乙醇俗称酒精，它的水溶液具有特殊的、令人愉快的香味，并略带刺激性。乙醇的用途很广，可用乙醇来制造乙酸、饮料、香精、染料、燃料、防冻剂等。医疗上也常用体积分数为 70%～75% 的乙醇作为消毒剂。

$$CH_3CH\!=\!CH_2 + H_2O \xrightarrow[195℃,\ 2MPa]{H_3PO_4} (CH_3)_2CHOH$$
异丙醇

　异丙醇是重要的化工产品和原料，主要用于制药、化妆品、塑料、香料、涂料等。

　这是工业上生产乙醇、异丙醇最重要的方法，叫做烯烃直接水合法。此法的优点是避免了硫酸对设备的腐蚀和酸性废水的污染，节省了投资。但直接水合法对烯烃的纯度要求较高，需要达到 97% 以上。

　6. 加次氯酸

　烯烃能与次氯酸发生加成反应，生成氯代醇。例如：

$$CH_2\!=\!CH_2 + \underline{Cl_2 + H_2O} \longrightarrow ClCH_2CH_2OH$$
HOCl　　　　　氯乙醇

　氯乙醇常用于制造乙二醇、环氧乙烷等，也是一种植物发芽催速剂。

　在实际生产中，常用氯气和水代替次氯酸。即将乙烯和氯气同时通入水中进行反应生成氯乙醇。对于不对称烯烃，与次氯酸加成时，也符合马氏规则，其中氯相当于卤化氢（HX）中的氢。例如：

$$(CH_3)_2C\!=\!CH_2 + HOCl \longrightarrow \underset{\substack{|\ \ \ |\\ OH\ Cl}}{(CH_3)_2C\!-\!CH_2}$$

二、氧化反应

　烯烃分子中引进氧原子的反应称为烯烃的氧化反应。它是制备烃类含氧衍生物（醇、醛、酮、酸）的重要方法。烯烃很容易发生氧化反应，随氧化剂和反应条件的不同，氧化产物也不同。

　1. 高锰酸钾氧化

　在温和的条件下，如在稀的、冷的高锰酸钾的中性或碱性水溶液中，烯烃被氧化，反应结果是双键碳原子上各引入一个羟基，生成邻二醇，而高锰酸钾溶液紫色消失。

$$CH_2\!=\!CH_2 \xrightarrow[OH^-]{稀、冷的\ KMnO_4} \underset{\substack{|\ \ \ \ |\\ OH\ \ OH}}{CH_2\!-\!CH_2}$$
乙二醇

乙二醇又名"甘醇"，是无色无臭、有甜味液体，用作溶剂、防冻剂以及合成涤纶的原料。

由于反应前后有明显的现象变化，所以此反应可用来鉴别烯烃。

在加热条件或在高锰酸钾的酸性溶液中，烯烃双键完全断裂，由于双键碳原子连接的烃基不同，氧化产物也不同。双键碳原子上只连有两个氢原子的部分，氧化产物为二氧化碳和水。双键碳原子上连有一个烷基的部分，氧化产物为羧酸。双键碳原子上连有两个烷基的部分，氧化产物为酮。

$$R-CH{=}CH_2 \xrightarrow{KMnO_4} RCOOH + CO_2$$

$$\underset{R'}{\overset{R}{>}}C{=}C\underset{H}{\overset{R''}{<}} \xrightarrow{KMnO_4} R-\overset{O}{\overset{\|}{C}}-R' + R''COOH$$

不同结构烯烃得到不同的氧化产物，根据反应得到的氧化产物，可以推测原来烯烃的结构。例如：某烯烃经高锰酸钾氧化后得到乙酸（CH_3COOH）和二氧化碳，可推测该烯烃为$CH_3CH{=}CH_2$。

2. 催化氧化

在催化剂存在下，烯烃可被氧气或空气氧化，相同的反应物随着反应条件的不同，产物不同。例如：在活性银催化剂作用下，乙烯被空气中的氧直接氧化，生成环氧乙烷。

$$CH_2{=}CH_2 + 1/2O_2 \xrightarrow[200\sim300℃]{Ag} H_2C\overset{\diagdown\diagup}{\underset{O}{}}CH_2$$

环氧乙烷

环氧乙烷是一种最简单的环醚，是重要的石化产品。主要用于制造乙二醇（制涤纶纤维原料）、合成洗涤剂、非离子表面活性剂、抗冻剂、乳化剂以及缩乙二醇类产品，也用于生产增塑剂、润滑剂、橡胶和塑料等。

此反应是工业上生产环氧乙烷的重要方法。

在氯化钯-氯化铜等催化剂存在下，乙烯被氧化生成乙醛，丙烯被氧化生成丙酮。

$$CH_2{=}CH_2 + 1/2O_2 \xrightarrow[100℃,\ 1MPa]{PdCl_2\text{-}CuCl_2} CH_3\overset{H}{\underset{O}{C}}$$

乙醛

乙醛，又名醋醛，无色易流动液体，有刺激性气味，用于制造乙酸、醋酐、合成树脂、橡胶、塑料、香料，也用于制革、制药、造纸、医药，用作防腐剂、防毒剂、显像剂、溶剂、还原剂等。

$$CH_3CH{=}CH_2 + 1/2O_2 \xrightarrow[90\sim120℃,\ 1MPa]{PdCl_2\text{-}CuCl_2} CH_3\overset{O}{\overset{\|}{C}}CH_3$$

丙酮

丙酮，无色液体，具有令人愉快的气味（辛辣甜味），是重要的有机合成原料，用于生产环氧树脂，聚碳酸酯，有机玻璃，医药，农药等。亦是良好溶剂，用于涂料、胶黏剂、钢瓶乙炔等。

三、聚合反应

在一定的条件下，烯烃分子中的 π 键断裂，发生同类分子间的加成反应，生成相对分子质量较大的化合物，这种反应称为聚合反应，得到的产物称为聚合物。例如：

$$nCH_2{=}CH_2 \xrightarrow[>100℃，>1000MPa]{自由基引发剂} \left[CH_2{-}CH_2\right]_n$$

高压聚乙烯

由于聚合是在高压下进行的，工业上称为高压聚合法，所得聚乙烯称为高压聚乙烯，又称为低密度聚乙烯。它的相对分子质量一般在 25000 左右，有良好的绝缘性和韧性，广泛用于生产薄膜、编织袋、塑料容器、电缆包皮等。在工业和日常生活用品中有广泛的应用。

乙烯也可在齐格勒-纳塔（Ziegler-Natta）催化剂存在和低压条件下，聚合成聚乙烯。这种方法工业上称为低压聚合法，所得的聚乙烯称为低压聚乙烯，又称为高密度聚乙烯。它的相对分子质量一般在 35000 左右，质地较硬，力学性能好，用于制造板、管、桶、箱及各种包装用具，也用于生产薄膜等。

$$nCH_2{=}CH_2 \xrightarrow{TiCl_4\text{-}Al(C_2H_5)_3} \left[CH_2{-}CH_2\right]_n$$

低压聚乙烯

四氯化钛-三乙基铝 $[TiCl_4\text{-}Al(C_2H_5)_3]$ 称为齐格勒-纳塔(Ziegler-Natta)催化剂。

1953 年德国化学家齐格勒（K. Ziegler）和意大利化学家纳塔（G. Natta）发现了有机金属催化烯烃定向聚合，实现了乙烯的常压聚合和丙烯的定向有规聚合，由于他们的杰出贡献，二人荣获 1963 年的诺贝尔化学奖。

丙烯在齐格勒-纳塔（Ziegler-Natta）催化剂作用下聚合生成聚丙烯。聚丙烯也是应用范围很广的高分子材料。

$$nCH_2{=}\underset{\underset{CH_3}{|}}{CH} \xrightarrow{TiCl_4\text{-}Al(C_2H_5)_3} \left[CH_2{-}\underset{\underset{CH_3}{|}}{CH}\right]_n$$

聚丙烯

聚丙烯是一种通用合成塑料，广泛应用于化工、化纤、建筑、家电、包装、农业、国防、交通运输、民用塑料制品等各个领域。

四、α-H 的反应

烯烃分子中与碳碳双键直接相连的碳原子称为 α-C，α-C 上的氢原子称为 α-H。α-H 因受双键的影响，表现出特殊的活泼性，容易发生取代反应和氧化反应。

1. 取代反应

丙烯与氯气混合，在较低温度下（<200℃）发生加成反应，生成 1,2-二氯丙烷。而在500℃的高温下，主要是 α-H 被取代，生成 3-氯丙烯。

$$CH_3CH{=}CH_2 + Cl_2 \begin{cases} \xrightarrow{<200℃} CH_3CHClCH_2Cl \\ \xrightarrow{>300℃} ClCH_2CH{=}CH_2 + HCl \end{cases}$$

3-氯丙烯

3-氯丙烯有令人不愉快的刺激性气味，是制备丙烯醇、环氧氯丙烷、甘油、环氧树脂的重要原料。

2. 氧化反应

在不同的催化条件下，烯烃的 α-H 可被空气或氧气氧化，生成不同的氧化产物。例如：如果用氧化亚铜作为催化剂，丙烯被氧化成丙烯醛。

$$CH_3CH=CH_2 + O_2 \xrightarrow{Cu_2O} CH_2=CH-CH=O$$

丙烯醛

丙烯醛是剧毒的化学品，也是强烈的催泪剂。主要用作有机合成原料，制取家禽饲料蛋氨酸，也用于制甘油。

如果用磷钼酸铋作为催化剂，丙烯被氧化成丙烯酸。

$$CH_3CH=CH_2 + O_2 \xrightarrow[350℃]{磷钼酸铋} CH_2=CHCOOH$$

丙烯酸

丙烯酸是强有机酸，有腐蚀性，是重要的有机合成单体，主要用于生产丙烯酸酯类。

若丙烯的氧化反应在氨的存在下进行，则生成丙烯腈。

$$CH_3CH=CH_2 + NH_3 + O_2 \xrightarrow[470℃]{磷钼铋系催化剂} CH_2=CH-CN$$

丙烯腈

该反应又称为氨氧化反应。丙烯腈易聚合，是合成腈纶（人造羊毛）的单体，用于制备丁腈橡胶和其他合成树脂，也用于电解制备己二腈。

第五节　烯烃的来源、制法及重要的烯烃

一、烯烃的工业来源

低级烯烃都是化学工业的重要原料，主要是通过石油的各种馏分裂解和原油直接裂解获得。在当前全球资源短缺的形势下，烯烃来源的另一重要补充或许是煤制烯烃。

二、烯烃的制法

常用的实验室制法如下。

（1）醇脱水

乙醇在适当条件下脱水生成乙烯。例如：

$$CH_3CH_2OH \begin{cases} \xrightarrow[350℃]{Al_2O_3} CH_2=CH_2 \\ \xrightarrow[170℃]{H_2SO_4} CH_2=CH_2 \end{cases}$$

（2）卤代烃脱卤化氢

卤代烃在碱性条件下脱卤化氢生成烯烃。例如：

$$RCH_2-CH_2X + KOH \xrightarrow[\triangle]{CH_3CH_2OH} RCH=CH_2$$

三、重要的烯烃

1. 乙烯

乙烯为稍有甜味的无色气体。燃烧时火焰明亮但有烟；当空气中含乙烯 3%～33.5% 时，则形成爆炸性的混合物，遇火星发生爆炸。在医药上，乙烯与氧的混合物可作为麻醉剂。工业上，乙烯可以用来制备乙醇，也可氧化制备环氧乙烷，环氧乙烷是有机合成上的一种重要物质。还可由乙烯制备苯乙烯，苯乙烯是制造塑料和合成橡胶的原料。乙烯聚合后生成的聚乙烯，具有良好的化学稳定性。乙烯是非常重要的基本有机合成原料之一。通常用乙烯的产量来衡量一个国家的石油化工行业的发展水平。

此外，乙烯为一种植物激素，具有促进果实成熟的作用。许多水果如苹果、香蕉、橘子、芒果、猕猴桃等果实在未成熟前，自身可产生极少量乙烯，产生的乙烯促进了水果的进一步成熟。

2. 丙烯

丙烯为无色气体，燃烧时产生明亮的火焰，爆炸极限为 2%～11%，是一种低毒类物质。丙烯用量最大的是生产聚丙烯，另外丙烯可制丙烯腈、异丙醇、苯酚和丙酮、丁醇和辛醇、丙烯酸及其酯类以及制环氧丙烷和丙二醇、环氧氯丙烷和合成甘油等。丙烯也是非常重要的基本有机合成原料之一。

"塑料袋"的利与弊

塑料袋的原料为聚乙烯。常用的食品塑料袋多为聚乙烯薄膜制成，该薄膜无毒，故可用于盛装食品。还有一种薄膜为聚氯乙烯制成，聚氯乙烯本身也无毒性，但根据薄膜的用途所加入的添加剂往往是对人体有害的物质，具有一定的毒性。所以这类薄膜及由该薄膜做的塑料袋均不宜用来盛装食品。

塑料袋的发明给人类生活带来了很大的方便，但是越来越多的人不懂得如何有效的环保使用，导致了塑料袋污染的全球化。人们把塑料袋给环境带来的灾难称为"白色污染"。

塑料袋回收价值较低，在使用过程中除了散落在城市街道、旅游区、水体中、公路和铁路两侧造成"视觉污染"外，它还存在着潜在的危害。塑料结构稳定，不易被天然微生物菌降解，在自然环境中长期不分解。这就意味着废塑料垃圾如不加以回收，将在环境中变成污染物长期存在并不断累积，会对环境造成极大危害。

目前，中国塑料年产量为 300 万吨，消费量在 600 万吨以上。全世界塑料年产量为 1 亿吨，如果按每年 15% 的塑料废弃量计算，全世界年塑料废弃量就是 1500 万吨，中国的年塑料废弃量在 100 万吨以上，废弃塑料在垃圾中的比例占到 40%，这样大量的废弃塑料作为垃圾被埋在地下，无疑给本来就缺乏的可耕种土地带来更大的压力。另外，塑料袋本身会释放有害气体。特别是熟食，用塑料袋包装后，常常会变质。变质的食品对儿童健康发育的影响尤为突出。它耗能巨大，据测算，我国每产 1t 塑料袋需耗 3t 石油，而我国每年塑料袋的用量至少可供 300 万辆普通轿车行驶 5 年。改变这一局面，淘汰超薄塑料袋是大势所趋，利国利民，功在千秋万代！

国务院办公厅下发了关于《限制生产销售使用塑料购物袋的通知》，通知指出，鉴于购物袋已成为"白色污染"的主要来源，今后各地人民政府、部委等应禁止生产、销售、使用超薄塑料购物袋、并将实行塑料购物袋有偿使用制度。通知要求所有超市、商场、集贸市场等商品零售场所实行塑料购物袋有偿使用制度，一律不得免费提供塑料购物袋。通知提倡重拎布袋子、重提菜篮子，重复使用耐用型购物袋，减少使用塑料袋，同时企业也应简化商品包装，多选用绿色、环保的包装袋。通知还鼓励企业及社会力量免费为群众提供布袋子等可重复使用的购物袋。全国禁止生产、销售超薄塑料袋，从 2008 年 6 月 1 日起将制定抑制废塑料污染税收政策，在全国范围内也将禁止生产、销售、使用厚度小于 0.025mm 的塑料购物袋（超薄塑料购物袋）。从 2008 年的 6 月 1 日起，全国各大商场将实行有偿使用塑料袋，顾客要使用塑料袋必须付钱购买，从而抑制塑料袋的泛滥问题。

习　题

1. 用系统命名法命名下列烯烃

(1) $CH_3CHCH=CH_2$
　　　　$|$
　　　CH_3

(2) $CH_3CHCH=CHCHCH_3$
　　　　$|$　　　　　$|$
　　　CH_3　　　CH_3

(3) $CH_3CH_2C(CH_3)_2CH=CH_2$

(4) $(CH_3)_3CCH_2CH=CHCH_2C(CH_3)_3$

(5)

(6)

(7)

(8)

2. 写出下列各烯烃的构造式

(1) 3-甲基-1-戊烯　　　　(2) 2-甲基-2-丁烯　　　　　　(3) 3-己烯

(4) 异丁烯　　　　　　　(5) 2-甲基-3-乙基-2-己烯　　　(6) 顺-2-丁烯

(7) 2-甲基-4-异丙基-2-庚烯　　　(8) 2,4,4-三甲基-2-戊烯

(9) 2,5-二甲基-3,4-二乙基-3-己烯　　　(10) 4-甲基-3-乙基-2-戊烯

3. 写出己烯（C_6H_{12}）的构造异构体，并命名。

4. 写出异丁烯与下列试剂反应时生成的产物

(1) H_2/Ni　　　　　　(2) Br_2/CCl_4　　　　　(3) HBr

(4) H_2O/H^+　　　　　(5) 浓硫酸　　　　　　　(6) HOCl

(7) $KMnO_4/H^+$，△

5. 用简单的化学方法区别丁烷、1-丁烯和 2-丁烯。

6. 请你设计一个实验方法，除去正己烷中的己烯。

7. 完成下列反应式

(1) $CH_3CHCH=CH_2 + Cl_2 \xrightarrow{500℃}$?
　　　　$|$
　　　CH_3

(2) $CH_3CHCH=CH_2 \xrightarrow[OH^-]{稀、冷的 KMnO_4}$?
　　　　$|$
　　　CH_3

(3) $CH_3C=CH-CH_2CH_2CH_3 \xrightarrow[H^+,\ \triangle]{KMnO_4} ? + ?$
      |
      CH_3

(4) $CH_3CH_2\overset{\displaystyle CH_3}{\underset{\displaystyle |}{C}}=CH_2 + HCl \longrightarrow ?$

(5) $CH_3-C=CHCH_2CH_2CH_3 + H_2SO_4 \longrightarrow ? \xrightarrow[\triangle]{H_2O} ?$
       |
      CH_3

8. 由指定原料合成下列化合物

(1) $CH_3CHCH_3 \longrightarrow CH_3CH_2CH_3$
     |
    OH

(2) $CH_3CH_2CH_2CH_2OH \longrightarrow CH_3CH_2\overset{\displaystyle OH}{\underset{\displaystyle |}{C}}HCH_3$

(3) CH_3CH_2OH
- CH_3CH_3
- $\overset{\displaystyle Br}{\underset{\displaystyle |}{C}}H_2\overset{\displaystyle Br}{\underset{\displaystyle |}{C}}H_2$
- $\overset{\displaystyle Cl}{\underset{\displaystyle |}{C}}H_2\overset{\displaystyle OH}{\underset{\displaystyle |}{C}}H_2$

(4) $CH_3CH_2CH_2CH_2CH_2OH \longrightarrow CH_3CH_2CH_2CH_2CH_2Br$

(5) $CH_3CH=CH_2 \longrightarrow \overset{\displaystyle Cl}{\underset{\displaystyle |}{C}}H_2-\overset{\displaystyle Cl}{\underset{\displaystyle |}{C}}H-\overset{\displaystyle Cl}{\underset{\displaystyle |}{C}}H_2$

9. 分子式为 C_6H_{12} 的一个化合物，能使溴水褪色，催化加氢生成正己烷，用过量的高锰酸钾氧化则生成两种羧酸。写出这个化合物的构造式及各步反应的反应式。

第四章 炔 烃

在脂肪烃分子中含有碳碳三键（C≡C）的，叫做炔烃。由于它比相应的烷烃少四个氢原子，其通式为 C_nH_{2n-2}。炔烃也是不饱和烃，碳碳三键是炔烃的官能团。

第一节 炔烃的同分异构现象及结构

一、炔烃的同分异构现象

炔烃的同分异构现象与烯烃类似，比烷烃复杂，除碳架异构外，还有三键位置异构，但没有顺反异构。因此，炔烃的同分异构体比相应的烯烃少。

1. 碳架异构

由于炔烃三键的碳原子上不能连有支链，炔烃从戊炔开始存在碳架异构体，例如戊炔 C_5H_8 有两种碳架异构体。

$$(CH_3)_2CHC≡CH \qquad\qquad CH_3CH_2CH_2C≡CH$$

3-甲基-1-丁炔 $\qquad\qquad\qquad$ 1-戊炔

2. 三键位置异构

炔烃的三键位置异构从丁炔开始。例如：

$$CH_3CH_2C≡CH \qquad\qquad CH_3C≡CCH_3$$

1-丁炔 $\qquad\qquad\qquad$ 2-丁炔

二、炔烃的结构

以乙炔为例，它是最简单的炔烃，其分子式为 C_2H_2，结构简式为 CH≡CH。现代物理手段测得：乙炔分子为直线型分子（图 4-1），它的所有原子都在同一直线上。炔烃和烯烃的结构相似，所以它们的化学性质也相似。

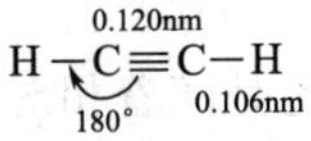

$$\underset{180°}{H-\overset{0.120nm}{C≡C}}\underset{0.106nm}{-H}$$

图 4-1 乙炔分子中键长和键角

第二节 炔烃的命名

1. 炔基

炔烃分子从形式上去掉一个氢原子后，剩下的基团称为炔基。常见的炔基如下：

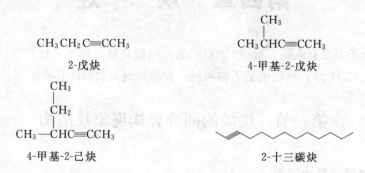

$$CH \equiv C- \qquad CH_3C \equiv C- \qquad HC \equiv CCH_2-$$

乙炔基　　　　　　1-丙炔基　　　　　　2-丙炔基

2. 炔烃的命名

炔烃的命名方法与烯烃的命名相似，只是把相应的"烯"字改成"炔"即可。例如：

$$CH_3CH_2C \equiv CCH_3$$

2-戊炔

$$CH_3CHC \equiv CCH_3 \atop \overset{|}{CH_3}$$

4-甲基-2-戊炔

$$CH_3 \text{—} CHC \equiv CCH_3 \atop \overset{|}{CH_2} \atop \overset{|}{CH_3}$$

4-甲基-2-己炔

2-十三碳炔

分子中同时含有双键和三键的称为烯炔。命名时应选取含有双键和三键的最长碳链为主链，从靠近不饱和键的一端开始，将主链中的碳原子依次编号。如果当双键和三键处于同一位次时，优先给双键以最小的编号。例如：

$$CH_2 \text{=} CHCH_2C \equiv CH \qquad CH_3CH \text{=} CH \text{—} C \equiv CH$$

1-戊烯-4-炔　　　　　　　　3-戊烯-1-炔

$$CH_3CH_2CHC \equiv CCH_2CH \text{=} CHCH_3 \atop \overset{|}{CH_3}$$

7-甲基-2-壬烯-5-炔

第三节　炔烃的物理性质

1. 物理状态

在常温常压下，乙炔、丙炔和丁炔为气体，戊炔以上的低级炔烃为液体，高级炔烃为固体。

2. 沸点

炔烃的沸点随着相对分子质量的增加而升高。同碳数直链炔烃的沸点比带支链的炔烃沸点高。简单炔烃的沸点比相应的烯烃要高。

3. 熔点

炔烃的熔点变化规律与沸点类似，也是随着相对分子质量的增加而升高。简单炔烃的熔点比相应的烯烃要高。

4. 溶解度

炔烃一般难溶于水，而易溶于石油醚、乙醚、苯和四氯化碳中。

5. 相对密度

炔烃的相对密度一般都小于1，比水轻。

常见炔烃物理常数见表4-1。

表 4-1　常见炔烃的物理常数

名称	熔点/℃	沸点/℃	相对密度 d_4^{20}
乙炔	−81.8	−83.4	0.618
丙炔	−101.5	−23.3	0.671
1-丁炔	−122.5	8.5	0.668
1-戊炔	−98	39.7	0.695
2-戊炔	−101	55.5	0.713
3-甲基-1-丁炔		28(10kPa)	0.685
1-己炔	−124	71.4	0.719
1-庚炔	−80.9	99.8	0.733
1-十八碳炔	22.5	180(2kPa)	0.870

第四节　炔烃的化学性质

由于炔烃分子中含有官能团碳碳三键（C≡C），所以炔烃的化学性质比较活泼。炔烃和烯烃类似，也可以和很多试剂作用，能发生加成、氧化、聚合等反应。

一、加成反应

与烯烃相似，炔烃也能发生加成反应。

1. 催化加氢

炔烃在催化剂存在下与氢气加成还原成为烷烃。

$$HC\equiv CH \xrightarrow[催化剂]{H_2} CH_2=CH_2 \xrightarrow[催化剂]{H_2} CH_3CH_3$$

催化剂为钯、铂、镍时，炔烃加氢很难停留在烯烃阶段，此反应要想停留在生成烯烃的阶段（部分氢化），可用活性较低的 Lindlar 催化剂（Pd-CaCO₃/乙酸）。例如：

$$RC\equiv CH + H_2 \xrightarrow{Lindlar} RCH=CH_2$$

一般情况下，分子中同时含有三键和双键，催化加氢主要发生在三键上，而双键保留。例如：

$$RC\equiv C-(CH_2)_n-CH=CH_2 \xrightarrow{Lindlar} RHC=CH-(CH_2)_n-CH=CH_2$$

利用此性质可将乙烯中的少量乙炔转化为乙烯，防止在制备低压聚乙烯时，少量的炔烃使齐格勒-纳塔催化剂失活，而且也能提高乙烯的纯度。

2. 加卤素

炔烃与卤素（氯或溴）进行加成时，可以生成邻二卤代烃，也可以生成四卤代烃。例如：

$$HC\equiv CH \xrightarrow{Br_2} \underset{Br\ \ Br}{HC=CH} \xrightarrow{Br_2} \underset{Br\ \ Br}{\overset{Br\ \ Br}{HC-CH}}$$

1,2-二溴乙烯　　1,1,2,2-四溴乙烷

1,2-二溴乙烯和1,1,2,2-四溴乙烷都是重要的有机合成中间体。其中1,1,2,2-四溴乙烷可用于合成季铵盐、制冷剂等。

炔烃与溴发生加成反应后，溴水红棕色褪去，现象明显。可由此检验碳碳三键的存在。

$$HC{\equiv}CH \xrightarrow[80\sim85℃]{Cl_2,FeCl_3,CCl_4} \underset{\underset{Cl\ \ \ \ Cl}{|\ \ \ \ \ |}}{HC{=}CH} \xrightarrow[80\sim85℃]{Cl_2,FeCl_3,CCl_4} \underset{\underset{Cl\ \ \ \ Cl}{|\ \ \ \ \ |}}{\overset{\overset{Cl\ \ \ \ Cl}{|\ \ \ \ \ |}}{HC{-}CH}}$$

1,2-二氯乙烯   1,1,2,2-四氯乙烷

1,2-二氯乙烯主要用作油漆、树脂和橡胶等的溶剂，也可作为干洗剂、麻醉剂、低温萃取剂和冷冻剂等。1,1,2,2-四氯乙烷主要用作药物、树脂、蜡等的溶剂，也用作金属清洗剂、杀虫剂和除草剂等。

烯烃可使溴的四氯化碳溶液很快褪色，而炔烃却需要一两分钟才能使之褪色。故当分子中同时存在双键和三键时，与溴（不过量）的加成首先发生在双键上。

$$CH_2{=}CHCH_2C{\equiv}CH + Br_2 \longrightarrow \underset{\underset{Br\ \ \ Br}{|\ \ \ \ |}}{CH_2CHCH_2C{\equiv}CH}$$

与烯烃相似，不同的卤素反应活性为：

$$Cl_2 > Br_2$$

3. 加卤化氢

炔烃也可与卤化氢（氯化氢、溴化氢、碘化氢）发生加成反应，生成卤代烷。但炔烃与卤化氢的加成不如烯烃活泼，通常需要在催化剂存在下进行。例如：

$$RC{\equiv}CH \xrightarrow{HX} \underset{\underset{X}{|}}{R{-}C{=}CH_2} \xrightarrow{HX} \underset{\underset{X}{|}}{\overset{\overset{X}{|}}{R{-}C{-}CH_3}}$$

$$HC{\equiv}CH + HCl \xrightarrow[120\sim180℃]{HgCl_2} \underset{\underset{Cl}{|}}{HC{=}CH_2}$$

氯乙烯

这是工业上早期生产氯乙烯的方法。氯乙烯易聚合，也能与丁二烯、乙烯、丙烯等共聚，是高分子化合物聚氯乙烯的单体。

不对称炔烃与卤化氢的加成也符合马氏规则。例如：

$$CH_3CH_2C{\equiv}CH \xrightarrow{HBr} \underset{\underset{Br}{|}}{CH_3CH_2C{=}CH_2} \xrightarrow{HBr} \underset{\underset{Br}{|}}{\overset{\overset{Br}{|}}{CH_3CH_2C{-}CH_3}}$$

卤化氢的反应活性顺序为：

$$HI > HBr > HCl$$

4. 加水

一般情况下，炔烃与水不反应，但在催化剂存在下，炔烃与水反应生成醛或酮。

$$HC{\equiv}CH + H_2O \xrightarrow[H_2SO_4]{HgSO_4} \boxed{\underset{\underset{OH}{|}}{HC{=}CH_2}} \longrightarrow \overset{\overset{O}{||}}{CH_3CH}$$

乙醛

烯醇式结构不稳定，可重排成相应的羰基结构。

乙炔与水加成生成乙醛，此反应称为乙炔的水化反应。乙炔水合得到乙醛，其他炔水合得到酮。不对称炔烃与水加成时也遵循马氏规则。例如：

$$CH_3C{\equiv}CH + H_2O \xrightarrow[H_2SO_4]{HgSO_4} \left[\begin{array}{c}CH_3-C{=}CH_2 \\ | \\ OH\end{array}\right] \longrightarrow CH_3\overset{O}{\overset{\|}{C}}CH_3$$

丙酮

工业上利用上述反应来制取乙醛和丙酮，但由于汞和汞盐类的毒性大，易造成污染，目前多用非汞催化剂，如：铜、锌、镉的磷酸盐。乙醛和丙酮都是重要的化工原料。

5. 加醇

在碱的催化下，乙炔与醇加成得到乙烯基醚。例如：

$$HC{\equiv}CH + CH_3OH \xrightarrow[60℃]{KOH} CH_2{=}CH-O-CH_3$$

甲基乙烯基醚

甲基乙烯基醚为无色易燃气体，主要用作聚合物的单体，是合成高分子材料、涂料、增塑剂等的原料。

6. 加乙酸

在催化剂存在下，乙炔能与乙酸加成得到乙酸乙烯酯。例如：

$$HC{\equiv}CH + CH_3COOH \xrightarrow[210\sim250℃]{(CH_3COO)_2Zn} CH_2{=}CH-\overset{}{\underset{O}{OCCH_3}}$$

乙酸乙烯酯

乙酸乙烯酯为无色液体，具有甜的醚味。主要用于生产聚乙烯醇树脂和合成纤维，也用于制造橡胶、油漆、胶黏剂等。

该方法曾在工业上生产乙酸乙烯酯。

7. 加氢氰酸

乙炔在适当条件下可与氢氰酸加成，生成丙烯腈。

$$HC{\equiv}CH + HCN \xrightarrow[25℃]{NH_4Cl\text{-}CuCl} CH_2{=}CH-CN$$

丙烯腈

丙烯腈是合成纤维，合成橡胶和合成树脂的重要单体。由丙烯腈制得聚丙烯腈纤维即腈纶，其性能极似羊毛，因此也叫人造羊毛。

二、氧化反应

炔烃与烯烃相似，也很容易发生氧化反应，随氧化剂和反应条件的不同，氧化产物也不同。

1. 高锰酸钾氧化

炔烃容易被高锰酸钾氧化，三键完全断裂，乙炔生成二氧化碳，其他的末端炔烃（三键在链端）生成羧酸和二氧化碳，非末端炔烃（三键在链中）生成两分子羧酸。例如：

$$RC{\equiv}CH + KMnO_4 \longrightarrow RCOOH + CO_2 + MnO_2$$
$$RC{\equiv}CR' + KMnO_4 \longrightarrow RCOOH + R'COOH$$

在氧化反应过程中，高锰酸钾溶液的紫红色消失，反应前后现象明显，可用来鉴别炔烃。此外，与烯烃相似，还可根据氧化产物来推测原来炔烃的结构。

2. 燃烧

乙炔在氧气中燃烧，生成二氧化碳和水，同时放出大量的热：

$$CH \equiv CH + O_2 \longrightarrow CO_2 + H_2O + 能量$$

乙炔燃烧时产生的火焰温度可达 3000℃以上，因此工业上广泛用作切割和焊接金属。

三、聚合反应

乙炔的聚合产物随反应条件的不同而不同。例如：

$$CH \equiv CH + CH \equiv CH \xrightarrow{NH_4Cl\text{-}CuCl} CH \equiv C-CH = CH_2$$

$$\text{乙烯基乙炔}$$

乙烯基乙炔是合成氯丁橡胶单体的重要原料。

$$3CH \equiv CH \xrightarrow{500℃} \text{苯}$$

苯为一种无色、有甜味的透明液体，并具有强烈的芳香气味，是一种石油化工基本原料。苯的产量和生产的技术水平是一个国家石油化工发展水平的标志之一。

$$HC \equiv CH \longrightarrow -[CH = CH_2]_n$$

顺式聚乙炔　　　　　　　反式聚乙炔

聚乙炔有较好的导电性，其薄膜可用于包装计算机元件以消除静电。经掺杂 I_2、Br_2、BF_3 等，其电导率可达到金属水平。线型高相对分子质量的聚乙炔是不溶、不熔的结晶性高聚物半导体，对氧敏感。高顺式聚乙炔是太阳能电池、电极、半导体材料的研究热点。

四、炔氢的反应

炔烃分子中与碳碳三键直接相连的氢原子称为炔氢原子，因受三键的影响，表现出一定的弱酸性，能与碱金属、强碱或某些重金属离子反应生成金属炔化物。

1. 与钠或氨基钠反应

$$CH \equiv CH + Na \xrightarrow{\text{液氨}} CH \equiv CNa \xrightarrow[\text{液氨}]{Na} NaC \equiv CNa$$

$$\text{乙炔钠} \qquad\qquad \text{乙炔二钠}$$

$$RC \equiv CH + NaNH_2 \xrightarrow{\text{液氨}} RC \equiv CNa$$

炔钠是有机合成的中间体，性质非常活泼，可与卤代烃（一般为伯卤代烷）作用，在炔烃分子中引入烷基，从而增长碳链得到较高级炔烃。例如：

$$RC \equiv CH + NaNH_2 \xrightarrow{\text{液氨}} RC \equiv CNa \xrightarrow{R'Br} RC \equiv CR' + NaBr$$

这是实验室中从乙炔制备其他炔烃普遍采用的一种方法。

2. 与硝酸银或氯化亚铜的氨溶液反应

末端炔烃与某些重金属离子反应，生成重金属炔化物。例如，将乙炔通入硝酸银的氨溶液或氯化亚铜的氨溶液时，则分别生成白色的乙炔银沉淀和红棕色的乙炔亚铜沉淀：

$$CH\equiv CH + [Ag(NH_3)_2]NO_3 \longrightarrow AgC\equiv CAg\downarrow$$

乙炔银（白色）

$$CH\equiv CH + [Cu(NH_3)_2]Cl \longrightarrow CuC\equiv CCu\downarrow$$

乙炔亚铜（棕红色）

上述反应很灵敏，现象也很明显，常用来鉴别分子中的末端炔烃。

干燥的炔化银和炔化亚铜在受热或震动时，会发生爆炸，可用浓盐酸处理，使之分解为原来的炔烃，以免发生危险，也可利用这一性质，来分离和提纯末端炔烃。

$$CuC\equiv CCu + HCl \longrightarrow CH\equiv CH$$

$$AgC\equiv CAg + HCl \longrightarrow CH\equiv CH$$

第五节　乙炔的制法及用途

一、乙炔的工业制法

1. 电石法

将石灰和焦炭在电弧高温炉中加热至 2200～2300℃，生成碳化钙（俗称电石），电石水解立即生成乙炔：

$$CaO + 3C \xrightarrow{2200\sim2300℃} CaC_2 + CO$$

电石

$$CaC_2 + 2H_2O \longrightarrow CH\equiv CH + Ca(OH)_2$$

该法耗电量大，成本高，但技术成熟，生产工艺流程简单，应用较普遍。

2. 甲烷裂解法

甲烷在 1500～1600℃发生裂解，可以得到乙炔：

$$2CH_4 \xrightarrow[0.001\sim0.01s]{1500\sim1600℃} CH\equiv CH + 3H_2$$

该法成本低，适合大规模生产，但乙炔含量低（8%～9%），需要用溶剂提取浓缩。我国目前采用 N-甲基吡咯烷酮提取乙炔，取得了较好的效果。

二、炔烃的实验室制法

1. 二卤代烷脱卤化氢

二卤代烃在碱性条件下脱卤化氢生成炔烃。例如：

$$(CH_3)_3C-CH-CH_2 \xrightarrow{\text{叔丁醇钾}} (CH_3)_3C-C\equiv CH$$
$$\qquad\quad | \quad\ |$$
$$\qquad\ \ Br\ \ Br$$

$$CH_3(CH_2)_4CH_2-CHCl_2 \xrightarrow{NaNH_2} CH_3(CH_2)_4C\equiv CH$$

2. 末端炔烃的烷基化

利用乙炔钠与卤代烃（一般为伯卤代烷）作用，制备其他炔烃。例如：

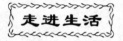

$$CH\equiv CH \xrightarrow[-33℃]{NaNH_2,\ 液氨} CH\equiv CNa \xrightarrow{CH_3CH_2CH_2Br} CH\equiv CCH_2CH_2CH_3$$

三、乙炔的用途

乙炔，俗称风煤、电石气。纯乙炔是无色无嗅的气体，但工业用乙炔由于含有硫化氢、磷化氢等杂质，而有一股大蒜的气味。乙炔易燃易爆，在空气中含乙炔 3%～65% 时，组成爆炸性混合物，遇火则爆炸。乙炔在丙酮中溶解度极大，因此，工业上是在装满石棉等多孔物质的钢瓶中，使多孔物质吸收丙酮后将乙炔压入，以便储存和运输。乙炔可用来照明、焊接及切断金属（氧炔焰），也是制造乙醛、乙酸、苯、合成橡胶、合成纤维等的基本原料。在 20 世纪 60 年代前，乙炔是有机合成的最重要原料，现仍为重要原料之一。

走进生活

生活中的乙炔

乙炔，俗称风煤、电石气，在室温下是一种无色、极易燃的气体。纯乙炔是无嗅的，但工业用乙炔由于含有硫化氢、磷化氢等杂质，而有一股大蒜的气味。乙炔在空气中爆炸极限为 2.3%～72.3%（体积）。在液态和固态下或在气态和一定压力下有猛烈爆炸的危险，受热、震动、电火花等都可以引发爆炸，因此不能在加压液化后储存或运输。工业上是在装满石棉等多孔物质的钢瓶中，使多孔物质吸收丙酮后将乙炔压入，以便储存和运输。

乙炔可用于照明、焊接及切断金属（氧炔焰），也是制造乙醛、乙酸、苯、合成橡胶、合成纤维等的基本原料。另外，由于其可以发生强烈的爆炸，于是出现了一种"乙炔炸弹"，利用乙炔气体作为毁伤元素，毁伤坦克或其他装甲车辆。这种"乙炔炸弹"由引信、弹体和装填物等组成。弹体内装填物主要是水和电石，平时二者隔离分装在两个单元内。当二者接触后可产生大量的乙炔气体，与空气混合形成爆炸混合物，在压力超过 0.15MPa 时易发生爆炸，在氧气中燃烧可产生 3500℃ 以上的高温及强光。利用运载工具将其发射至坦克或其他装甲车辆附近，在引信的作用下，装填物混合产生大量乙炔气体，并与空气混合形成云团。一旦被坦克或装甲车辆吸入发动机内，乙炔在高压下点火会产生强烈爆轰，就能彻底摧毁坦克或装甲车辆的发动机。据美国军方的一项试验，一枚 500g 的乙炔弹就可使坦克"罢工"。

聚乙炔是乙炔的聚合物，有顺式聚乙炔和反式聚乙炔两种立体异构体，是最先报道具有高电导率的、结构最简单的导电聚合物。导电聚合物不仅具有较高的电导率，而且具有光导电性质、非线性光学性质、发光和磁性能等，它的柔韧性好，生产成本低，能效高。导电聚合物不仅在工业生产和军工方面具有广阔的应用前景，而且在日常生活和民用方面都具有极大的应用价值。2000 年诺贝尔化学奖颁给了导电聚合物的三位发明者：美国物理学家黑格（A. J. Heeger）、美国化学家麦克迪尔米德（A. G. MacDiarmid）和日本化学家白川英树（H. Shirakawa）。

说起导电聚合物的发现，还有一段耐人寻味的故事。1977 年，日本科学家白川英树的一个学生在做合成聚乙炔的实验中出现了一个偶然的失误，他向聚合体系中多加入了 1000 倍的催化剂，结果却让白川英树非常吃惊：一层美丽的具有金属光泽的银色薄膜出现了！这种闪闪发光的薄膜是反式聚乙炔。

与此同时，在太平洋彼岸，麦克迪尔米德和黑格正在试验用无机聚合物氮化硫制备具有金属光泽的薄膜。在日本东京的一次学术交流会的间隙，麦克迪尔米德很偶然地遇见了白川英树，当他得知他的同行发现了聚合物闪光薄膜后，便邀请白川英树到宾夕法尼亚大学访问。之后，他们着手通过碘蒸气氧化掺杂聚乙炔。黑格让他的一个学生来测量这种薄膜的导电性，结果发现经碘掺杂的反式聚乙炔的电导率提高了上千万倍！1977 年，他们把这一发现发表在英国皇家学会的著名期刊上。

习　题

1. 用系统命名法命名下列炔烃

(1) $CH_3CH_2C \equiv CH$（带 CH_3 取代基）

(2) $CH_3CH_2C \equiv CCH_2CHCH_3$（带两个 CH_3 取代基）

(3) $(CH_3)_2CHC \equiv CC(CH_3)_3$

(4) $(CH_3)_3CCH_2C \equiv CC(CH_3)_3$

(5)（结构式）

(6)（结构式）

(7) $CH \equiv C - CH_2CH_2CHCH = CH_2$（带 CH_3 取代基）

(8) $CH_3CH_2CH_2C \equiv CCHCH = CHCH_3$（带 CH_3 取代基）

2. 写出下列各炔烃的构造式

(1) 4-甲基-2-己炔　　　(2) 3-甲基-1-丁炔　　　(3) 3-辛炔

(4) 3,5-二甲基-1-庚炔　　(5) 4,4-二甲基-2-戊炔　　(6) 1-丁烯-3-炔

(7) 3-戊烯-1-炔　　　　(8) 4-乙基-1-庚烯-5-炔

3. 写出戊炔（C_5H_8）的构造异构体，并命名。

4. 用化学方法鉴定下列各组化合物

(1) 己烷　　　　　　1-己烯　　　　　　1-己炔

(2) 1-戊炔　　　　　2-戊炔

5. 请你设计一个实验方法，除去乙烯中的乙炔。

6. 推断 A 和 B 的构造式

(1) $A(C_4H_6) \xrightarrow[\text{氧化}]{KMnO_4} CH_3COOH$

(2) $B(C_6H_{10}) \xrightarrow[\text{氧化}]{KMnO_4} CH_3COOH + (CH_3)_2CHCOOH$

7. 完成下列反应式

(1) $CH_3CH_2C \equiv CH + HBr \longrightarrow ?$

(2) $CH_3CH_2C \equiv CCH_3 + Br_2 \longrightarrow ?$

(3) $CH_3CH = CH - C \equiv CH + Br_2 \longrightarrow ?$

(4) $CH_3CH_2C \equiv CCH_3 + H_2O \xrightarrow[H_2SO_4]{HgSO_4} ?$

(5)　$CH_3CH_2C\equiv CH \xrightarrow{\text{硝酸银的氨溶液}} ?$

8. 由指定原料合成下列化合物

(1) 乙炔合成 3-己炔

(2) 乙炔和 CH_3CH_2Br 合成 $CH_3CH_2\overset{\displaystyle OH}{\underset{\displaystyle |}{C}HCH_3}$ 和 $CH_3CH_2CH_2CH_2Br$

(3) 丙炔合成 2-溴丙烷

(4) 丙炔和 $CH_3CH_2CH_2Br$ 合成正己烷

(5) 乙炔合成 $CH_2=CH-O-CH_2CH_3$

9. 脂肪烃 A 和 B 的分子式都为 C_6H_{10}，催化加氢都生成 2-甲基戊烷。A 与氯化亚铜的氨溶液反应，生成棕红色沉淀，B 不与氯化亚铜的氨溶液反应，推测 A、B 可能的构造式。

10. 化合物 A 和 B，它们互为构造异构体，都能使溴的四氯化碳溶液褪色。A 与氯化亚铜的氨溶液反应，生成棕红色沉淀，用高锰酸钾溶液氧化生成丙酸（CH_3CH_2COOH）和二氧化碳；B 不与氯化亚铜的氨溶液反应，而用高锰酸钾溶液氧化时只生成一种羧酸。试写出 A 和 B 的构造式及各步反应式。

11. 某化合物 A 的分子式为 C_5H_8，在液氨中与金属钠作用后，再与 1-溴丙烷作用，生成分子式为 C_8H_{14} 的化合物 B。用高锰酸钾氧化 B 得到分子式为 $C_4H_8O_2$ 的两种不同羧酸 C 和 D。A 在硫酸汞存在下与稀硫酸作用，可得到分子式为 $C_5H_{10}O$ 的酮 E。试写出 A、B、C、D、E 的构造式及各步反应式。

第五章 二 烯 烃

在脂肪烃分子中含有两个碳碳双键（C＝C）的，叫做二烯烃。它的通式为 C_nH_{2n-2}。二烯烃和炔烃构成同分异构体。

第一节 二烯烃的分类、命名及结构

一、二烯烃的分类

根据二烯烃分子中两个双键的相对位置不同，可将其分为三类。

1. 累积二烯烃

两个双键与同一个碳原子相连接，即分子中含有 C＝C＝C 结构的二烯烃称为累积二烯烃。例如：

$$CH_2＝C＝CH_2$$

丙二烯

2. 隔离二烯烃

两个双键被两个或两个以上的单键隔开，即分子骨架为 C＝C—(C)$_n$—C＝C 的二烯烃称为隔离二烯烃。例如：

$$CH_2＝CH—CH_2—CH＝CH_2$$

1,4-戊二烯

3. 共轭二烯烃

两个双键被一个单键隔开，即分子骨架为 C＝C—C＝C 的二烯烃为共轭二烯烃。例如：

$$CH_2＝CH—CH＝CH_2$$

1,3-丁二烯

三种不同类型的二烯烃中，由于累积二烯烃的两个双键连在同一个碳上，因此它很不稳定，极少见，实际应用也较少。隔离二烯烃分子中的两个双键，彼此没有什么影响，其性质与单烯烃相似，这里不再讨论。共轭二烯烃的结构比较特殊，具有不同于其他二烯烃的特殊性质，因此本章作为重点加以讨论。

二、二烯烃的命名

二烯烃的命名与烯烃相似，选择含有两个双键的最长的碳链为主链，从距离双键最近的一端经主链上的碳原子编号，词尾为"某二烯"，两个双键的位置用阿拉伯数字标明在前，中间用逗号隔开。若有取代基时，则将取代基的位次和名称加在前面。例如：

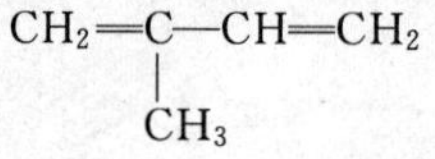

$$CH_2=C-CH=CH_2$$
$$\quad\quad |$$
$$\quad\quad CH_3$$

2-甲基-1,3-丁二烯

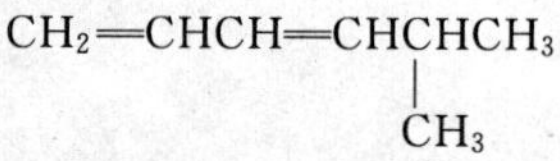

$$CH_2=CHCH=CHCHCH_3$$
$$\quad\quad\quad\quad\quad\quad\quad |$$
$$\quad\quad\quad\quad\quad\quad\quad CH_3$$

5-甲基-1,3-己二烯

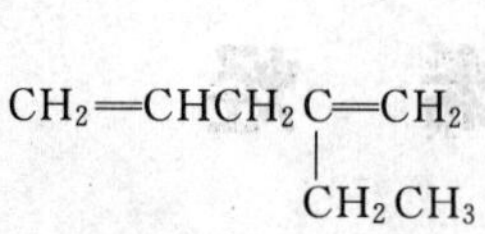

$$CH_2=CHCH_2C=CH_2$$
$$\quad\quad\quad\quad\quad |$$
$$\quad\quad\quad\quad CH_2CH_3$$

2-乙基-1,4-戊二烯

$$\quad\quad\quad\quad\quad CH_3$$
$$\quad\quad\quad\quad\quad |$$
$$CH_2=CCH=CCH_3$$
$$\quad\quad\quad |$$
$$\quad\quad CH_2CH_3$$

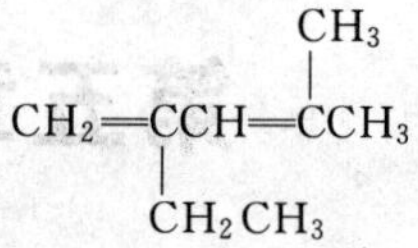

4-甲基-2-乙基-1,3-戊二烯

三、共轭二烯烃的结构

最简单的共轭二烯烃是 1,3-丁二烯，其分子式为 C_4H_6，结构简式为 $CH_2=CHCH=CH_2$。下面以 1,3-丁二烯为例来讨论共轭二烯烃的结构。实验测定，1,3-丁二烯分子中的所有原子都在同一平面内，其键长和键角数据如图 5-1 所示。

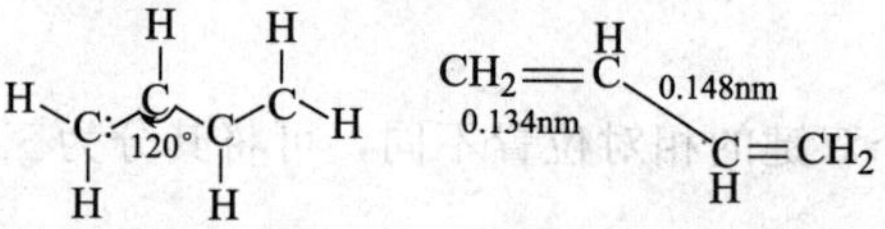

图 5-1　1,3-丁二烯分子中键长和键角数据

近代实验方法测定结果表明，在 1,3-丁二烯分子，并不存在两个独立的双键，而是一个整体双键，像这样的两个双键 C=C—C=C，叫做大 π 键，也叫做共轭 π 键。具有共轭 π 键的体系叫做共轭体系。在共轭体系中，形成共轭 π 键的所有原子是一个整体，它们之间的相互影响叫做共轭效应。共轭效应表现在物理性质和化学反应的许多方面。这里不再详细讨论。

第二节　二烯烃的化学性质

共轭二烯烃的化学性质与烯烃相似，也可发生加成、聚合等反应，但由于是共轭双键，其结构的特殊性决定了其化学性质有它特有的规律。

一、1,2-加成和 1,4-加成反应

共轭二烯烃和卤素、氢卤酸等发生加成反应时，既可发生 1,2-加成反应，也可发生 1,4-加成反应，故可得到两种不同产物。例如：

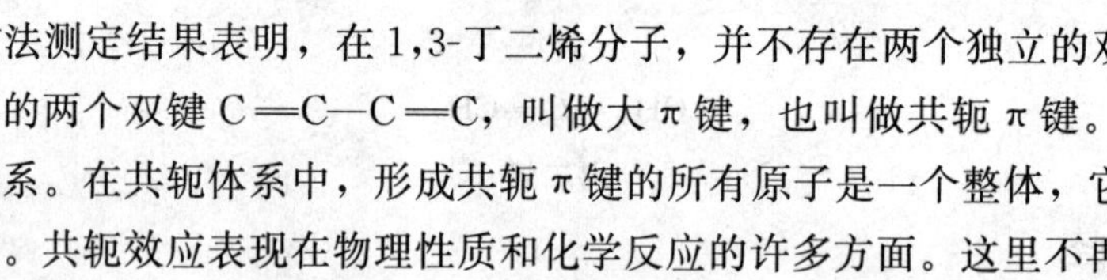

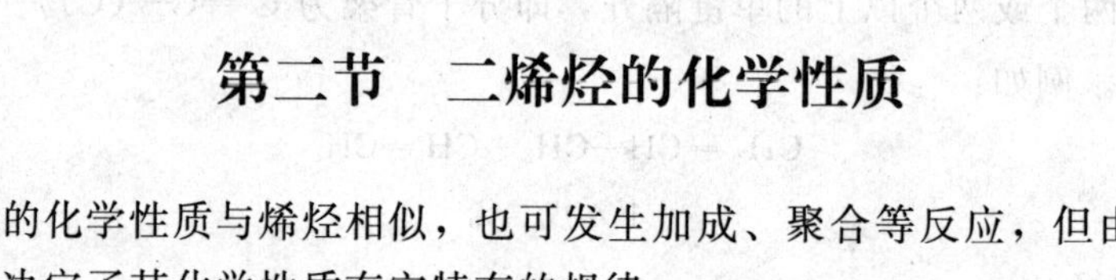

1,2-加成和 1,4-加成是同时发生的，两者比例决定于反应条件。一般在低温下或非极性溶剂中有利于 1,2-加成产物的形成；升高温度或在极性溶剂中则有利于 1,4-加成产物的生成。

二、双烯合成

共轭二烯烃与含有碳碳双键或碳碳三键的化合物进行 1,4-加成，生成六元环状化合物的反应，称为双烯合成，也叫狄尔斯-阿尔德（Diels-Alder）反应。这是共轭二烯烃特有的反应，它将链状化合物转变成环状化合物，因此又叫环合反应。

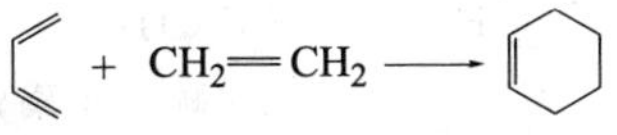

环己烯

环己烯主要用作合成环己酮、苯酚、氯代环己烷、环己醇等的原料，另外还可用作催化剂溶剂和石油萃取剂，高辛烷值汽油稳定剂。

一般把进行双烯合成的共轭二烯烃称为双烯体，另一个不饱和的化合物称为亲双烯体。实践证明，当亲双烯体的双键碳原子上连有一个吸电子基团（如：—CN、—CHO、—COOH）时，则反应易于进行。如：

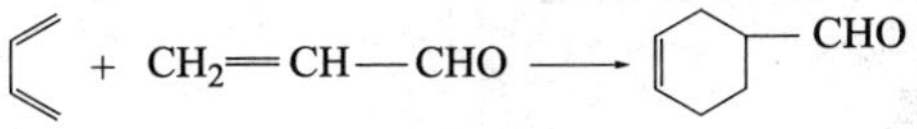

双烯合成是可逆反应，在高温时，加成产物又会分解为原来的共轭二烯烃。所以，可以利用共轭二烯烃的双烯合成反应来检验或提纯共轭二烯烃。由于双烯合成，产量高，应用范围广，是有机合成的重要方法之一。在理论上和生产上都占有重要的地位。

1928 年德国化学家狄尔斯（O. Diels）和阿尔德（K. Alder）在研究 1,3-丁二烯与顺丁烯二酸酐时发现这一反应。他们因对此重要反应的发现和发展而获得 1950 年的诺贝尔化学奖。双烯合成反应是有机化学合成反应中非常重要的碳碳键形成的手段之一，也是现代有机合成里常用的反应之一。反应有丰富的立体化学呈现，兼有立体选择性，立体专一性和区域选择性等。

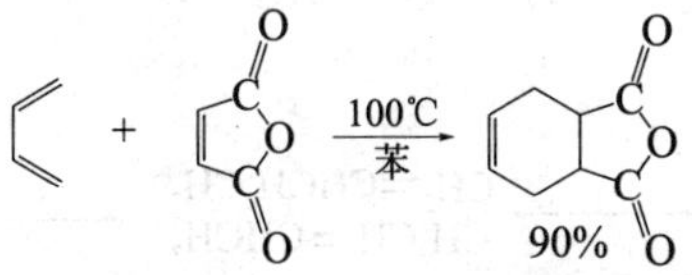

顺丁烯二酸酐　　　　白色沉淀

上述反应现象明显，非常灵敏，可用来鉴别共轭二烯烃。

三、聚合反应

在催化剂存在下，共轭二烯烃容易发生聚合反应，生成高分子化合物，工业上利用这一反应生产合成橡胶。例如：

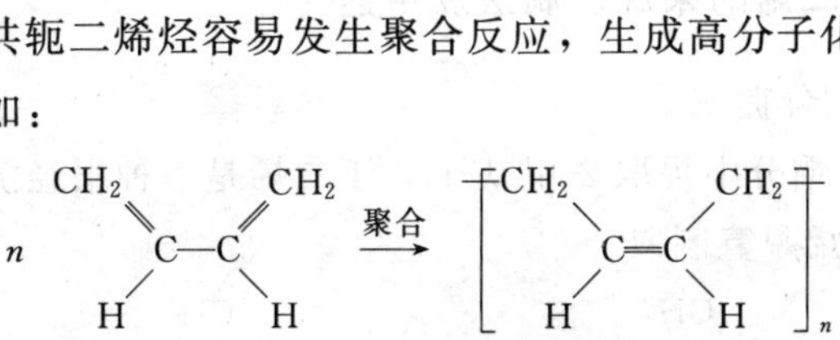

顺-1,4-聚丁二烯

顺丁橡胶具有耐磨、耐高温、耐老化、弹性好的特点，主要用于制造轮胎、胶管等橡胶制品。

$$n \quad CH_2=CHC=CH_2 \xrightarrow{\text{聚合}} \left[CH_2CH=CCH_2 \right]_n$$
$$\qquad\qquad | \qquad\qquad\qquad\qquad\quad |$$
$$\qquad\qquad Cl \qquad\qquad\qquad\qquad\quad Cl$$

聚-2-氯-1，3-丁二烯

氯丁橡胶主要用于制造轮胎、运输带以及油箱、储罐的衬里等。

$$n \quad \overset{CH_2}{\underset{CH_3}{\,}} \cdots \overset{CH_2}{\underset{H}{\,}} \xrightarrow{\text{聚合}} \left[\cdots \right]_n$$

顺-1,4-聚异戊二烯

异戊橡胶也叫做"合成天然橡胶"。因为异戊橡胶的分子结构和天然橡胶相同，它的化学、物理性质与天然橡胶相似。

第三节 共轭二烯烃的来源、制法及重要的二烯烃

一、1,3-丁二烯的来源、制法及用途

1. 从石油裂解气中分离

在石油裂解生产乙烯和丙烯时，C_4 馏分中含有大量的 1,3-丁二烯，可用溶剂将其提取出来。工业上采用最多的溶剂是二甲基甲酰胺和 N-甲基吡咯烷酮。

此法的优点是原料来源丰富、价格低廉、经济效益高。目前西欧和日本是采用此法的主要地区。

2. 丁烷或丁烯脱氢

将丁烷和 1-丁烯、2-丁烯进行催化脱氢，可以生成 1,3-丁二烯。

$$CH_3CH_2CH_2CH_3 \xrightarrow[\text{约 600℃，} -2H_2]{CrO_3\text{-}Al_2O_3} CH_2=CH-CH=CH_2$$

$$-H_2 \qquad\qquad CH_2=CHCH_2CH_3 \qquad\qquad -H_2$$
$$\qquad\qquad CH_3CH=CHCH_3$$

1,3-丁二烯是无色可燃气体，沸点－4.4℃，不溶于水，易溶于汽油、苯等有机溶剂，是合成橡胶(丁苯橡胶、顺丁橡胶、丁腈橡胶、氯丁橡胶)的重要单体，也用作 ABS 树脂、酸酐、医药及染料等的原料。

二、2-甲基-1,3-丁二烯的来源、制法及用途

1. 从裂解气的 C_5 馏分提取

从石脑油裂解的 C_5 馏分中提取 2-甲基-1,3-丁二烯是一种很经济的方法。

2. 由异戊烷和异戊烯脱氢制取

$$\overset{CH_3}{\underset{|}{\,}} \qquad\qquad \overset{CH_3}{\underset{|}{\,}}$$
$$CH_3C=CHCH_3 \xrightarrow{\text{催化剂}} CH_2=CCH=CH_2$$

2-甲基-1,3-丁二烯是无色液体，沸点 34℃，不溶于水，易溶于汽油、苯等有机溶剂。主要用作合成橡胶的单体，也用于制造农药、医药、香料及黏结剂等。

生活中的橡胶

橡胶是一种具有高弹性的高分子化合物，其重要性是众所周知的，它是工业、农业、交通、国防及日常生活中不可缺少的重要物资。橡胶一词来源于印第安语 cau-uchu，意为"流泪的树"。橡胶分为天然橡胶和合成橡胶。天然橡胶主要来源于三叶橡胶树，当这种橡胶树的表皮被割开时，就会流出乳白色的汁液，称为胶乳，胶乳经凝聚、洗涤、成型、干燥即得天然橡胶。

1736 年，法国在世界上首次报道有关橡胶的产地、采集胶乳的方法和橡胶在南美洲的利用情况，使欧洲人开始认识天然橡胶，并进一步研究其利用价值。此后又经过了 100 多年，直到 1839 年美国人固特异（C. Goodyear）发现了在橡胶中加入硫黄和碱式碳酸铅，经加热后制出的橡胶制品遇热或在阳光下曝晒时，不再像以往那样易于变软和发黏，而且能保持良好的弹性，从而发明了橡胶硫化，至此天然橡胶才真正被确认其特殊的使用价值，成为一种极重要的工业原料。1888 年英国人邓录普（J. B. Dunlop）发明了充气轮胎，促使汽车轮胎工业飞跃性地发展，因而导致耗胶量急剧上升。

1900～1910 年化学家哈里斯（Harris）测定了天然橡胶的结构是异戊二烯的高聚物，这就为人工合成橡胶开辟了途径。1910 年俄国化学家列别捷夫（Lebedev）以金属钠为引发剂，使 1,3-丁二烯聚合成丁钠橡胶，以后又陆续出现了许多新的合成橡胶品种，如顺丁橡胶、氯丁橡胶、丁苯橡胶等。合成橡胶的产量已大大超过天然橡胶，其中产量最大的是丁苯橡胶。

橡胶的加工过程包括塑炼、混炼、压延或挤出、成型和硫化等基本工序，每个工序针对制品有不同的要求，分别配合以若干辅助操作。为了能将各种所需的络合剂加入橡胶中，生胶首先需经过塑炼提高其塑性；然后通过混炼将炭黑及各种橡胶助剂与橡胶均匀混合成胶料；胶料经过压出制成一定形状坯料；再使其与经过压延挂胶或涂胶的纺织材料（或与金属材料）组合在一起成型为半成品；最后经过硫化又将具有塑性的半成品制成高弹性的最终产品。

橡胶行业是国民经济的重要基础产业之一。它不仅为人们提供日常生活不可或缺的日用、医用等轻工橡胶产品，而且向采掘、交通、建筑、机械、电子等重工业和新兴产业提供各种橡胶制生产设备或橡胶部件。

2006 年，中国橡胶工业协会六届三次理事会讨论通过并发布《中国橡胶工业"十一五"科学发展规划意见》及橡胶行业"十一五"实施名牌战略规划意见。这是首次由协会组织制定的行业规划。规划表明，橡胶工业"十一五"期间要走自主创新之路，全行业要切实转入科学发展的轨道，使中国成为世界橡胶工业的强国。

中国橡胶行业的发展前景广阔。到 2010 年，中国天然橡胶总消耗量将达到 230 万吨，橡胶工业的产品结构将有较大变化，新型产品、更新换代产品增多，新材料、新工艺应用扩大，生产技术有明显进步。

习　　题

1. 命名下列化合物

(1) $CH_2=C-CH=CH_2$　　（上为 CH_3，下为 CH_3）

(2) $CH_3CH=C=C(CH_3)_2$

(3) $(CH_3)_2C=CH-CH=C(CH_3)_2$

(4) $CH_3CH=C-CH=CHCH_3$（上为 CH_2CH_3）

(5) （结构式）

(6) （结构式）

2. 写出下列化合物的构造式

(1) 1,3-戊二烯

(2) 2-甲基-1,3-丁二烯

(3) 2,4-庚二烯

(4) 丙二烯

3. 写出分子式为 C_5H_8 的二烯烃的构造异构体，并命名。

4. 用化学方法鉴别下列各组化合物

(1) 庚烷　　　　1-庚炔　　　1,3-庚二烯　　　1,4-庚二烯

(2) 1-戊烯　　　2-戊烯　　　1-戊炔　　　　1,3-戊二烯

5. 制备下列化合物，需要哪些双烯体和亲双烯体

(1) （环己烯-CH_2Cl 结构式）

(2) （环己烯-$COOCH_3$ 结构式）

(3) （环己烯带 CN 和 CH_2CH_3 结构式）

(4) （环己烯带 CH_3、CH_3 和 $C-CH_3$、O 结构式）

6. 完成下列反应式

(1) $CH_3CH=CH-CH=CH_2 + HBr \longrightarrow ? + ?$

(2) $CH_2=CH-CH=CH_2 + CH_2=CH-COOH \longrightarrow ?$

(3) $CH_2=CH-CH=CH_2 + Br_2 \longrightarrow ? + ?$

(4) $CH_2=C-CH=CH_2 + Br_2 \longrightarrow ? + ?$（下为 CH_3）

(5) $CH_2=C-CH=CH_2 \xrightarrow{KMnO_4} ?$（下为 CH_3）

7. 1,3-丁二烯聚合时，除生成高分子聚合物外，还有一种二聚体生成。该二聚体可以使溴的四氯化碳水溶液褪色，催化加氢生成乙基环己烷（（环己烷-C_2H_5 结构式）），氧化可生成下列化合物 $HOOCCH_2CHCH_2CH_2COOH$（下为 $COOH$）。推测这个二聚体的构造。

第六章　脂　环　烃

脂环烃是指分子中含有碳环构造，其性质与开链的脂肪族化合物相似的烃类，即具有脂肪族化合物性质的环烃。脂环烃分子中含有闭合的碳环，但不含苯环。饱和的脂环烃叫做环烷烃，脂环烃的环上有双键的叫做环烯烃。其单环的环烷烃通式为 C_nH_{2n}（$n \geqslant 3$），与链状单烯烃互为同分异构体。脂环烃的环上有两个双键和有一个三键的则分别叫做环二烯烃和环炔烃。例如：

环丙烷　　　　　环戊二烯　　　　　　环己烯

碳环可以写成相同大小的多边形，每一个角代表一个亚甲基，单线表示单键，双线表示双键，三线表示三键。上面的几个环烃可简写为：

第一节　脂环烃的分类、命名和同分异构

一、脂环烃的分类

（1）根据分子中所含碳环数目，分为单环脂环烃和多环脂环烃。单环脂环烃分子中只含有一个碳环，多环脂环烃分子中含有两个或两个以上的碳环。例如：

单环脂环烃　　　　　　　二环脂环烃

环己烷　　　　　　　　　十氢化萘

（2）根据环的大小不同，脂环烃分为小环：三、四元环；普通环：五到七元环；中环：八到十一元环；大环：大于等于十二元环。例如：

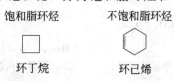

小环　　普通环　　中环

环丙烷　环戊烷　环辛烷

（3）根据碳环中是否含有不饱和键，分为饱和脂环烃和不饱和脂环烃。例如：

饱和脂环烃　　不饱和脂环烃

环丁烷　　　　环己烯

二、脂环烃的命名

1. 单环环烷烃命名

（1）与烷烃相似，以碳环作为母体，只需在烷字的前面加上一个"环"字，称环某烷，环上侧链作为取代基，其名称放在环某烷之前。

（2）环上有两个或两个以上的取代基，需将成环碳原子编号，按次序规则给较优基团以较大的编号，且使所有取代基的编号尽可能小。

（3）环烷烃分子中，环上有两个或两个以上碳原子各连有不同的原子或基团，就有构型不同的顺反异构体存在。两个相同的原子或基团分布在环平面同一侧的是顺式异构体，分布在两侧的是反式异构体。命名时在化合物名称前加"顺"或"反"即可。例如：

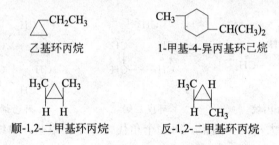

乙基环丙烷 1-甲基-4-异丙基环己烷

顺-1,2-二甲基环丙烷 反-1,2-二甲基环丙烷

2. 环烯烃命名

以不饱和碳环作为母体，支链作为取代基。命名时，先给环上碳原子编号以标明双键的位次和支链的位次。编号顺序以不饱和键所在位置号最小，且使支链的位次尽可能小。例如：

环己烯 3-甲基环戊烯 环戊二烯

三、脂环烃的同分异构

环烷烃的构造异构现象与烷烃相似，但比烷烃复杂。单环烷烃因环的大小不同及环上支链的位置不同而产生不同的异构体。由于脂环烃中C—C键不能自由旋转，因此当环上至少有两个碳原子连有不相同的原子或基团时，存在顺反异构体。例如：

同样含有 5 个 C 原子，烷烃有 3 个异构体：

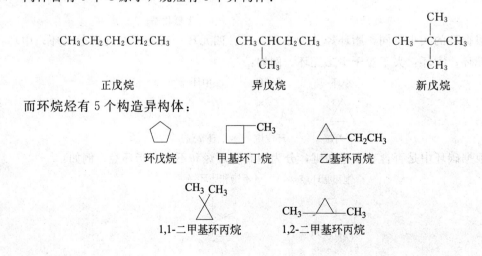

$CH_3CH_2CH_2CH_2CH_3$

正戊烷

$CH_3CHCH_2CH_3$ 异戊烷

新戊烷

而环烷烃有 5 个构造异构体：

环戊烷 甲基环丁烷 乙基环丙烷

1,1-二甲基环丙烷 1,2-二甲基环丙烷

顺反异构体：

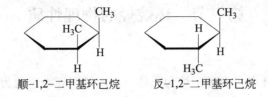

顺-1,2-二甲基环己烷　　　　反-1,2-二甲基环己烷

第二节　脂环烃的结构

环烷烃中随着环的大小不同，其稳定性也各不相同。

一、从燃烧热解释

有机化合物在燃烧时会放出热量。摩尔燃烧热是指 1mol 化合物分子完全燃烧时生成二氧化碳和水时所放出的热量，用符号 $\Delta_c H_m$ 表示。

烷烃：分子中每个 CH_2 的摩尔燃烧热几乎都是 $659kJ \cdot mol^{-1}$。

环烷烃：环的大小不同，分子中 CH_2 的摩尔燃烧热不同。

环烷烃通式：$C_n H_{2n}$，即 $(CH_2)_n$，因此，环烷烃分子中每个 CH_2 的摩尔燃烧热是 $\Delta_c H_m/n$。

表 6-1　一些环烷烃燃烧热

名称	成环碳数	$\Delta_c H_m/kJ \cdot mol^{-1}$	$\Delta_c H_m/n/kJ \cdot mol^{-1}$	张力能/kJ·mol^{-1}
环丙烷	3	2091	697	38
环丁烷	4	2744	686	27
环戊烷	5	3320	664	5
环己烷	6	4637	659	0

表 6-1 中数据表明环烷烃比开链烷烃具有较高的能量，高出部分的能叫张力能。张力能越大，体系能量越高，分子越不稳定。

二、从近代结构理论解释

(1) 开链烷烃中，碳与碳的 σ 键是以两个成键碳原子核的连线为对称轴相互交盖形成的，这样的交盖程度最大，键也最强最稳定。

(2) 在环丙烷中，由于几何形状的限制，不可能以成键两碳原子核的连线为对称轴交盖，而是偏离一定角度，斜着交盖的，所以交盖程度较小，键较弱，较不稳定。

弯曲键：不以成键原子核连线为对称轴，而是斜着交盖的碳碳键。

角张力：由于键角偏差引起的张力。

事实上，只有环丙烷是平面结构，从环丁烷开始，组成环的碳原子均不在同一平面上。

蝴蝶型　　　　　信封型　　　　　椅型

第三节　环烷烃的物理性质

1. 物理状态

在室温和常压下，环丙烷和环丁烷为气体，环戊烷至环十一烷为液体，环十二烷以上为固体。

2. 熔点与沸点

环烷烃熔点、沸点变化随分子中碳原子数增加而升高，且都高于同碳原子数的开链烷烃。单取代环烷烃的熔点都很低。

3. 相对密度

环烷烃的相对密度都小于 1，比水轻，但比相应的开链烷烃的相对密度大。

4. 溶解性

环烷烃不溶于水，易溶于有机溶剂。

表 6-2 为部分环烷烃的物理常数。

表 6-2　部分环烷烃的物理常数

名　　称	熔点/℃	沸点/℃	相对密度(d_4^{20})
环丙烷	−127.6	−33.0	0.72(−79℃)
环丁烷	−80.0	12.5	0.730(0℃)
环戊烷	−93.0	49.3	0.746
环己烷	6.5	81.0	0.779
环庚烷	8.0	118.5	0.810
环辛烷	11.5	148.0	0.835

第四节　脂环烃的化学性质

除小环烷烃有特殊的开环反应外，饱和脂环烃的化学性质与相应的烷烃相似。不饱和脂环烃的化学性质与相应的烯烃相似。

一、环烷烃的反应

1. 取代反应

环烷烃与烷烃一样，在高温和紫外光的作用下，与卤素发生自由基取代反应生成相应的卤代环烷烃，可用于有机合成药物及制橡胶防老剂 GP 等。例如：

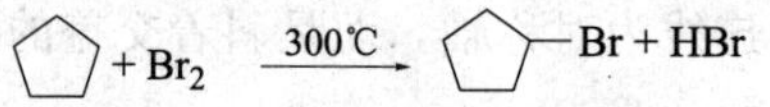

$$\bigcirc + Br_2 \xrightarrow{300℃} \bigcirc\!-Br + HBr$$

工业上主要由环戊醇溴化法和环戊醇-三溴化磷法制备，其产品主要用于有机合成的中间体。

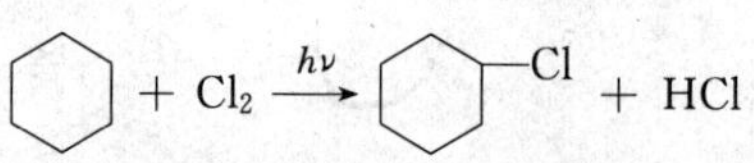

$$\bigcirc + Cl_2 \xrightarrow{h\nu} \bigcirc\!-Cl + HCl$$

氯代环己烷为无色液体，有窒息性气味，遇水受热分解，生成盐酸并使其颜色变黄。其制备方法主要是环己醇氯化法和环己烷氯化法两种工艺。氯代环己烷是制取抗癫痫、痉挛药盐酸苯海索等的医药中间体，也是农药三环锡的中间体和橡胶防焦剂。

2. 加成反应

小环烷烃如环丙烷、环丁烷和其取代物是有张力的环状化合物，很容易进行开环加成反应，其性质与烯烃相似。

（1）催化加氢

在催化剂铂、钯或雷尼镍作用下，可以开环与两个氢原子相结合生成烷烃。但由于环的大小不同，催化加氢的难易不同。环丙烷很容易加氢，环丁烷需要在较高的温度下加氢，而环戊烷则必须在更强烈的条件下才能加氢。例如：

$$\triangle + H_2 \xrightarrow[80℃]{Ni} CH_3CH_2CH_3$$

$$\square + H_2 \xrightarrow[200℃]{Ni} CH_3CH_2CH_2CH_3$$

$$\pentagon + H_2 \xrightarrow[300℃]{Pt} CH_3CH_2CH_2CH_2CH_3$$

由以上反应可以看出，三元环和四元环比较容易开环，稳定性较小，五元环稳定性较大。

环丙烷为无色易燃气体，有石油醚的气味，不稳定，易变为开链化合物，用于有机合成，医药上可作为麻醉剂。

（2）加卤素

环丙烷及其烷基取代物容易与卤素进行开环加成反应，生成二卤代烷，环丁烷需要加热才能反应。例如：

$$\triangle + Br_2 \xrightarrow[常温]{CCl_4} BrCH_2CH_2CH_2Br$$

$$\square + Br_2 \xrightarrow[加热]{CCl_4} BrCH_2CH_2CH_2CH_2Br$$

由此可用于鉴别环丙烷和环丁烷。环戊烷与环己烷在此条件下不能发生加成反应，所以又可用于其鉴别。

（3）加卤化氢

环丙烷及其烷基取代物在常温与卤化氢进行开环加成反应，生成开链一卤代烷烃。例如：

$$\triangle + HBr \longrightarrow CH_3CH_2CH_2Br$$

烷基取代环丙烷与卤化氢发生开环加成时，碳环的断裂一般发生在含氢最少和含氢最多的两个碳原子之间的键上，反应遵循不对称加成规律——氢加到含氢较多的碳原子上，卤素加到含氢较少的碳原子上。例如：

$$CH_3-\underset{\underset{CH_2}{|}}{CH}-CH_2 + HBr \longrightarrow CH_3\underset{\underset{Br}{|}}{C}HCH_2CH_3$$

环丁烷以上的环烷烃难以与卤化氢进行开环加成反应。

3. 氧化反应

常温下，一般氧化剂如高锰酸钾水溶液不能氧化环烷烃。与链烷烃一样，在加热情况下用强氧化剂或在催化剂存在下用空气直接氧化,环烷烃也能被氧化,氧化条件不同,则氧化产物不同。

$$\bigcirc + O_2 \xrightarrow[90\sim120℃]{60\%HNO_3} \begin{array}{l} CH_3CH_2COOH \\ | \\ CH_3CH_2COOH \end{array}$$

该反应在生产中用于合成己二酸。

二、环烯烃的反应

1. 加成反应

环烯烃中的双键与烯烃一样,可以与卤素、卤化氢、硫酸、氢气发生加成反应。例如:

$$\square + H_2 \xrightarrow{Pt} CH_3CH_2CH_2CH_3$$

$$\bigcirc + Br_2 \longrightarrow \bigcirc\begin{array}{c} Br \\ Br \end{array}$$

2. 取代反应

在光照或加热的条件下,环烯烃中的双键可以与卤素发生自由基取代反应,反应发生在 α-位。例如:

$$\bigcirc + Br_2 \xrightarrow{h\nu} \bigcirc^{Br}$$

3. 氧化反应

环烷烃不能被一般的氧化剂氧化,但环烯烃中的双键氧化与开链烯烃相似。例如:

$$\triangle-CH=CH-CH_3 \xrightarrow{KMnO_4} \triangle-COOH + CH_3COOH$$

环烷酸主要来源于石油工业产品。环烷基石油的煤油、柴油馏分等都含有环烷酸。环丙烷羧酸可用于合成拟除虫菊酯类农药和抗菌新药环丙烷氟哌酸等药物。

$$\bigcirc \xrightarrow[H^+]{KMnO_4} \begin{array}{l} CH_3CH_2COOH \\ | \\ CH_3CH_2COOH \end{array}$$

第五节 脂环烃的制备

石油是脂环烃的主要来源之一,如环己烷、甲基环己烷、甲基环戊烷等,粗苯中存在环戊二烯。这些环烃可从石油产品中直接获得。原油中一般含有 0.5%~1% 的环己烷。

1. 环己烷

$$\bigcirc + H_2 \xrightarrow[200℃]{Ni} \bigcirc$$

2. 环丙烷和环丁烷

$$Br\diagdown\diagup Br \xrightarrow{Zn} \triangle + ZnBr_2$$

$$Br\diagdown\diagup\diagdown Br \xrightarrow{Zn} \square + ZnBr_2$$

上述反应可用于合成小环环烷烃(大环产率很低),二卤代烷与锌反应是合成环丙烷衍生物的重要方法之一。

环丙烷合成方法简介：1959 年西蒙斯-史密斯（Simmons-Smith）提出了一个合成环丙烷的好方法，即在锌-铜合金存在下，二碘甲烷与烯作用生成环丙烷及衍生物。

$$
\mathrm{C{=}C} + \mathrm{CH_2I_2} \xrightarrow{\ \mathrm{Zn(Cu)}\ } \overset{\displaystyle\mathrm{CH_2}}{\mathrm{C{-}C}} + \mathrm{ZnI_2} + \mathrm{Cu}
$$

第六节　重要的脂环烃

一、环己烷

环己烷分子式为 C_6H_{12}，相对分子质量 84.16，为无色有刺激性气味的液体。熔点 6.5℃，相对密度（水＝1）0.78，沸点 80.7℃，折射率 1.42662。不溶于水，溶于乙醇、乙醚、苯、丙酮等多数有机溶剂，极易燃烧。

环己烷可用于有机合成，制备环己醇、环己酮、己内酰胺和己二酸等有机物。环己烷是非极性溶剂，在涂料和清漆中有较广泛的应用，环己烷尤其适于用作丁苯橡胶溶剂，其消耗量一般为投料量的 4 倍以上。

相对于苯来说环己烷毒性小，因此在医药上用环己烷作为苯的替代溶剂。

目前大约有 80％～85％环己烷是通过纯苯加氢制得的，其余由原油蒸馏获得。也可用富环己烷馏分进行分馏方法生产。

环己烷可作为色谱分析标准物质。由于近年发现己烷有潜在的致癌可能，所以在西欧国家的实验室已经在色谱分离上禁用己烷，而用环己烷替代。

二、环戊烷

环戊烷分子式为 C_5H_{10}，相对分子质量 70.08，无色透明液体，有类似苯的气味。熔点 −93.7℃，沸点 49.3℃，相对密度（水＝1）0.75。

环戊烷主要采用石油产品分离和化学合成法得到。石油馏分分离，采用常压蒸馏，对石油醚（含环戊烷在 5％～10％）进行蒸馏，初始馏分为异戊烷和正戊烷，继续蒸馏，即得环戊烷，含量在 88％以上。化学合成法是由环戊二烯或环戊酮经催化加氢制得。

环戊烷可用作聚异戊二烯橡胶等溶液聚合用溶剂和纤维醚的溶剂，脱氢可制取环戊二烯。还可替代对大气臭氧层有破坏作用的氟里昂，现已广泛应用于生产无氟冰箱、冰柜行业以及冷库、管线保温等领域。

┌─────────────┐
│ **走进生活** │
└─────────────┘

金刚烷

1. 金刚烷简介

金刚烷是一种脂环烃，化学名称为三环 [3.3.1.1（3.7）] 癸烷，分子式为 $C_{10}H_{16}$，无色结晶粉末；溶于有机溶剂，不溶于水；有升华性，亲油性强，具有樟脑气味。容易结晶，具有挥发性和化学惰性。密度 1.07g/mL（20℃），熔点 266～268℃，是烷烃中最高的。分子中碳原子的排列方式相当于金刚石晶格中的部分碳原子排列。存在于石油中，含量约为百万分之四。无色晶体，它的结构高度对称，分子接近球形，在晶格中能紧密堆积。

2. 金刚烷用途

（1）医药　可用作抗病毒药物（金刚胺）、脑血管扩张药物、抗生素、抗癌药物、人造血成分、减肥药物、消炎药物的中间体。如 1-氨基金刚烷盐酸盐和 1-金刚烷基乙胺盐酸盐能防治由 A2 病毒引起的流行性感冒。

（2）聚合　将金刚烷结构引入聚合物链中，可改善材料的耐热性、抗氧性和定向稳定性、耐溶剂性、耐水和耐光辐射性等，涉及的聚合物包括聚酯、聚碳酸酯、聚酰胺、聚氨酯、聚乙烯、环氧树脂等，改性后的材料用于光纤维的芯片、导电性材料等。

（3）润滑　引入金刚烷的合成润滑油，其耐热性和抗氧化性相当出色。

（4）其他　用于感光材料、药物或香料的携载剂等。

3. 生产方法

1932 年捷克人 Landa 等人从南摩拉维亚油田的石油分馏物中发现了金刚烷。次年利用 X 射线技术证实了其结构。金刚烷最早是由旅居瑞士的前南斯拉夫化学家普雷洛格（Vladimir Prelog）于 1941 年通过逐步合成法经历二十几步合成的。当时金刚烷是一个相当金贵的化合物。1957 年美国普林斯顿的化学家施莱尔（Paul Schleyer）从廉价的石化产品环戊二烯二聚体两步即可制得金刚烷。从此金刚烷成为一个十分便宜易得的化合物。

目前的制备方法是由二聚环戊二烯催化氢化得四氢二聚环戊二烯，再在无水氯化铝存在下异构化制得。

由于金刚烷的特殊结构引起化学界的浓厚兴趣，现在的化学界，围绕金刚烷的系统研究已经俨然形成了一门独立的学科：金刚烷化学。

习　题

1. 命名下列化合物

（1）～（8）

2. 写出下列化合物的结构式

（1）1,1-二甲基环丙烷　　　　　（2）1-丙基-2-环丙基环丁烷

（3）异丙基环己烷　　　　　　　（4）反-1,4-二甲基环己烷

（5）顺-1-甲基-2-叔丁基环己烷　（6）顺-1,3-二甲基环丁烷

（7）环戊二烯　　　　　　　　　（8）环丙烯

（9）3-甲基环戊烯　　　　　　　（10）1,2-二甲基环丙烯

3. 完成下列反应式

(1) 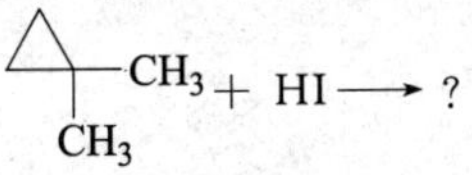 ![环丙基二甲基结构] $\ce{CH_3}$ + HI $\longrightarrow$?

(2) ![环丙基] —CH=C—CH₃ $\xrightarrow[\triangle]{KMnO_4}$? + ?
$\quad$ CH₃

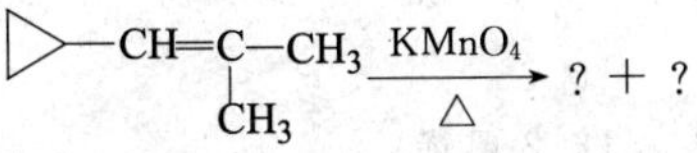

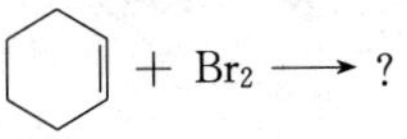

(3) ![环己烯] + Br₂ $\longrightarrow$?

(4) ![环戊烷] + Cl₂ $\xrightarrow{光照}$?

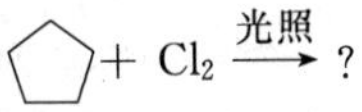

(5) 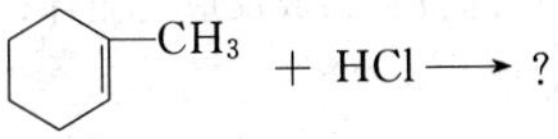 ![1-甲基环己烯] CH₃ + HCl $\longrightarrow$?

(6) 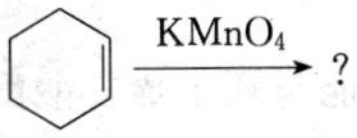 ![环己烯] $\xrightarrow{KMnO_4}$?

(7) 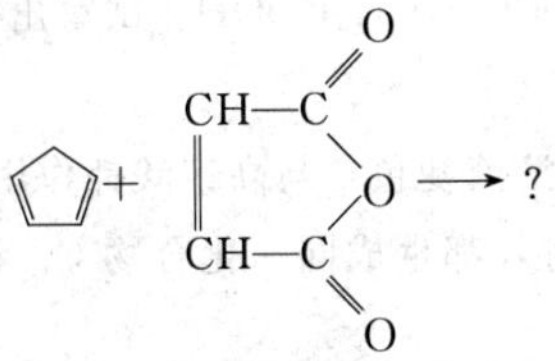 ![环戊二烯] + ![顺丁烯二酸酐结构] $\longrightarrow$?

(8) 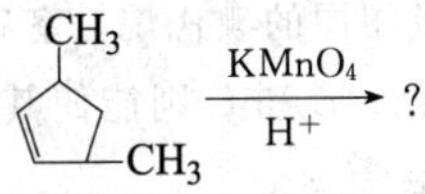 ![二甲基环戊烯] $\xrightarrow[H^+]{KMnO_4}$?

(9) 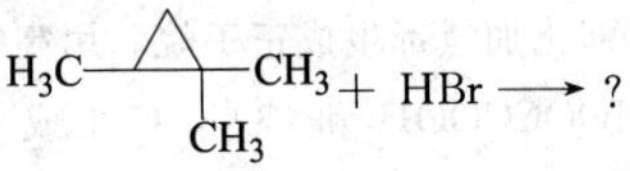 $\ce{H_3C}$—![环丙基] $\ce{CH_3}$ + HBr $\longrightarrow$?
$\qquad\qquad$ CH₃

(10) 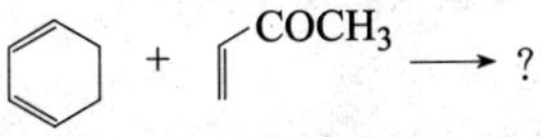 ![环己二烯] + ![甲基乙烯基酮] COCH₃ $\longrightarrow$?

(11) 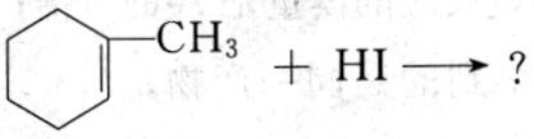 ![1-甲基环己烯] CH₃ + HI $\longrightarrow$?

(12) 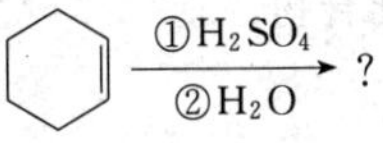 ![环己烯] $\xrightarrow{①H_2SO_4 \quad ②H_2O}$?

(13) 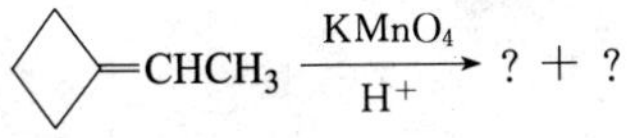 ![环丁基] =CHCH₃ $\xrightarrow[H^+]{KMnO_4}$? + ?

(14) 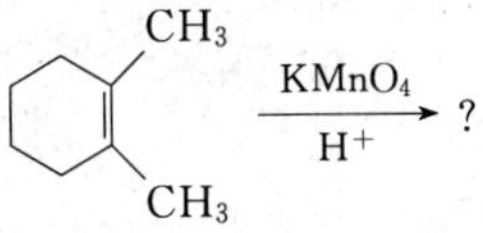 ![1,2-二甲基环己烯] $\xrightarrow[H^+]{KMnO_4}$?

4. 用化学方法鉴别下列各组化合物

(1) 环戊烷，环戊烯，环戊二烯

(2) 甲基环丙烷，甲基环丁烷，甲基环戊烷

(3) 环己烷，环己烯，1-己炔

5. 单项选择

(1) 下列化合物与溴的加成反应活性最大的是（　　　）。

A. 环己烷　　　　　B. 环丙烷　　　　　C. 环丁烷

(2) 下列化合物与高锰酸钾反应褪色的是（　　）。

A. 环戊烯　　　　　　B. 环戊烷　　　　　　C. 甲基环丁烷　　　　D. 戊烷

(3) 下列化合物中沸点最高的是（　　）。

A. 戊烷　　　　　　　B. 丁烷　　　　　　　C. 环戊烷　　　　　　D. 环丁烷

(4) 下列化合物中不能与溴发生加成反应的是（　　）。

A. 环己烷　　　　　　B. 环己烯　　　　　　C. 环丙烷　　　　　　D. 2-己烯

(5) 下列化合物中不能与溴化氢发生加成反应的是（　　）。

A. 环戊烯　　　　　　B. 甲基环丙烷　　　　C. 环戊烷　　　　　　D. 丙炔

6. 简单回答下列问题

(1) 不对称的环丙烷与不对称试剂发生加成开环反应，通常发生在什么部位？加成反应遵循什么规则？

(2) 环己烯与溴在光照下发生什么反应（加成或取代）？发生在什么部位？

7. 推结构

(1) 某化合物 A 的分子式为 C_6H_8，可加 2mol H_2 得 C_6H_{12}，A 可使溴褪色，能与顺丁烯二酸酐发生双烯合成反应，用 $KMnO_4$ 生成乙二酸 HOOCCOOH 和丁二酸 HOOCCH$_2$CH$_2$COOH。试写出化合物 A 的构造式及有关反应式。

(2) 化合物 A 和 B，分子式都是 C_4H_8，室温下它们都能使溴的 CCl_4 溶液褪色，与高锰酸钾作用时，B 能褪色，但 A 不能褪色，1mol 的 A 或 B 和 1mol 的溴化氢作用时，都生成同一化合物 C。试推测 A、B 和 C 的结构，并写出各步化学反应式。

(3) 有三种烃 A、B 和 C，其分子式都是 C_5H_{10}，它们与碘化氢反应时，生成相同的碘代烷，室温下都能使溴的 CCl_4 溶液褪色，与高锰酸钾酸性溶液反应时，A 不能使其褪色，B 和 C 则能使其褪色，还同时产生 CO_2 气体。试推测 A、B 和 C 的结构，并写出各步化学反应式。

(4) 化合物 A、B 和 C 分子式都是 C_4H_6，都能使溴的 CCl_4 褪色，催化加氢都生成正丁烷。用高锰酸钾氧化，A 生成丙酸 CH$_3$CH$_2$COOH 和 CO_2，B 生成乙二酸 HOOCCOOH 和 CO_2，C 生成丁二酸 HOOCCH$_2$CH$_2$COOH。试推测 A、B 和 C 的构造式，并写出各步反应式。

(5) 分子式为 C_4H_6 的三个异构体 A、B、C，可以发生如下的化学反应：

① 三个异构体都能与溴反应，但在常温下对等物质的量的试样，与 B 和 C 反应的溴量是 A 的 2 倍；

② 三者都能与 HCl 发生反应，而 B 和 C 在 Hg^{2+} 催化下与 HCl 作用得到的是同一产物；

③ B 和 C 能迅速地与含 $HgSO_4$ 的硫酸溶液作用，得到分子式为 C_4H_8O 的化合物；

④ B 能与硝酸银的氨溶液反应生成白色沉淀。

试写出化合物 A、B、C 的构造式及有关反应式。

第七章　芳香烃

　　芳烃是芳香族碳氢化合物的简称，亦称芳香烃。芳烃及其衍生物总称为芳香族化合物。苯可以看作是芳香族化合物的母体。实验证明芳香族化合物大多含有苯环结构，具有独特的化学性质。

　　由于芳香烃最初是在香精油及香树脂中发现和提取的，具有芳香气味，因此被称为芳香族化合物。随着科学的发展，人们发现许多具有芳香族化合物特性的物质并没有芳香气味，但这一叫法已成为一个习惯，故仍然沿用。现代芳烃的来源是石油化学工业中催化重整和裂化。

第一节　芳烃的分类、命名和同分异构

一、芳烃的分类

根据分子中含有苯环的数目和结构划分。

1. 单环芳烃

分子中只含有一个苯环的芳烃为单环芳烃。例如：

苯 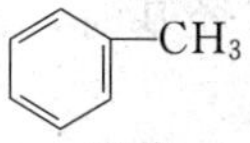　　　　　　　甲苯 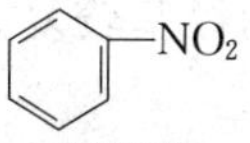　　　　　　　硝基苯

2. 多环芳烃

分子中含有两个或两个以上独立苯环的芳烃为多环芳烃。例如：

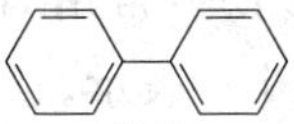

联苯 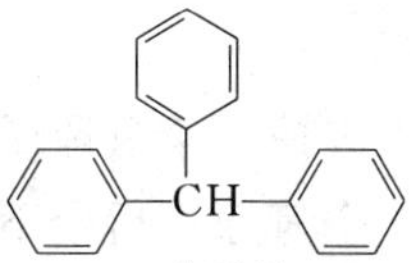　　　　　　　　三苯甲烷

3. 稠环芳烃

分子中含有由两个或多个苯环彼此间通过共用两个相邻碳原子稠合而成的芳烃为稠环芳烃。例如：

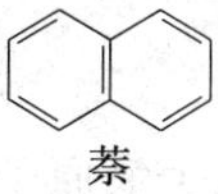

萘 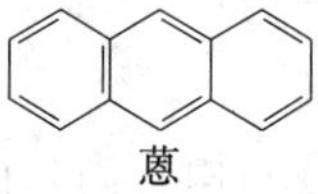　　　　　　　　　　　蒽

本章重点讨论单环芳烃。

二、单环芳烃的命名

1. 简单的单环芳烃

以芳烃为母体，烷基为取代基，称为某烷（基）苯。例如：

CH_2CH_3 乙苯　　　　　　　　$CH(CH_3)_2$ 异丙苯

苯环上连两个或两个以上取代基，用阿拉伯数字标明其相对位次，也可用字母或汉字表示。

（1）有两个取代基，用邻（o）、间（m）、对（p）等字头表示。

（2）有三个取代基，可用连、偏、均等字头表示。

例如：

1,2-二甲苯或邻二甲苯　　　1,3-二甲苯或间二甲苯　　　1,4-二甲苯或对二甲苯

1,2,3-三甲苯或连三甲苯　　　1,2,4-三甲苯或偏三甲苯　　　1,3,5-三甲苯或均三甲苯

2. 较复杂的单环芳烃

苯环上连有的烃基较复杂，或是不饱和烃基时，命名以烃链为母体，苯环作为取代基（有例外）。例如：

$CH_3CH_2CH-CHCH_3$ / CH_3
2-甲基-3-苯基戊烷

$CH=CH_2$
苯乙烯

3. 几个常见基团

芳基：芳烃从形式上去掉一个氢原子后所剩下的原子团。常用 Ar— 表示。

苯基：苯分子去掉 1 个氢原子后余下的基团。常用 Ph— 表示。

苯甲基或苄基：甲苯分子去掉 1 个氢原子后余下的基团。常用 $C_6H_5CH_2$— 表示。

三、单环芳烃同分异构

苯是最简单的单环芳烃，没有同分异构现象。单环芳烃的异构主要是体现在环上的侧链异构和侧链在环上的位置异构。

1. 苯环上的侧链异构

苯和一取代苯没有同分异构，因苯的六个碳原子和六个氢原子是等同的，当取代基含有三个或更多碳原子时，因碳链异构而产生异构体。

当苯环上的侧链有 3 个以上碳原子时，可因碳链排列方式不同而产生构造异构现象。例如：

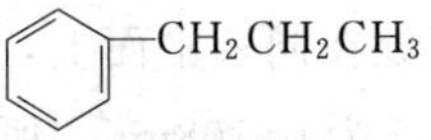

正丙苯 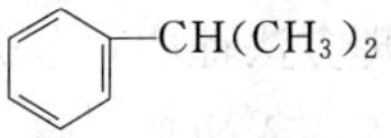　　　　　　　　　　　　　异丙苯

2. 侧链在环上的位置异构

苯的二元和多元取代物，因取代基在环上的相对位置不同，产生同分异构。

当苯环上连有两个或两个以上取代基时，因取代基在环上的位置不同而产生异构现象。例如：

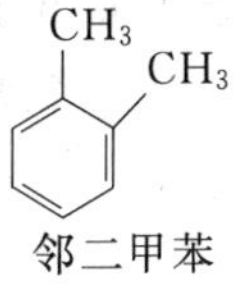

邻二甲苯 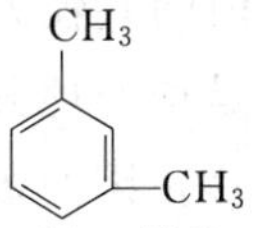　　　　　　　　间二甲苯 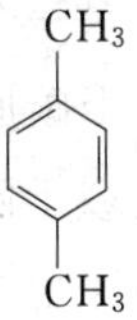　　　　　　　　对二甲苯

第二节　单环芳烃的结构

苯是单环芳烃中最简单又最重要的化合物，也是所有芳香族化合物的母体，要掌握芳烃的特性，就要从认识苯的分子结构开始，从而进一步理解和掌握芳烃及其衍生物的特殊性。

一、凯库勒式

根据元素分析和相对分子质量的测定，证明苯的分子式为 C_6H_6。由苯的分子式可见，它应具有高度不饱和性，但是事实并非如此。苯极为稳定，一般情况下，不易发生加成反应和氧化反应，而容易发生取代反应。

1857 年凯库勒（F. A. Kekule）提出了碳四价的概念，1865 年首次提出用六边形表示苯环结构，即 6 个碳原子在同一平面上彼此连接成环，每个碳原子上都结合着 1 个氢原子，称为凯库勒构造式，且单键和双键交替排列。例如：

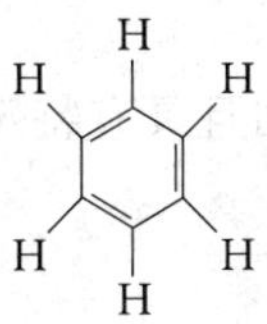

或简写成

凯库勒式在一定程度上能反映苯的化学性质，能说明苯的一元取代物只有一种，但对苯的稳定性、苯的邻二取代物只有一种等，不能给出满意的解释。

凯库勒（1829—1896 年，德国化学家）关于苯环结构的假说，在有机化学发展史上做出了卓越贡献。苯环结构的诞生，是有机化学发展史上的一块里程碑，凯库勒认为苯环中六个碳原子是由单键与双键交替相连的，以保持碳原子为四价。1866 年，他画出一个单、双键的空间模型，与现代结构式完全等价。作为一个杰出的科学家，凯库勒的成就得到了全世界的普遍公认。许多国家的科学院曾选他为名誉院士。他的意见不仅受到科学家的重视，而且也常为工业家们所采纳，成为 19 世纪以来，有机化学界的真正权威。

二、近代概念

近代物理方法证明，苯分子的六个碳原子和六个氢原子都处在同一平面上，其中六个碳原子构成平面正六边形，C—C 键长均等为 0.14nm，C—H 键长为 0.108nm，所有的键角都为 120°。

根据近代概念认为，苯分子中 6 个碳原子均以 sp^2 杂化轨道相互重叠，形成 C—Cσ 键，由于碳的 sp^2 杂化轨道的对称轴间夹角为 120°，具有共平面性，所以苯分子 6 个碳原子和 6 个氢原子在同一平面上，6 个碳原子构成一个正六边形的碳环，各个键角为 120°。此外，每个碳原子还剩余一个未杂化的垂直于分子平面的 p 轨道，每两个相邻的 p 轨道相互重叠，形成一个包括 6 个碳原子和 6 个 π 电子在内的共轭大 π 键。这样，苯分子中 π 电子云的分布并非局限于或定域于两个碳原子之间，而是均匀地分布在 6 个碳原子上，且这个大 π 键的能量比环己三烯的三个小 π 键的总能量低得多，因此苯有特殊的稳定性。

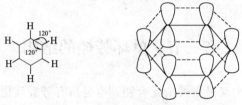

由于共轭大 π 键的形成使 π 电子离域，键长趋于平均化，苯分子成为一个具有高度对称结构的闭合共轭体系。苯分子中所有 C—C 键完全等同，它们既不是一般的碳碳单键，也不是一般的碳碳双键，但是每个碳碳键都具有这种闭合的共轭大 π 键的特殊性质。所以苯的结构可以用一个带有圆圈的正六边形 ⬡ 表示，直线表示碳碳 σ 键，圆圈表示苯分子中完全平均化的大 π 键。但习惯上还是以凯库勒式来表示。

第三节　单环芳烃的物理性质

1. 物理状态

在常温下，苯及苯的同系物一般为无色透明且具有特殊气味的液体。其蒸气有毒，其中苯的毒性较大，易挥发。

2. 沸点和熔点

单环芳烃的沸点随相对分子质量的增加而升高，而熔点除与相对分子质量有关外，还与结构的对称性有关，一般来说，结构对称的化合物，熔点偏高。如二甲苯的三种异构体中，对二甲苯的熔点最高，可利用这一性质从三种异构体混合的二甲苯中分离出对二甲苯。

3. 相对密度

单环芳烃的相对密度大多为 0.86～0.93，都小于 1，比水轻。

4. 溶解性

不溶于水，易溶于有机溶剂，液态芳烃本身也是良好的溶剂。与脂肪烃不同的是，芳烃溶于乙二醇、环丁砜、N，N-二甲基甲酰胺等特殊溶剂中，因此常利用这些特殊溶剂萃取芳烃。

表 7-1 是单环芳烃的物理性质。

表 7-1 单环芳烃的物理性质

名称	熔点/℃	沸点/℃	相对密度(d_4^{20})
苯	5.5	80.1	0.8765
甲苯	−95.0	110.6	0.8669
邻二甲苯	−25.2	144.4	0.8802(10℃)
间二甲苯	−47.9	139.1	0.8642
对二甲苯	13.3	138.3	0.8611
乙苯	−95.0	136.2	0.8670
连三甲苯	−25.5	176.1	0.8943
偏三甲苯	−43.9	169.4	0.8758
均三甲苯	−44.7	164.6	0.8651
正丙苯	−99.5	159.2	0.8620
异丙苯	−96.0	152.4	0.8618

第四节　单环芳烃的化学性质

苯环的结构特征表明，它具有特殊的稳定性，没有典型的 C═C 双键的性质，不易发生加成反应和氧化反应，而易发生取代反应，这是芳香族化合物共有的特性，称为芳香性。

一、取代反应

1. 卤化反应

有机化合物分子中的氢原子被卤素取代的反应称为卤化反应。在铁粉或无水卤化铁催化下，氯和溴原子可取代苯环上的氢原子，主要生成氯苯或溴苯。例如：

$$\bigcirc + Cl_2 \xrightarrow[\text{或 Fe}]{FeCl_3} \bigcirc\!-Cl + HCl$$

氯苯为无色液体，是染料、医药工业用于制备苯酚、硝基氯苯、苯胺、硝基酚等的有机中间体，农药工业用于制备 DDT，涂料工业用于制备油漆。

$$\bigcirc + Br_2 \xrightarrow[\text{或 Fe}]{FeBr_3} \bigcirc\!-Br + HBr$$

溴苯为无色油状液体，作为农药原料，生产杀虫剂溴螨酯，作为医药原料，生产镇痛解热药和止咳药。

苯环上的氯化和溴化是不可逆反应。在卤化反应中，卤素的活性顺序如下：

$$F_2 > Cl_2 > Br_2 > I_2$$

其中，氟反应太剧烈，不易控制，没有实际意义，碘的活性太低，不易发生反应。因此，单环芳烃的卤化反应主要是与氯和溴的反应。

　　氯苯和溴苯容易继续发生取代反应生成二元取代物，且主要发生在卤原子的邻位和对位。例如：

$$\text{溴苯} + Br_2 \xrightarrow[\text{或 Fe}]{FeBr_3} \text{邻二溴苯} + \text{对二溴苯} + HBr$$

　　烷基苯发生苯环上的卤化反应时，比苯容易进行，主要生成邻位和对位取代物。例如：

$$\text{甲苯} + Cl_2 \xrightarrow[\text{或 Fe}]{FeCl_3} \text{邻氯甲苯} + \text{对氯甲苯} + HCl$$

2. 硝化反应

　　有机化合物中的氢原子被硝基取代的反应称为硝化反应。苯与浓硝酸和浓硫酸的混合物（通常称为混酸），在一定温度下发生反应，苯环上的氢原子被硝基取代，生成硝基苯。例如：

$$\text{苯} + HNO_3 \xrightarrow[50\sim60℃]{H_2SO_4} \text{硝基苯}-NO_2 + H_2O$$

　　硝基苯为无色或微黄色具苦杏仁味的油状液体，是重要的基本有机合成中间体，硝基苯再硝化可得间二硝基苯，经还原可得间苯二胺，用作染料中间体、水泥促凝剂等。间二硝基苯如用硫化钠进行部分还原则得间硝基苯胺。

　　当苯环上有硝基时，再引入第二个取代基比较困难，若硝基苯需要继续硝化，要增加硝酸的浓度，并提高反应温度，才可以得到二硝基苯。也就是说，硝基苯进行硝化反应比苯要难。例如：

$$\text{硝基苯}-NO_2 + HNO_3 \xrightarrow[100℃]{H_2SO_4} \text{间二硝基苯} + H_2O$$

　　烷基苯硝化比苯容易进行，且产物为邻对位。例如：

$$\text{甲苯} + HNO_3 \xrightarrow[30℃]{H_2SO_4} \text{邻硝基甲苯} + \text{对硝基甲苯} + H_2O$$

3. 磺化反应

　　有机化合物分子中的氢原子被磺酸基取代的反应称为磺化反应。苯及同系物与浓硫酸或发烟硫酸反应，环上的氢原子被磺酸基取代，生成芳磺酸。例如：

$$\text{苯} + H_2SO_4 \xrightleftharpoons[]{70\sim80℃} \text{苯磺酸}-SO_3H + H_2O$$

　　此反应是制备芳磺酸的重要方法。苯磺酸，为无色针状或片状晶体，主要用于经碱熔制苯酚，也用于制间苯二酚等，还用作催化剂。芳烃不溶于浓硫酸，但生成的苯磺酸却可以溶解在硫酸中，可利用这一性质将芳烃从混合物中分离出来。

　　磺化反应是可逆反应，其逆反应称为脱磺反应或水解反应，在较高温度和稀酸条件中进行。此反应在有机合成上具有重要意义，用磺酸基占据苯环上的某个位置，使新进入的取代基进入指定的位置，然后水解除去磺基，从而得到预期的产物。例如：

$$\text{C}_6\text{H}_5\text{—SO}_3\text{H} + \text{H}_2\text{O} \xrightarrow[150\sim200℃]{\text{稀酸，加压}} \text{C}_6\text{H}_6 + \text{H}_2\text{SO}_4$$

　　苯磺酸进一步发生磺化反应时，比苯要难，需要发烟硫酸和较高的温度，且产物主要是间苯二磺酸。例如：

$$\text{—SO}_3\text{H} + \text{H}_2\text{SO}_4 \xrightarrow{200\sim250℃} \text{（间苯二磺酸）} + \text{H}_2\text{O}$$

　　烷基苯发生磺化反应比苯容易进行，在低温时易得到邻对位产品，但高温时主要产物为对位产物。例如：

　　十二烷基苯经磺化、中和后生成的十二烷基苯磺酸钠是重要的合成洗涤剂。

　　4. 傅-克反应

　　傅-克（Friedel-Crafts）反应是傅瑞德尔-克拉夫茨反应的简称，1877 年由法国化学家查尔斯·傅瑞德尔（Friedel C）和美国化学家詹姆斯·克拉夫茨（Crafts J）共同发现。该反应主要有烷基化反应和酰基化反应。芳香烃在无水 AlCl$_3$ 作用下，环上的氢原子分别被烷基和酰基所取代，这是一个制备烷基苯和芳香酮的方法。但是当苯环上有强吸电子基（如—NO$_2$、—SO$_3$H、—COR）等时，不发生傅-克反应。

　　（1）傅-克烷基化

　　以无水氯化铝为催化剂，芳烃与卤代烷、醇和烯烃等试剂反应，芳环上的氢原子被烷基取代，生成烷基苯，称为烷基化反应。其中卤代烷、醇和烯烃等，在反应中提供烷基，叫烷基化试剂。例如：

$$\text{C}_6\text{H}_6 + \text{CH}_3\text{CH}_2\text{Br} \xrightarrow{\text{AlCl}_3} \text{C}_6\text{H}_5\text{—CH}_2\text{CH}_3 + \text{HBr}$$

　　芳烃的烷基化反应传统上使用的催化剂是无水氯化铝，但由于无水氯化铝本身具有较强的腐蚀性，反应时还需加入腐蚀性更强的盐酸作为助剂，并且在反应后需要使用大量的氢氧化钠中和废酸，在生产过程中产生大量的废酸、废渣、废水及废气，环境污染十分严重。目前使用了一些固体催化剂，如分子筛、离子交换树脂等新型催化剂，基本消除了三废的排放。另外 $FeCl_3$、$ZnCl_2$、BF_3、H_2SO_4 等也可用作此类反应的催化剂。

在烷基化反应中，引入的烷基含三个或三个以上碳原子时，发生重排反应，生成重排产物。例如：

$$\text{（苯环）} + CH_3CH=CH_2 \xrightarrow[\triangle]{AlCl_3} \text{（苯环）}CH(CH_3)_2$$

异丙苯是一种无色有特殊芳香气味的液体，是有机合成的原料，也可用作溶剂。

烷基化反应一般不停止在一元取代物阶段，在生成一元烷基苯以后，可继续反应，最后得到各种多元取代苯的混合物，为了使一元烷基苯成为主要产物，制备时苯需过量。

（2）傅-克酰基化

以无水氯化铝为催化剂，芳烃与酰卤、酸酐等试剂反应，芳环上的氢原子被酰基取代，生成芳酮，称为酰基化反应。其中酰卤、酸酐等，在反应中提供酰基，叫酰基化试剂。例如：

$$\text{（苯环）} + Cl-\overset{\overset{\displaystyle O}{\|}}{C}-CH_3 \xrightarrow{AlCl_3} \text{（苯环）}\overset{\overset{\displaystyle O}{\|}}{C}-CH_3 + HCl$$

$$\text{（苯环）} + CH_3-\overset{\overset{\displaystyle O}{\|}}{C}-O-\overset{\overset{\displaystyle O}{\|}}{C}-CH_3 \xrightarrow{AlCl_3} \text{（苯环）}\overset{\overset{\displaystyle O}{\|}}{C}-CH_3 + CH_3-\overset{\overset{\displaystyle O}{\|}}{C}-OH$$

苯乙酮为无色晶体，或浅黄色油状液体，有山楂的气味。作为香料使用时，是山楂、含羞草、紫丁香等香精的调合原料，并广泛用于皂用香精和烟草香精中。

酰基化反应是制备芳酮的重要方法。

傅-克酰基化反应所需的催化剂无水氯化铝的量比烷基化反应所需要的多得多。因为酰基化反应所生产的产物芳酮与氯化铝生成络合物，消耗了部分的氯化铝。

因为酰基是吸电基，傅-克酰基化反应不能生成多元取代物，也不发生重排。

二、加成反应

由于苯的特殊稳定性，一般情况下不易发生加成反应，但如果在催化剂或紫外光照射下，苯也可与氢或氯发生加成反应。

1. 加氢

在铂、钯或镍催化作用下，苯与氢发生加成反应生成环己烷。例如：

$$\text{（苯环）} + 3H_2 \xrightarrow[\text{加热，加压}]{\text{催化剂}} \text{（环己烷）}$$

这是工业上生产环己烷的重要方法。

2. 加氯

在日光或紫外光照射下，苯与氯发生加成反应生成六氯环己烷。例如：

$$\text{（苯）} + 3Cl_2 \xrightarrow{\text{紫外光}} \text{（六氯环己烷）}$$

六氯环己烷分子式为 $C_6H_6Cl_6$，含碳、氢、氯原子各六个，所以俗称"六六六"，曾广泛用作杀虫剂，但因其性能稳定，不易分解，残毒严重，会造成人畜的累积性中毒，也污染环境，20 世纪 60 年代末停止生产和使用。

三、氧化反应

1. 苯环氧化

苯虽然稳定，一般情况下，不易发生氧化反应，但采用较强烈的氧化条件，仍可发生氧化反应。例如，在五氧化二钒催化下，苯可被空气氧化，苯环破裂，生成顺丁烯二酸酐。例如：

$$2 \text{（苯）} + 9O_2 \xrightarrow[400\sim450℃]{V_2O_5} 2 \text{（顺丁烯二酸酐）} + 4CO_2 + 4H_2O$$

此反应是工业生产顺丁烯二酸酐的方法，顺丁烯二酸酐是生产不饱和聚酯及有机合成的原料。

2. 侧链氧化

苯环比较稳定，一般氧化剂不能使其氧化，但如果苯环上连有侧链，由于受苯环的影响，其 α-H 比较活泼，容易被氧化，而且无论侧链长短、结构如何，最后的氧化产物都是苯甲酸。例如：

$$\text{（甲苯）} \xrightarrow[H^+]{KMnO_4} \text{（苯甲酸）}$$

若侧链烃基不含 α-H，一般情况下不发生氧化反应。例如：

$$\text{（对叔丁基甲苯）} \xrightarrow[H^+]{KMnO_4} \text{（对叔丁基苯甲酸）}$$

工业生产上一般用空气做氧化剂对烷基苯进行氧化。

用高锰酸钾做氧化剂氧化烷基苯时，其自身的紫红色逐渐消失，实验室中可用此反应鉴别苯环侧链是否含有 α-H。

四、苯环侧链的卤代

烷基苯与卤素，如果没有催化剂存在，在光照射或加热的条件下，卤素取代苯环侧链 α-

C 上的氢原子。与亲电取代不同，这属于自由基取代反应。例如：

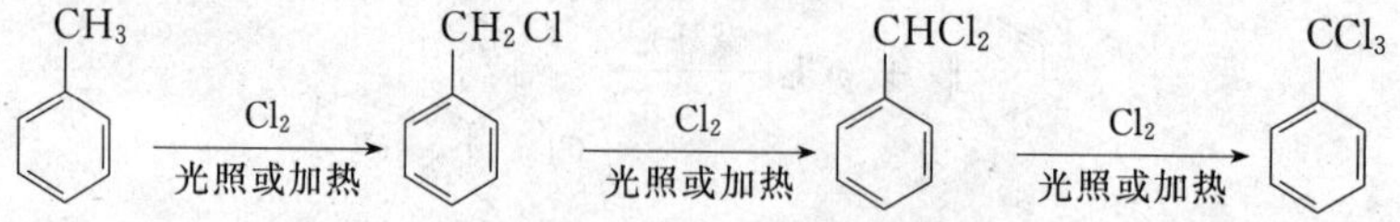

$$\underset{\text{苯一氯甲烷}}{CH_3}\ \xrightarrow[\text{光照或加热}]{Cl_2}\ \underset{\text{苯一氯甲烷}}{CH_2Cl}\ \xrightarrow[\text{光照或加热}]{Cl_2}\ \underset{\text{苯二氯甲烷}}{CHCl_2}\ \xrightarrow[\text{光照或加热}]{Cl_2}\ \underset{\text{苯三氯甲烷}}{CCl_3}$$

这是工业上制备苯氯甲烷的方法。三种苯氯甲烷都是重要的有机合成原料，控制甲苯和氯气的配比，可使反应停留在某一步，得到一种主要产物。例如：

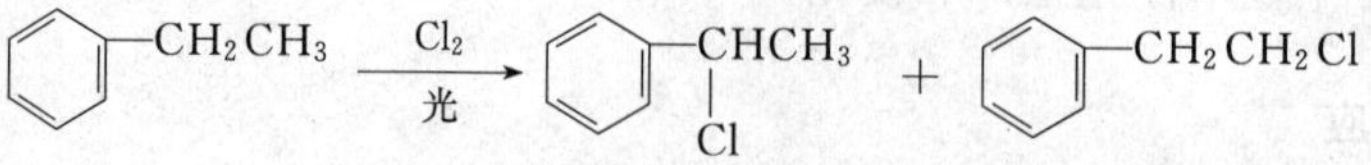

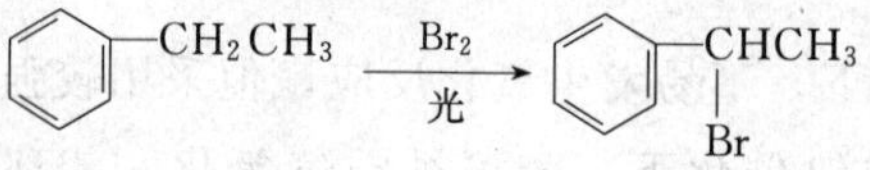

$$CH_2CH_3\ \xrightarrow[\text{光}]{Cl_2}\ \underset{56\%}{\overset{\displaystyle CHCH_3}{\underset{\displaystyle Cl}{|}}}\ +\ \underset{44\%}{CH_2CH_2Cl}$$

$$CH_2CH_3\ \xrightarrow[\text{光}]{Br_2}\ \underset{100\%}{\overset{\displaystyle CHCH_3}{\underset{\displaystyle Br}{|}}}$$

氯的反应活性较大，主要取代 α-C 上的 H，但如果有 β-H 同时存在时，也会发生反应，而溴的反应活性比氯小，取代反应只发生在 α-位，因此其选择性较强。

五、苯环取代反应机理

从苯的结构可知，由于苯环碳原子所在平面上下两侧集中分布着 π 电子，与烯烃相似，有利于带正电荷的试剂与苯环的 π 电子作用，发生离子型反应。常见的可与苯发生取代反应的试剂有 O_2N^+、X^+（Br^+、Cl^+）、SO_3 或 SO_3H^+ 等。

苯与带正电荷的试剂（用 E^+ 表示）发生取代反应是分步进行的，反应机理可表示如下：

首先是带正电荷的试剂 E^+ 进攻苯环，从苯环的闭合 π 体系中获得两个电子，与苯环的某一个碳原子结合成 σ 键，此时苯环原有的 6 个 π 电子只剩下 4 个，形成了一个环状的碳正离子中间体，称为 σ-络合物，此时苯环原有的稳定体系被破坏了，反应速率很慢，是整个反应的速率控制步骤。

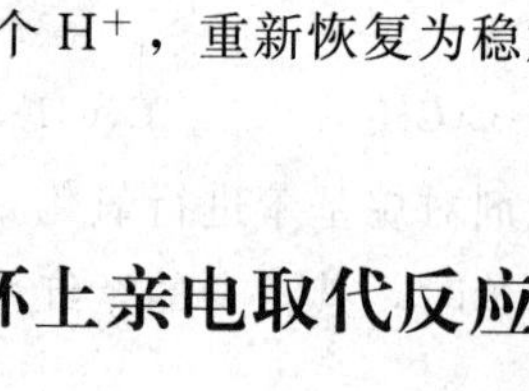

碳正离子是苯环取代反应的中间体，能量较高，不稳定。最后碳正离子中间体与带正电荷的试剂 E 相连的碳原子上失去一个 H^+，重新恢复为稳定的苯环结构，形成了最后的取代产物。

第五节　苯环上亲电取代反应的定位规律

一、一取代苯的定位规律

苯环上一个氢原子被其他原子或基团取代后生成的产物叫做一元取代苯。苯环上原有的基团将决定再引入基团的难易和进入的位置，称为定位基。第二个基团可取代苯环上不同位置的氢原子，分别生成邻位、间位、对位三种二元取代物。

1. 第一类定位基——邻对位定位基

苯环上原有取代基使新引入的取代基主要进入其邻位和对位（邻位和对位之和大于60％），称为邻对位定位基，也称为第一类定位基。在邻对位定位基中，除卤原子和氯甲基等使苯环钝化外，一般使苯环活化。

2. 第二类定位基——间位定位基

苯环上原有取代基使新引入的取代基主要进入其间位（间位产物大于40％），称为间位定位基，也称第二类定位基。间位定位基使苯环钝化。

两类定位基见表 7-2。

表 7-2　苯环亲电取代反应的两类定位基

邻对位定位基	间位定位基
强烈活化 $-NR_2$，$-NHR$，$-NH_2$，$-OH$	强烈钝化 $-\overset{+}{N}R_3$，$-NO_2$，$-CF_3$，$-CCl_3$
中等活化 $-OR$，$-NHCOR$，$-OCOR$	中等钝化 $-CN$，$-SO_3H$，$-CHO$，$-COR$，$-COOH$，$-CONH_2$
较弱活化 $-Ph$，$-R$	
较弱钝化 $-F$，$-Cl$，$-Br$，$-I$，$-CH_2Cl$	

二、二取代苯的定位规律

苯环上两个氢原子被其他原子或基团取代后生成的产物叫做二元取代苯。苯环上已有两个取代基时，第三个取代基进入苯环的位置，主要取决于原来两个取代基的定位效应。

（1）当苯环上原有的两个定位基对于引入第三个取代基的定位作用一致时，仍由上述定位规律来决定。例如，下列化合物中再引入一个取代基时，取代基主要进入箭头所示的位置。

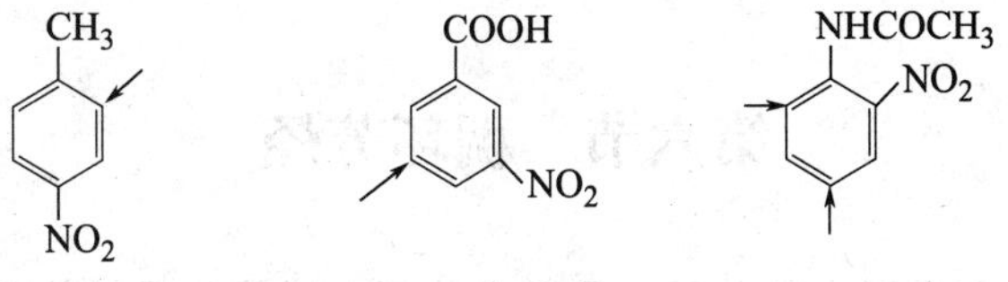

（2）当苯环上原有的两个定位基对于引入第三个取代基的定位作用不一致时，有两种情况。

① 如果两个定位基是同一类，第三个取代基进入苯环的位置主要由较强定位基决定。例如：

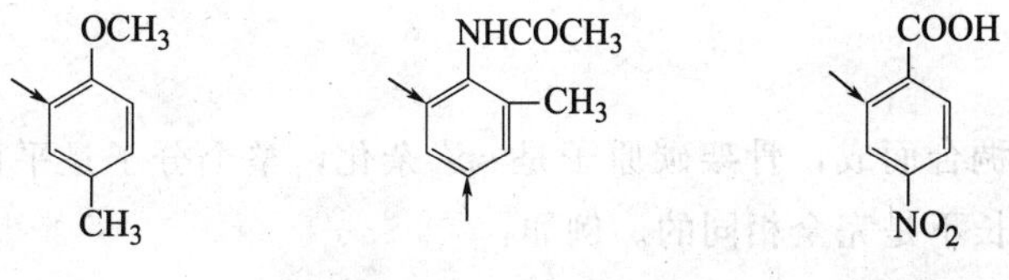

② 如果两个定位基不是同一类，第三个取代基进入苯环的位置，一般由邻、对位定位基决定，因为这类定位基使苯环活化。例如：

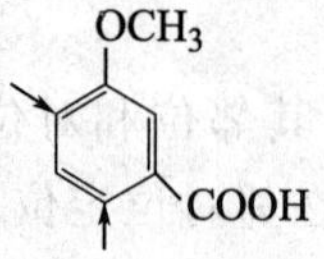

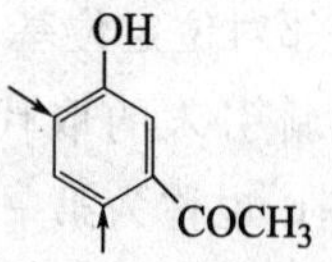

如果两个定位基的定位效应相近，则得到混合物，混合物各异构体中的含量相差不太大。

三、定位规律的应用

苯环上的亲电取代反应定位规律对于预测反应的主要产物，设计和确定合理的合成路线，得到较高收率和较纯的苯的衍生物有重大的指导意义。举例说明如下。

1. 由苯合成对硝基氯苯

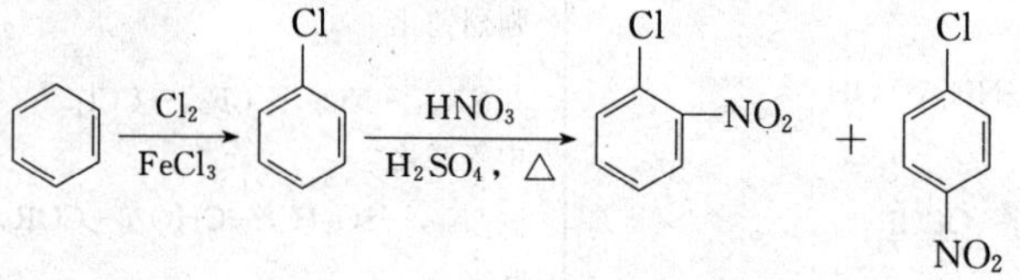

将邻硝基氯苯和对硝基氯苯分离、精制，得到对硝基氯苯。

2. 由苯合成 3-硝基-4-氯苯磺酸

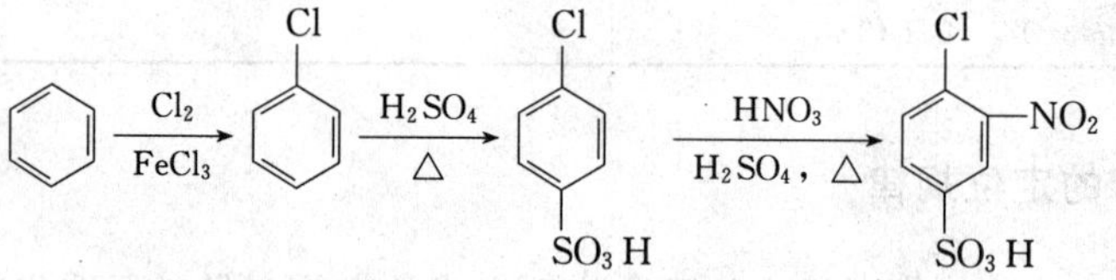

3. 由甲苯合成邻硝基甲苯

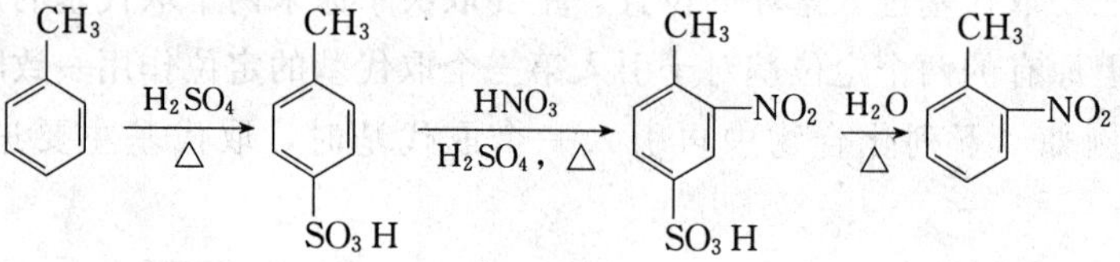

第六节　稠环芳烃

分子中含有两个或两个以上的苯环，且两个苯环之间彼此通过共用两个相邻的碳原子的方式相互稠合而成的芳烃称为稠环芳烃。常见的典型稠环芳烃是萘、蒽和菲，最简单最重要的是萘。

一、萘

1. 萘的结构

萘是由两个苯环稠合而成，骨架碳原子是 sp^2 杂化，整个分子是平面结构，测定表明，萘分子中的碳碳键键长不是完全相同的。例如：

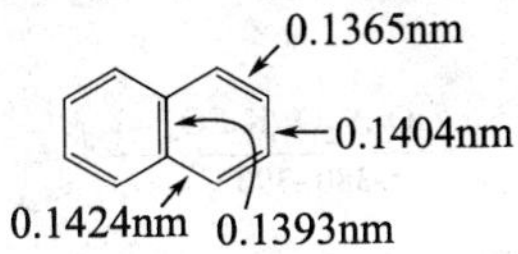

萘环上碳原子的编号从两环并合处第一个含氢的碳开始：

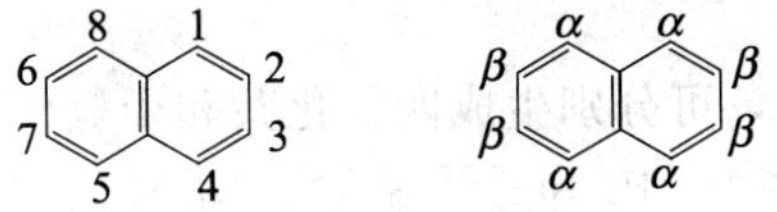

其中 1、4、5、8 位等同，称为 α-位，2、3、6、7 位等同，称为 β-位。因此萘的一取代衍生物有两个位置异构体，即 α-位和 β-位，萘的二取代物则有更多的位置异构体。

2. 萘的性质

萘是白色片状晶体，熔点 80.5℃，沸点 218℃，有特殊的气味，易升华。不溶于水，易溶于热的乙醇和乙醚。

萘的亲电取代活性大于苯，易在 α-位反应，也易发生氧化和还原反应。

(1) 取代反应

萘可以发生卤化、硝化、磺化等亲电取代反应，由于萘的 α-位电子云密度比 β-位大，所以取代反应主要发生在 α-位。

卤化反应：氯气通入萘的苯溶液中，在氯化铁催化下生成 α-氯萘，为无色液体。例如：

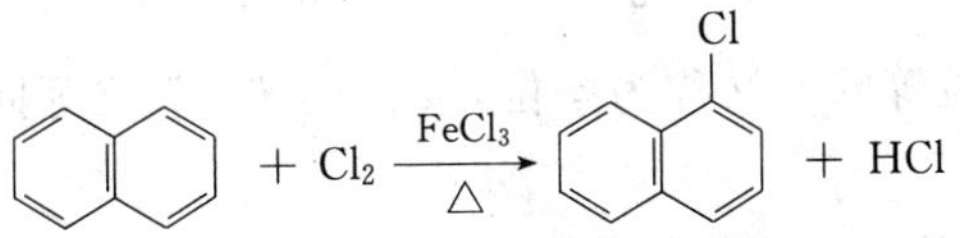

硝化反应：萘在混酸中硝化，得主产物 α-硝基萘，为黄色针状结晶。例如：

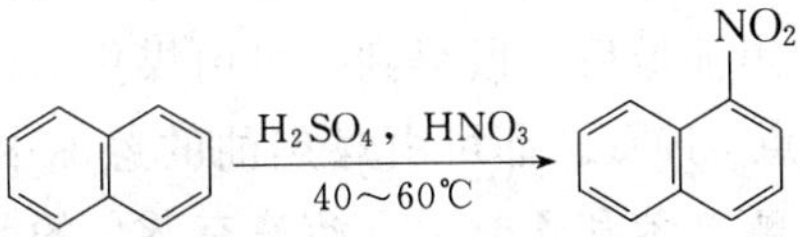

磺化反应：萘的磺化是可逆反应，反应温度不同，磺化的主产物不同。低温主要生成 α-萘磺酸，高温主要生成 β-萘磺酸。例如：

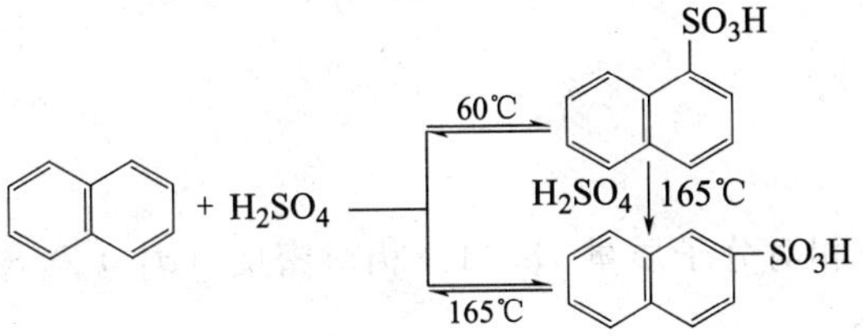

(2) 氧化反应

萘比苯容易发生氧化反应，在缓和条件下，萘氧化生成醌，强烈条件下，萘氧化生成邻苯二甲酸酐。例如：

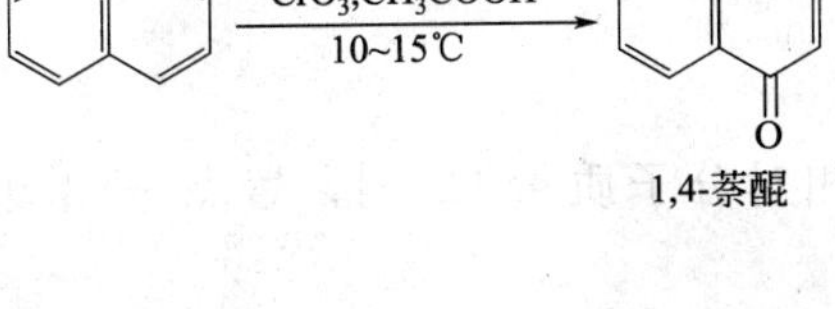

1,4-萘醌

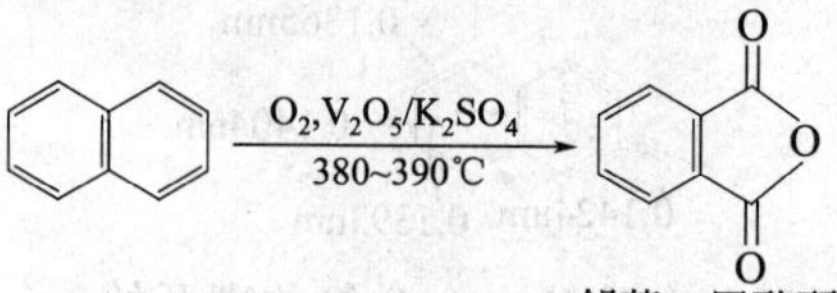

邻苯二甲酸酐

（3）还原反应

萘在适当条件下催化加氢，可分别生成四氢化萘和十氢化萘。例如：

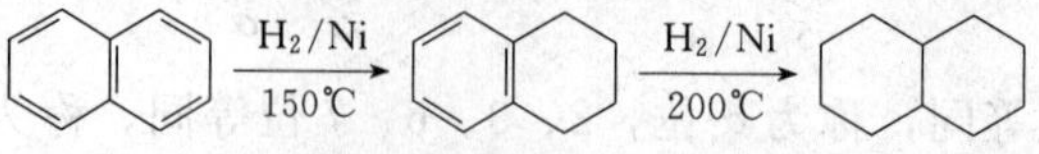

四氢化萘　　　　　　十氢化萘

四氢化萘，沸点 208℃，是性能良好的有机溶剂，可用于溶解脂肪，还能溶解硫黄。十氢化萘，沸点 192℃，常用于高沸点溶剂。

二、蒽和菲

蒽和菲都是由三个苯环稠合而成的稠环芳烃。其中蒽的三个苯环为直线排列，菲的三个苯环成角式排列。分子式均为 $C_{14}H_{10}$，互为同分异构体。

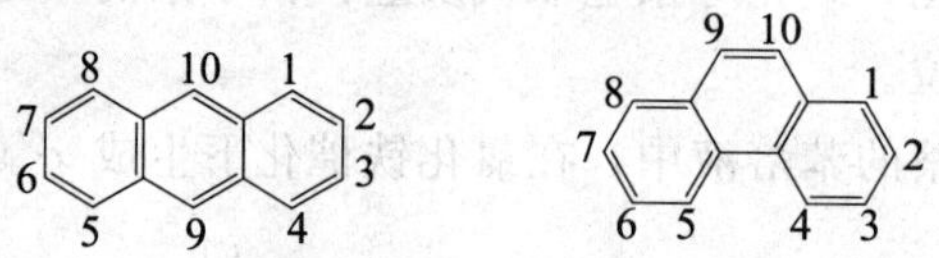

在蒽中 1、4、5、8 位等同，又称为 α-位，2、3、6、7 位等同，又称为 β-位，9、10 位等同，又称为 γ-位。

蒽为带有淡蓝色荧光的白色片状晶体或浅黄色针状结晶，熔点 217℃，沸点 342℃。不溶于水，难溶于乙醇和乙醚，较易溶于热苯，用于制备蒽醌和染料等，也用作杀虫剂、杀菌剂、汽油阻凝剂等。在蒸馏煤焦油最后阶段得到，可由煤焦油的蒽油部分分出。菲类为白色粉状结晶体，熔点 101℃，沸点 340℃。菲可由煤焦油的蒽油中分离出来。它是带有光泽的无色晶体，不溶于水，溶于乙醇、苯和乙醚中，溶液有蓝色的荧光。

第七节　重要的芳烃

一、苯

苯分子式为 C_6H_6，相对分子质量 78.11。相对密度（d_4^{15}）0.8787，熔点 5.5℃，沸点 80.1℃，折射率 1.50108。

无色透明液体，有芳香气味，易挥发。能与乙醇、乙醚、丙酮、四氯化碳、二硫化碳、冰醋酸和油类任意混溶，不溶于水。易溶于有机溶剂，本身也可作为有机溶剂。易燃，有毒。

苯是一种石油化工基本原料。苯的产量和生产的技术水平是一个国家石油化工发展水平的标志之一。

二、甲苯

甲苯分子式为 C_7H_8，相对分子质量 92.14，熔点 −94.9℃，相对密度 0.866，沸点

110.6℃，折射率 1.4967。无色澄清液体，有苯样气味，能与乙醇、乙醚、丙酮、氯仿、二硫化碳和冰醋酸混溶，极微溶于水。

甲苯大量用作溶剂和高辛烷值汽油添加剂，也是有机化工的重要原料，但与同时从煤和石油得到的苯和二甲苯相比，目前的产量相对过剩，因此相当数量的甲苯用于脱烷基制苯或歧化制二甲苯。

三、苯乙烯

苯乙烯分子式为 C_8H_8，相对分子质量 104.14，熔点 $-30.6℃$，沸点 146℃，相对密度 0.91。无色透明油状液体。不溶于水，溶于醇、醚等多数有机溶剂。

主要用于制聚苯乙烯、合成橡胶、离子交换树脂等。

对二甲苯

1. 对二甲苯简介

对二甲苯（1,4-二甲苯），简称 PX。分子式为 C_8H_{10}，常温常压下为无色透明液体，在低温时是片状或棱柱状晶体，具有芳香气味。相对密度 0.861，熔点 13.2℃，沸点 138.5℃。不溶于水，能与乙醇、乙醚、丙酮、氯仿等多数有机溶剂混溶。遇明火、高热能引起燃烧爆炸。与氧化剂能发生强烈反应。其蒸气比空气重，能在较低处扩散到相当远的地方，遇火源会着火回燃。

2. 对二甲苯的用途

对二甲苯是重要的基本有机化工原料，在合成聚酯纤维、树脂、涂料、染料、医药、农药、塑料等众多化工生产领域有着广泛的用途。

对二甲苯的最大用途是用于制备对苯二甲酸（PTA）及对苯二甲酸甲酯（DMT），而对苯二甲酸最大的产品是聚对苯二甲酸乙二醇酯（PET）。从服装原料到矿泉水瓶的材料，聚酯与我们现代生活密不可分。聚对苯二甲酸乙二醇酯纤维又称聚酯纤维或涤纶纤维，涤纶纤维是我国目前第一大合成纤维。我国目前是聚对苯二甲酸乙二醇酯最大的生产国和消费国，因为聚对苯二甲酸乙二醇酯需求量大，对上游的对苯二甲酸的需求量也非常大，因此也是对苯二甲酸最大的生产国。

3. 对二甲苯的生产方法与来源

典型的对二甲苯生产方法是从石脑油催化重整或由甲苯经歧化得到混合二甲苯，经吸附分离抽取。

（1）混合二甲苯分离

石油二甲苯、煤焦油二甲苯中，都含有相当量的对二甲苯。由于对、间二甲苯的沸点差只有 0.75℃，故不能采用精馏分离法，目前国内外研究发展的方法是低温结晶分离法、吸附分离法和络合分离法。低温结晶分离法利用二甲苯异构体的熔点差异进行分离，主要方法为深冷分步结晶，工艺技术成熟，目前在二甲苯分离中占优势。但此法设备庞大，对二甲苯受共熔点的限制，回收率低，只有60%～70%。吸附分离法是20世纪70年代发展的新方法，此法比深冷结晶法投资少，生产总成本低，对二甲苯收率高，纯度也高，有可能取代深冷结晶法。

（2）甲苯异构

原料甲苯在烷基转移反应器中，进行烷基转移反应，生成二甲苯和苯。混合二甲苯在异构化反应器中，使部分间二甲苯异构化生成对二甲苯，反应物在稳定塔中除去轻馏分后与烷基转移工段来的二甲苯混合进入脱 C_9 馏分塔，在塔顶获得对二甲苯含量较高的混合二甲苯，塔釜为 C_9 以上组分。从稳定塔塔顶得到的混合二甲苯进入吸附分离工段，采用非分子筛型固体吸附剂吸附对二甲苯，解吸得纯度高达99.9%的对二甲苯产品，同时副产间二甲苯。

4. 对二甲苯的健康危害

民间曾传言PX有剧毒，也是高致癌物，但事实上，PX属低毒物质。根据国际癌症研究机构（IARC）的归类，对二甲苯属于第三类致癌物质，即缺乏对人体致癌性证据的物质；美国政府工业卫生学家会议（ACGIH）将其归类为A4级，即缺乏对人体、动物致癌性证据的物质。但仍有人怀疑生产PX过程中的中间体可能会危害人体健康及污染环境。

对二甲苯的液体及蒸气，进入消化道可导致中枢神经系统抑制，症状包括兴奋，随后头痛、眩晕、困倦和恶心，严重者导致失去知觉、昏迷，并由于呼吸中断而致死。吸入时可能造成呼吸困难等和吞入类似的后果，及化学性肺炎和肺水肿、黏膜损伤、血液异常。蒸气对眼部有刺激，会造成暂时性的表面伤害。长时间或重复性接触或吸入使皮肤脱脂，可造成皮肤干裂或刺激。此物质曾造成动物的繁殖损害和致命性结果，可使胎儿发生畸形。

5. 对二甲苯发展现状及前景

20世纪90年代之前，我国是PX净出口国，但随着下游产品如对苯二甲酸、对苯二甲酸酯及聚酯等产能的成倍扩充，对PX的需求也迅猛增加，到2000年后成为PX净进口国。我国聚酯生产、消费已在世界上占有重要地位，聚酯、涤纶产量均居世界第一位，如果原料配套长期滞后，大量依赖进口，将有可能影响到整个产业链的长期、稳定发展。因此，合理规划、建设具有竞争力的PX项目是有必要的。通过合理布局，在局部地区形成上下游一体化的产业链，降低总体成本，提升行业整体竞争力。

6. 环境保护

装置中各加热炉，废气高空排放，其他工艺废气经相应治理设施治理后高空排放，PX装置废水入污水处理场。PTA装置污水进PTA废水预处理站处理，入污水处理场达标后与其他污水处理场污水混合进入河流。设备冷却水和雨水进入厂区清净废水管网排放。一般固体废物由填埋场填埋，危险固体废物要妥善处置。

习　题

1. 命名下列化合物

（1）苯环上取代基 CH(CH₃)₂

（2）苯环上对位取代基 CH₂CH₃ 和 CH₂CH₃

（3）苯环上取代基 CH₃ 和 NO₂

（4）苯环上取代基 CH₃ 和 C(CH₃)₃

(5) CH₃CH=CHCHCH₃ 〈苯基〉　　(6) 〈苯基〉—C≡CH　　(7) 〈苯环 CH₂CH₃ / CH₃〉　　(8) 〈苯基〉—SO₃H

2. 写出下列化合物的构造式

(1) 硝基苯　　　　　　(2) 对甲基苯磺酸　　　　　(3) 正丁苯

(4) 3-苯基戊烷　　　　(5) 邻硝基苯甲酸　　　　　(6) 1,1-二苯基乙烷

3. 完成下列反应式

(1) 〈苯环〉—CH₃ $\xrightarrow{HNO_3,\ H_2SO_4}$? + ?

(2) 〈苯环 C(CH₃)₃〉 $\xrightarrow[\triangle]{H_2SO_4}$?

(3) 〈苯环〉—CH(CH₃)₂ + Br₂ $\xrightarrow{光照}$?

(4) 〈苯环 CH₃〉 + H₂SO₄ $\xrightarrow{100℃}$?

(5) 〈苯环〉—CH(CH₃)₂ $\xrightarrow{KMnO_4}$?

(6) 〈苯环〉 + 〈苯环〉—CH₂Cl $\xrightarrow{AlCl_3}$?

(7) 〈苯环〉—CH(CH₃)₂ + (CH₃CO)₂O $\xrightarrow{AlCl_3}$?

(8) 〈苯环〉 + 〈环己烯〉 $\xrightarrow{AlCl_3}$? $\xrightarrow[H_2SO_4]{HNO_3}$?

(9) 〈苯环〉 $\xrightarrow[H_2SO_4]{HNO_3}$? $\xrightarrow[FeBr_3]{Br_2}$?

(10) 〈苯环〉 + 〈苯环〉—CO—Cl $\xrightarrow{AlCl_3}$?

4. 单项选择

(1) 下列化合物进行硝化时活性最大的是（　　）

　　A. 苯　　　　　　B. 苯酚　　　　　C. 氯苯　　　　　D. 甲苯

(2) 下列化合物进行一元溴代反应时活性最小的是（　　）

　　A. 甲苯　　　　　B. 间二甲苯　　　C. 对二甲苯　　　D. 硝基苯

(3) 下列化合物进行亲电取代反应，取代基进入间位的化合物是（　　）

　　A. 〈苯环〉—CH₃　　B. 〈苯环〉—OCH₃　　C. 〈苯环〉—COCH₃　　D. 〈苯环〉—OCOCH₃

(4) 下列化合物中亲电取代反应活性最大的是（　　）

　　A. 〈苯环〉—CH₃　　B. 〈苯环〉—NO₂　　C. 〈苯环〉—COOH　　D. 〈苯环〉—Cl

(5) 下列化合物中哪一种最易卤代（　　）

　　A. 甲苯　　　　　B. 邻二甲苯　　　C. 间二甲苯　　　D. 对二甲苯

(6) 用下列哪一种催化剂可使乙酰苯转化成乙苯（　　）

　　A. H₂ + Pt　　　　B. Zn-Hg + HCl　　C. LiAlH₄　　　D. NaBH₄

(7) 下列化合物中，苯环上的基团在酸性水溶液中可水解脱去的是（　　）

　　A. 〈苯环〉—NO₂　　B. 〈苯环〉—COOH　　C. 〈苯环〉—SO₃H

(8) 下列化合物进行亲电取代反应，相对活性次序是（　　）

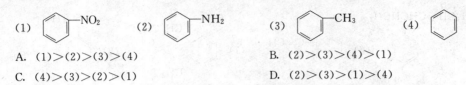

A. (1)>(2)>(3)>(4)　　　　　B. (2)>(3)>(4)>(1)

C. (4)>(3)>(2)>(1)　　　　　D. (2)>(3)>(1)>(4)

5. 用箭头表示下列化合物进行苯环上取代反应时，取代基进入苯环的位置

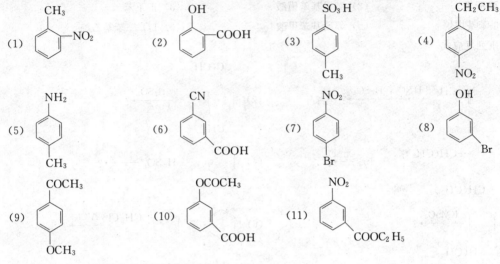

6. 用简单的化学方法鉴别下列各组化合物

(1) 乙苯，苯乙烯，苯乙炔

(2) 环己烯，1,3-环己二烯，苯

(3) 苯乙烯，苯乙炔，乙苯

(4) 苯，环戊烯，环戊二烯

7. 合成题：以苯或甲苯为主要原料合成下列化合物

(1) 由甲苯合成 2,6-二溴甲苯

(2) 由苯合成 3-硝基-4-氯苯磺酸

(3) 由苯合成 5-硝基-2-溴苯磺酸

(4) 由甲苯合成 3,5-二硝基苯甲酸

(5) 由苯合成间硝基溴苯

8. 简单回答下列问题

(1) 定位基有几类？它们分别有什么定位效应？

(2) 环己烷中含有少量的苯，在室温下如何除去？

(3) 苯环上卤代和侧链卤代反应条件有什么不同？

9. 推测结构

(1) 某芳烃分子式为 C_9H_8，能和氯化亚铜氨溶液反应产生红色沉淀。用酸性重铬酸钾氧化得到对苯二甲酸。试推测该芳烃的构造式，并写出有关反应式。

(2) 化合物 A（C_9H_{10}）在室温下能迅速使 Br_2-CCl_4 溶液和稀 $KMnO_4$ 溶液褪色，催化氢化可吸收 4mol H_2，强烈氧化可生成邻苯二甲酸，推测化合物的构造式及有关反应式。

(3) 化合物 A 的分子式为 C_9H_8，在室温下能使 Br_2-CCl_4 溶液和稀的 $KMnO_4$ 溶液褪色，在温和条件下氢化时只吸收 1mol H_2，生成化合物 B，分子式为 C_9H_{10}；A 在强烈条件下氢化时可吸收 5mol H_2；A 强烈氧化时可以生成邻苯二甲酸。试写出 A 和 B 的构造式及有关化学反应式。

第八章　卤代烃

烃分子中一个或几个氢原子被卤原子取代后生成的化合物称为卤代烃或烃的卤素衍生物，简称卤烃。通式常用 R—X 或 Ar—X 表示，X 表示卤素原子（F、Cl、Br、I），是卤代烃的官能团。

在卤代烃分子中，氟代烃与其他卤代烃的制备和性质皆有不同，而碘代烃的制备价格较贵，因此本章只介绍卤代烃中的氯代烃和溴代烃。

第一节　卤代烃的分类、命名和同分异构

一、卤代烃的分类

根据卤代烃分子中烃基种类不同，卤代烃可分为饱和卤代烃（卤代烷）、不饱和卤代烃（主要指卤代烯烃）和芳香族卤代烃（卤代芳烃）。例如：

$$CH_3Cl \qquad CH_2{=}CHCl$$

$$CH_3CH_2CH_2Br \qquad CH_2{=}CH{-}CH_2Cl$$

（卤代烷）　　　　　　（卤代烯烃）　　　　　　（卤代芳烃）

根据与卤原子直接相连的碳原子类型不同，可把卤代烃分为伯卤代烃、仲卤代烃和叔卤代烃。例如：

$$CH_3CH_2CH_2\underset{|}{CH_2} \qquad CH_3CH_2\underset{|}{CH}CH_3 \qquad CH_3CH_2\underset{|}{\overset{CH_3}{C}}CH_3$$
$$\quad\;\; Cl \qquad\qquad\qquad Cl \qquad\qquad\qquad Cl$$

和伯碳直接相连　　　　和仲碳直接相连　　　　和叔碳直接相连
伯（一级、1°）卤代烃　仲（二级、2°）卤代烃　叔（三级、3°）卤代烃

根据分子中所含卤原子的数目可将卤代烃分为一卤代烃、二卤代烃、三卤代烃等。例如：

$$CH_3Cl \qquad CH_3CHCl_2 \qquad CH_2ClCH_2Cl \qquad CHCl_3 \qquad CH_2ClCHCl_2$$
偕二卤代烷　　　邻二卤代烷　　　三卤代烷

二、卤代烃的命名

1. 习惯命名法

简单的卤代烃可用习惯命名法命名，根据卤原子所连的烃基名称将其命名为"某烃基卤"。例如：

$$CH_3CH_2CH_2CH_2Cl \qquad CH_3CH_2\underset{|}{CH}CH_3 \qquad CH_3\underset{|}{\overset{CH_3}{CH}}CH_2CH_2Cl$$
$$\qquad\qquad\qquad\qquad Cl$$

正丁基氯　　　　　　仲丁基氯　　　　　　　异戊基氯

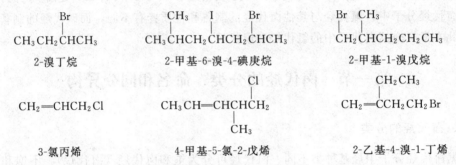

叔丁基氯　　　　　　　　环己基溴　　　　　　烯丙基氯

2. 系统命名法

用系统命名法命名卤代烃时，以相应的烃作为母体，卤原子只作为取代基。命名的基本原则与烃类化合物相同。例如：

CH₃CH₂CHCH₃（Br） 　　2-溴丁烷

2-甲基-6-溴-4-碘庚烷

2-甲基-1-溴戊烷

3-氯丙烯　　　　　　4-甲基-5-氯-2-戊烯　　　　　　2-乙基-4-溴-1-丁烯

不饱和卤代烃的碳链编号需从靠近不饱和键的一端开始。

3-苯基-1-氯丁烷　　　　　　　　间溴甲苯或3-溴甲苯

卤原子连在芳环侧链上时，以脂肪烃作为母体。卤原子和芳环直接相连时，以芳烃为母体。

三、卤代烃的同分异构

1. 卤代烷烃的同分异构

卤代烷烃的同分异构包括碳链异构和官能团位置异构，所以其异构体数目比相应的烷烃多。例如：丁烷有正、异丁烷两种异构体，而一氯丁烷则有四种同分异构体。

丁烷的同分异构体

一氯丁烷的同分异构体

2. 卤代烯烃的同分异构

卤代烯烃中既有卤原子（官能团）位置异构，又有双键（官能团）位置异构，故其异构体数目比相应的卤代烷多。例如：一氯丙烯有三种异构体。

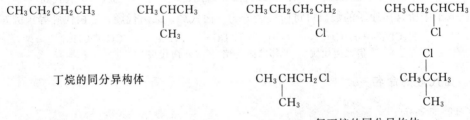

第二节 卤代烃的物理性质

1. 物理状态

常温下，除氯甲烷，氯乙烷，溴甲烷，氯乙烯，溴乙烯为气体外，其余常见卤代烃多为液体，C_{15}以上卤代烃为固体。

2. 沸点

卤代烃的沸点随分子中碳原子数的增加而升高。烃基相同而卤原子不同的卤代烃中，碘代烃的沸点最高，氟代烃的沸点最低。卤代烃分子中C—X键有极性，随着相对分子质量的增加和分子极性的出现，卤代烷的沸点比相应的母体烷烃高，但低于相对分子质量相同或相近的烷烃。同分异构体中，直链卤代烃沸点最高，支链数增加，沸点降低。

3. 相对密度

烷烃和烯烃的一氟和一氯代物相对密度小于1，其余卤代烃的相对密度大于1。同系列中氯乙烷的相对密度小于氯甲烷，是由于卤原子在分子中的质量分数减小的缘故。随着分子中卤原子数目的增加，化合物的相对密度增大，卤代烃的可燃性降低。

4. 溶解性

卤代烃的极性较小，且不能与水形成氢键，故不溶于水。卤代烃能溶于烃、醇、醚等有机溶剂。有些卤代烃本身就是良好的有机溶剂，如二氯甲烷、三氯甲烷及四氯化碳等。

日常生活中，多氯代烷和多氯代烯可用作干洗剂，但卤代烃毒性大，经皮肤吸收侵犯神经中枢或作用于内脏器官，从而引起中毒，所以使用卤代烃的工作场所应保持通风。

部分卤代烃的沸点和相对密度见表8-1。

表 8-1 部分卤代烃的沸点和相对密度

烃基、卤代烃	氯代物		溴代物	
	沸点/℃	密度/$10^3 kg \cdot m^{-3}$	沸点/℃	密度/$10^3 kg \cdot m^{-3}$
CH_3—	−24.2	0.906	3.56	1.676
CH_3CH_2—	12.27	0.898	38.40	1.440
$CH_3CH_2CH_2$—	46.60	0.890	71.0	1.335
$CH_3CH_2CH_2CH_2$—	78.44	0.884	101.6	1.276
$(CH_3)_2CH$—	35.74	0.627	59.38	1.223
$CH_3CH_2CHCH_3$ |	68.90	0.875	91.5	1.310
$(CH_3)_2CHCH_2$—	68.25	0.873	91.2	1.258
$(CH_3)_3C$—	52	0.842	73.25	1.222
环—C_6H_{11}—	143	1.000	166.2	1.336
$CH_2=CH$—	−13.4	0.911	15.8	1.493
$CH_2=CHCH_2$—	45	0.938	71	1.398
C_6H_5—	132	1.106	156	1.495
⬡—CH_2—	179	1.102	201	1.438
CH_2X_2	40—	1.327	97	2.490
HCX_3	62	1.483	151	2.980
CX_4	77	1.594	189.5	3.420
XCH_2CH_2X	83.5	1.235	132	2.180

第三节　卤代烃的化学性质

卤代烃的化学性质比烃活泼得多（C—X 键为强极性共价键），能发生多种反应而转变成其他类型的化合物，因此卤代烃在有机化学中具有重要的地位，在有机合成中起着"桥"的作用。

卤代烃的化学性质主要表现在官能团卤原子上，由于卤原子的电负性比碳原子大，组成 C—X 键的一对电子偏向卤原子，因此碳原子上带有部分正电荷，容易受到负离子或带有未共用电子对的分子（H_2O、NH_3）等的进攻，从而发生 C—X 键的断裂，卤原子被其他原子或基团取代。另外，卤代烃在一定条件下可发生 β-消除反应及与活泼金属反应。

一、取代反应

1. 水解

卤代烷与稀碱水溶液共热时，卤原子被羟基（—OH）取代生成醇，例如：

$$CH_3CH_2CH_2CH_2—Br + NaOH \xrightarrow{H_2O} CH_3CH_2CH_2CH_2OH + NaBr$$

碱用于中和反应中生成的氢卤酸，从而加速反应并提高醇的产率。卤代烷通常是由相应的醇制得，因此该反应只适用于制备少数结构复杂的醇。

工业上常通过上述反应制备杂醇油（戊醇的混合物）。

$$C_5H_{11}Cl + NaOH \xrightarrow[\triangle]{H_2O} C_5H_{11}OH + NaCl$$

（氯代戊烷混合物）

活泼卤代烷与水共热，卤原子也可被羟基取代，但该反应是一个可逆反应，且反应速率较慢。

$$(CH_3)_3C—Br + H—OH \longrightarrow (CH_3)_3C—OH + HBr$$

2. 氰解

卤代烷和氰化钠或氰化钾在乙醇溶液中回流时，卤原子被氰基（—CN）取代生成腈。例如：

$$CH_3CH_2CH_2CH_2Br + NaCN \xrightarrow{乙醇} CH_3CH_2CH_2CH_2CN + NaBr$$

该产物可用作有机合成原料，也可用于从苯和环己烷混合物中萃取苯。

生成产物腈（R—CN）和原料（R—X）相比，分子中增加了一个碳原子，该反应可用于增长碳链的合成。

在酸或碱的催化下，R—CN 水解首先转变成酰胺（ $R—\overset{\displaystyle O}{\overset{\|}{C}}—NH_2$ ），继续反应可生成羧酸（ $R—\overset{\displaystyle O}{\overset{\|}{C}}—OH$ ）。R—CN 用氢化铝锂还原或催化加氢均生成胺（$R—CH_2NH_2$），因此，通过卤代烷的氰解在有机合成中可制备羧酸和胺等有机化合物。

3. 氨解

卤代烷和氨在乙醇溶液或液氨作用时，卤原子被氨基（—NH_2）取代生成胺。例如：

$$CH_3CH_2CH_2CH_2-Br + NH_3 \xrightarrow{\text{乙醇}} CH_3CH_2CH_2CH_2NH_2$$

（过量）

该产物在医药工业中可作为中间体，农药工业中可制氨基甲酸酯类杀虫剂，助剂工业中可制汽油抗氧剂。

胺是重要的有机含氮化合物，该反应可用于工业中合成伯胺（RNH_2）。

4. 醇解

卤代烷与醇钠的醇溶液作用，卤原子被烷氧基（—OR）取代生成醚。例如：

$$CH_3CH_2CH_2CH_2-Br + CH_3CH_2ONa \xrightarrow{CH_3CH_2OH} CH_3CH_2CH_2CH_2OCH_2CH_3$$

$$\underset{\underset{CH_3}{|}}{\overset{\overset{CH_3}{|}}{CH_3-C-ONa}} + CH_3Br \xrightarrow{(CH_3)_3COH} \underset{\underset{CH_3}{|}}{\overset{\overset{CH_3}{|}}{CH_3-C-O-CH_3}} + NaBr$$

该产物作为四乙基铅的绿色替代产品用于车用汽油抗爆添加剂，以提高辛烷值改善汽车的行车性能，降低一氧化碳的排放量。

该反应是制备混合醚及芳香醚的方法之一，称为威廉森合成法。

上述所有取代反应所选卤代烷皆是伯卤代烷，因为用仲卤代烷或叔卤代烷进行上述反应时，两者可发生消除反应生成烯烃，从而得不到产率较高的取代物。

5. 与硝酸银-乙醇溶液反应

卤代烷和硝酸银的乙醇溶液反应，卤原子被硝酸根取代生成硝酸酯，同时有卤化银沉淀析出。例如：

$$CH_3CH_2CH_2CH_2-Cl + AgONO_2 \xrightarrow[\triangle]{\text{乙醇}} CH_3CH_2CH_2CH_2ONO_2 + AgCl\downarrow$$

$$\underset{\underset{CH_3}{|}}{\overset{\overset{CH_3}{|}}{CH_3-C-Cl}} + AgONO_2 \longrightarrow \underset{\underset{CH_3}{|}}{\overset{\overset{CH_3}{|}}{CH_3-C-ONO_2}} + AgCl\downarrow$$

反应生成硝酸酯并伴有明显实验现象（有氯化银白色沉淀析出）。

常温下，叔卤代烷立即有白色沉淀析出，仲卤代烷较慢，伯卤代烷需加热才能有沉淀析出，因此该反应可用来鉴别活性不同的卤代烃。

各种卤代烷的化学反应活性顺序为：

$$RI > RBr > RCl（烷基结构相同）$$

$$R_3C-X > R_2CH-X > RCH_2-X（烷基结构不同）$$

二、消除反应

在一定条件下，从有机化合物分子中脱去小分子（如 HX，H_2O 等），同时生成不饱和键的反应称为消除反应。

卤代烷与强碱（KOH 或 NaOH）的醇溶液共热时，卤代烷在反应中自身脱去一个小分子（卤化氢），生成烯烃。例如：

$$\underset{\underset{H}{|}}{\overset{}{CH_3-CH}}-\underset{\underset{H}{|}}{\overset{}{CH}}-Cl \xrightarrow[\triangle]{NaOH-CH_3CH_2OH} CH_3CH=CH_2 + NaCl + H_2O$$

卤代烷如 $R-\overset{\underset{\displaystyle H}{|}}{\underset{\displaystyle H}{\overset{\displaystyle H}{|}}}C-CH_2X$ 分子中，由于卤原子的吸电诱导效应影响，使得 β-H 具有一定

的酸性，在强碱试剂的进攻下容易离去。如果是 α-C—X 和 β-C—H 同时断裂，则发生卤代烷的 α,β-消除反应，简称 β-消除反应。

仲、叔卤代烷脱卤化氢进行消除反应时，因含有不同的 β-H，可得不同的烯烃。例如：

$$CH_3-\underset{\underset{\displaystyle H}{|}}{CH}-\underset{\underset{\displaystyle Br}{|}}{CH}-\underset{\underset{\displaystyle H}{|}}{CH_2} \xrightarrow[\triangle]{KOH-CH_3CH_2OH} CH_3CH=CHCH_3 + CH_3CH_2CH=CH_2$$

$$\qquad\qquad\qquad\qquad\qquad\qquad\qquad\qquad\text{2-丁烯（81\%）}\qquad\text{1-丁烯（19\%）}$$

通过大量实验，俄国化学家查依采夫（A. m. Saytzeff）总结规则如下：含多种 β-H 的卤代烷脱卤化氢时，主要从含氢较少的 β-C 上脱去氢原子，从而生成双键碳原子上连有较多取代基的烯烃。

卤代烷发生取代反应时，伴随消除反应的副反应，同时卤代烷发生消除反应时，也伴随取代反应的副反应。卤代烷的取代反应和消除反应是同时进行的竞争反应，究竟哪种反应占优势，取决于卤代烷的分子结构及反应条件。

三、与金属镁反应——生成格利雅试剂

在绝对乙醚（无水、无醇的乙醚，又称干乙醚或无水乙醚）中，卤代烃与金属镁作用生成烃基卤化镁 RMgX（属金属有机物，金属直接和碳原子相连），法国化学家格利雅（V. Grignard）首先发现该物质，故称之为格利雅试剂，简称格氏试剂。烃基卤化镁的发现及其应用，对有机合成化学的发展起到了推动作用，为此 1912 年格利雅获得了诺贝尔化学奖。

$$CH_3CH_2Br + Mg \xrightarrow{\text{无水乙醚}} CH_3CH_2MgBr$$

$$\qquad\qquad\qquad\qquad\qquad\qquad\qquad\text{乙基溴化镁}$$

格氏试剂中 $\overset{\delta^-}{C}-\overset{\delta^+}{Mg}$ 键为强极性共价键，烃基具有明显的碳负离子性质，因此格氏试剂可与醛、酮及二氧化碳等进行加成反应，同时也可被水、醇、氨及末端炔烃分解成烃。格氏试剂在有机合成中有着广泛的应用，可以用来合成醇、羧酸及烃等有机化合物。

第四节　卤代烯烃和卤代芳烃

一、卤代烯烃和卤代芳烃的分类

由于卤原子与双键碳原子或芳环的相对位置不同，可将卤代烯烃和卤代芳烃分为三种类型，其中隔离型（卤原子与不饱和碳原子之间相隔两个或两个以上饱和碳原子）与卤代烷相似，活性介于烯丙型和乙烯型卤代烃之间。

1. 乙烯型、苯基型卤代烃

卤原子与双键碳直接相连或直接连在芳环上称为乙烯型、苯基型卤代烃。例如：

$$CH_3CH{=}CHCl$$

2. 烯丙型、苄基型卤代烃

卤原子所连碳处于双键或苯环的 α 位，则称为烯丙型、苄基型卤代烃。

$$CH_2{=}CHCH_2Cl$$

二、乙烯型和烯丙型卤代烃反应活性比较

不同类型的卤代烃中，由于卤原子与双键或苯环的相对位置不同，相互影响也不同，因此化学反应活性有很大差异。通过上述反应条件及反应产物的对比，得出结论为烯丙型卤代烃的反应活性大于乙烯型卤代烃。

第五节　卤代烃的制备

自然界存在的含卤有机物数目甚少，绝大多数的卤代物都是人工合成的。

一、烃的卤代

1. 烷烃的卤代

$$CH_4 \xrightarrow[380\sim420℃]{Cl_2} CH_3Cl + CH_2Cl_2 + CHCl_3 + CCl_4$$

上述反应可制备卤代烃的混合物，在工业上常常通过烷烃氯代得到各种异构体的混合物，直接将它们作为溶剂使用。此反应只适用于制备少数卤代烷。

环己基氯可作为医药、农药合成中间体。

烷烃光照卤代适用于对称烷烃的反应，否则副产物较多。

2. 烯烃或芳烃中的 α-H 卤代

$$CH_2{=}CHCH_3 + Cl_2 \xrightarrow{350\sim450℃} CH_2{=}CHCH_2Cl + HCl$$

3-氯丙烯

3-氯丙烯是合成甘油、环氧氯丙烷、丙烯醇的中间体，也可作为农药、医药、合成树

脂、涂料、香精等精细化学品的原料。

$$\text{—CH}_3 + \text{Cl}_2 \xrightarrow{h\nu} \text{—CH}_2\text{Cl} + \text{HCl}$$

二、由醇制备

醇相对廉价易得，故由醇制备卤代烃是工业生产及实验室中最常用的方法。

$$\text{CH}_3\text{CH(OH)CH}_3 + \text{HCl} \xrightarrow{\text{ZnCl}_2} \text{CH}_3\text{CHClCH}_3 + \text{H}_2\text{O}$$
异丙醇

该产物为有机合成原料，可制农药除草剂，也可用作溶剂。

$$n\text{-C}_{12}\text{H}_{25}\text{OH} + \text{HBr} \xrightarrow{90\sim95℃} n\text{-C}_{12}\text{H}_{25}\text{Br} + \text{H}_2\text{O}$$
月桂醇

该产物可用于合成阻燃剂及表面活性剂十二烷基二甲基苄基氯化铵。

$$\text{HO(CH}_2)_6\text{OH} \xrightarrow{\text{HBr}} \text{Br(CH}_2)_6\text{Br}$$

该产物在制药工业用于制降压药六甲溴胺，在香料工业用于合成鸡肉味香料。

$$\text{CH}_3\text{CH}_2\text{CH(CH}_3)\text{OH} + \text{SOCl}_2 \xrightarrow{\text{吡啶}} \text{CH}_3\text{CH}_2\text{CH(CH}_3)\text{Cl} + \text{SO}_2\uparrow + \text{HCl}\uparrow$$

该产物可用于制备医药、增塑剂、杀虫剂等，也可用作溶剂、脱蜡剂。

三、不饱和烃的加成

$$\text{CH}_3\text{CH}=\text{CH}_2 + \text{HCl} \longrightarrow \text{CH}_3\overset{|}{\underset{\text{Cl}}{\text{C}}}\text{HCH}_3$$

$$\text{CH}_2=\text{CH—CH}_3 + \text{HBr} \xrightarrow{\text{过氧化物}} \text{CH}_2\overset{}{—}\text{CH}_2\overset{}{—}\text{CH}_3 \quad (\text{Br})$$

该产物可用于医药、农药、染料、香料的合成，还可用作格氏试剂的原料。

$$\text{CH}_3\text{CH}=\text{CH}_2 + \text{Cl}_2 \longrightarrow \text{CH}_3\overset{|}{\underset{\text{Cl}}{\text{C}}}\text{HCH}_2\text{Cl}$$

该产物用于合成洗涤剂、树脂、农药（杀线虫剂）的原料，也可用作油脂溶剂。

$$\text{CH}{\equiv}\text{CH} + \text{HCl} \xrightarrow[170\sim190℃]{\text{HgCl}_2} \text{CH}_2=\text{CHCl}$$

上述反应可制备一卤代烃或多卤代烃。卤素和烯烃的加成是实验室和工业上制备邻二卤代物的常用方法。

第六节　重要的卤代烃

一、三氯甲烷

三氯甲烷（CHCl₃）俗称氯仿，是有特殊甜味的无色液体，沸点 61.2℃，微溶于水，能与醇、苯、醚、石油醚、四氯化碳和油类混溶。三氯甲烷易挥发而不易燃。

工业上氯仿的生产可采用甲烷氯化法、乙醛漂白粉法等。

$$CH_4 + 3Cl_2 \longrightarrow CHCl_3 + 3HCl$$

$$CH_3CHO \xrightarrow{Ca(ClO)_2} CHCl_3$$

三氯甲烷可用于生产氟里昂-22、染料和药物。在医学上，曾被用作麻醉剂，但其对人的肝脏有毒害作用，现已很少使用。三氯甲烷可用作抗生素、香料、油脂、树脂、橡胶的溶剂和萃取剂，工业产品通常加有少量乙醇作为稳定剂，使生成的光气（常温下氯仿通过光照

与空气中的氧气反应，生成剧毒的光气 $\begin{smallmatrix} Cl \\ \diagdown \\ \diagup \\ Cl \end{smallmatrix} C{=}O$ ）与乙醇作用生成无毒的碳酸二乙酯。

二、四氯化碳

四氯化碳（CCl_4）又称四氯甲烷，是无色透明的易挥发性液体，具有特别的、无刺激性的气味，沸点 76.8℃，微溶于水，能与乙醇、乙醚、氯仿、苯等有机溶剂互溶。不燃烧，性质稳定。

工业上四氯化碳的生产可采用甲烷热氯化法。

四氯化碳以前用作金属清洗剂、织物干洗剂、熏蒸剂、灭火剂等，由于其毒性大，这些方面的应用已经被停止。四氯化碳在实验室中的使用被认为是最重要的，实验室中用它作为萃取剂、色谱的溶剂。

三、氯乙烯

氯乙烯是无色而具有乙醚香味的气体，沸点 −13.9℃，微溶于水，易溶于丙酮、乙醇和烃类。氯乙烯容易燃烧，与空气能形成爆炸混合物，爆炸极限为 3.6%～26.4%。

工业生产方法主要有乙炔法、烯炔法、乙烯直接氯化法、氧氯化法等。国外以氧氯化法为主，这些年国内的氧氯化法也加快了发展脚步。氧氯化法如下。

$$CH_2{=}CH_2 + 2HCl + \frac{1}{2}O_2 \xrightarrow[215\sim300℃,\ 0.34\sim0.59MPa]{CuCl_2} CH_2Cl{-}CH_2Cl + H_2O$$

$$CH_2Cl{-}CH_2Cl \xrightarrow[470\sim650℃,\ 1.47\sim3.92MPa]{稀土金属氯化物} CH_2{=}CHCl + HCl$$

氯乙烯容易聚合生成聚氯乙烯。

$$n CH_2{=}CHCl \xrightarrow[40\sim80℃,\ 0.63\sim1.5MPa]{偶氮二异丁腈} {\left[\!\!\begin{array}{c} CH_2{-}CH \\ | \\ Cl \end{array}\!\!\right]}_n$$

聚氯乙烯对酸、碱、盐、氧化剂、还原剂均稳定，对光和热的稳定性较差，电绝缘性和力学性能较好，具有自熄性。

氯乙烯是塑料工业的重要原料，主要用于生产聚氯乙烯树脂。它也能与 1,1-二氯乙烯、丁二烯、丙烯腈、醋酸乙烯和丙烯酸甲酯共聚，生成聚合物。另外氯乙烯还可用作化工原料制备 1,1,2-三氯乙烷，可用作橡胶及醋酸纤维等的溶剂，染料、香料的萃取剂等。

四、氯苯

氯苯又名氯化苯，为无色有挥发性的液体，沸点 131.5℃，不溶于水，可溶于乙醇、乙

醚、氯仿和苯等有机溶剂。

工业生产主要采用苯液相氯化法。

$$\text{苯} + Cl_2 \xrightarrow{FeCl_3} \text{苯—Cl} + HCl$$

氯苯是一种重要的基本有机合成原料，主要用于合成硝基氯苯、二硝基氯苯、硝基苯酚、硝基苯甲醚等中间体，用于生产染料、农药、医药及其他产品。另外，氯苯也大量用作溶剂，用于油漆、干洗剂的生产。

五、氯化苄

氯化苄又名氯苄、苄基氯，是无色有强烈刺激性气味的液体，沸点 197℃，不溶于水，溶于乙醇、乙醚、氯仿等有机溶剂。

工业生产主要采用甲苯连续光氯化法。

$$\text{苯—CH}_3 + Cl_2 \xrightarrow[100\sim120℃]{\text{光}} \text{苯—CH}_2Cl$$

氯化苄作为有机合成中间体，广泛用于农药、医药、染料、香料以及表面活性剂等行业。农药行业可生产稻瘟净、杀虫剂 PAP 等，医药行业可生产苄基乙胺、苄基酚等，染料行业可生产 N-甲基苄基胺、苄胺等，香料行业可生产苄基醇、甲酸苄酯、乙酸苄酚、肉桂酸苄酯等，表面活性剂行业可生产阳离子表面活性剂季铵盐类，如苄基二甲基氯化铵、苄基三乙基氯化铵等。

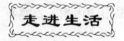

多溴联苯醚及其环境行为

持久性有机污染物（POPs）是一类化学物质，这类化学物质可以在环境里长期存留，可以在全球广泛分布，它可以通过食物链蓄积，逐级地传递，进入到有机体的脂肪组织里聚积，最终会对生物体产生不利的影响。2001 年联合国在斯德哥尔摩会议上通过了《斯德哥尔摩公约》，对 12 种持久性有机污染物给予限制或禁止生产和使用。2009 年 5 月 8 日，《斯德哥尔摩公约》新增加 9 种持久性污染物。二噁英类化合物（PCDD/Fs）和多氯联苯类化合物（PCBs）都是原 12 种有机污染物之一，多溴联苯醚类化合物（PBDEs）是 2009 年新增加的有机污染物。

多溴联苯醚（PBDEs）是一系列含溴原子的芳香族化合物，其化学结构与多氯联苯（PCBs）类似，命名规则也一样，根据苯环上溴原子个数和位置的不同，共有 209 种同系物。多溴联苯醚高温分解产生溴原子，溴原子是强还原剂，可以捕获·OH 和 O· 等燃烧反应的核心游离基，从而达到阻燃灭火的目的。另外，PBDEs 在高温下分解出密度较大的不燃烧气体而产生覆盖作用，从而隔绝或稀释了空气，达到阻燃灭火的目的。

作为一种重要的溴代阻燃剂，PBDEs 已被广泛添加于纺织材料、家具、塑料制品以及电子线路板和建筑材料等生产、生活产品中。市场上的 PBDEs 产品主要由五溴、八溴和十溴联苯醚混合物组成。其中十溴联苯醚的使用最为广泛，从 20 世纪 80 年代开始，十溴联苯醚已成为我国产量最大的含溴阻燃剂。PBDEs 的使用方式是直接添加混合，通常不与其他材料发生化学键结合，因此当含 PBDEs 的物质在生产、使用或销毁处理时，PBDEs 就很容易渗出或进入空气，并扩散到其他环境介质中。随着 PBDEs 的大量使用，其造成的环境污染也日益严重。迄今已在土壤、空气、底泥等各种环境介质以及生物体中发现了 PBDEs 污染。而且 PBDEs 亲脂性强、化学性质稳定、不易降解，可以随着食物链生物富集和放大，还能通过母乳、胎盘、脐带血转移到下一代的体内。

1. 空气中的 PBDEs

作为添加型阻燃剂，PBDEs 在其生产、运输和作为阻燃剂添加到化工产品的生产过程，以及在废弃物的存放、处理和处置过程中，不可避免地通过各种途径进入空气环境中。此外，废弃物的焚烧也是 PBDEs 进入大气的重要途径之一。

2. 土壤中的 PBDEs

土壤具有较强的吸附能力，作为 PBDEs 较大的"汇"之一，土壤对 PBDEs 的时空分布和地球化学循环过程起着非常重要的作用。含 PBDEs 的各种电子垃圾的非法拆卸和长期露天堆放，导致其中的 PBDEs 可以通过挥发和沉降等过程进入土壤，也可以随降水和地表径流渗入土壤。

3. 水环境中的 PBDEs

生产 PBDEs 和使用 PBDEs 作为阻燃剂的工厂是最明显的 PBDEs 释放源，如阻燃聚合产品生产厂、塑料制品厂等。另外，污水处理厂也是 PBDEs 进入环境中的一个释放源。

4. 生物体内的 PBDEs

1981 年在瑞典的鱼类中首次发现了 PBDEs。2001 年美国弗吉尼亚州淡水鱼中 PBDEs 的含量达 47000ng/g。

5. 人体内的 PBDEs

PBDEs 可以通过饮食、呼吸和皮肤吸收进入到人体，污染地区的水生物是人体 PBDEs 污染的一个主要来源，而对于婴儿而言，母乳是最主要的污染来源。许多人体样品，包括母乳、血液、头发里面都检测到了 PBDEs 的存在。

由于 PBDEs 在环境和人体中的浓度普遍呈增长趋势，同时更多的研究表明了 PBDEs 的危害作用，因此采取有效的措施进行控制是非常必要的。目前大部分的研究都集中在 PBDEs 的危害作用、影响和发展趋势方面，处理方法的研究还很欠缺，同时又由于溴系阻燃剂的良好性能以及寻找代用品比较困难，故迄今为止只有少数国家明文禁止或限用溴系阻燃剂。

同其他 POPs 类物质一样，PBDEs 属于难生物降解物质，在环境中具有持久性，研究该类物质的降解途径和有效的降解方法是未来的重点研究方向之一。

习　题

1. 命名下列化合物

(1) $CH_3-\overset{\overset{\displaystyle CH_3}{|}}{\underset{\underset{\displaystyle CH_3}{|}}{C}}-CH_2Br$　　　(2) 　　　(3)

(4)　$(CH_3)_2C=CHCH_2Cl$　　(5) 　　(6)

(7) 　　(8)　$CH_3C≡CCH(CH_3)CH_2Cl$

2. 写出下列化合物的构造式

   (1) 异戊基溴　　　　　(2) 叔丁基溴　　　　(3) 烯丙基氯

   (4) 1-溴-2-碘环丁烯　　(5) 4-氯异丙苯　　　(6) 4-甲基-5-氯-2-戊烯

   (7) 2-甲基-2-溴丁烷　　(8) 丙烯基溴

3. 比较下列化合物与硝酸银的醇溶液的反应活性

   (1)　$CH_3CHCH_2CH_2Br$　　　$CH_3CHCHCH_3$　　　$CH_3CH_2CCH_3$
           $|$　　　　　　　　　$|$　$|$　　　　　　$|$
          CH_3　　　　　　　CH_3　Br　　　　　Br　CH_3

   (2)

4. 用化学方法鉴别下列各组化合物

   (1) 1-氯丙烷　　　　　　2-氯丙烯　　　　　　3-氯丙烯

   (2)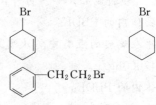

   (3)

5. 选择合适的原料制取乙基叔丁基醚，并说明理由。

6. 完成下列反应式

   (1)　$CH_3CH_2CH_2Cl + NaC≡CH \longrightarrow ? \xrightarrow[H_2O]{Hg^{2+}} ?$

   (2)　$CH_3CH_2CH=CH_2 + HBr \xrightarrow{过氧化物} ? \xrightarrow[无水乙醚]{Mg} ? \xrightarrow{H_2O} ?$

   (3)　$CH_3CH-CHCH_3 \xrightarrow[\triangle]{KOH/乙醇} ? \xrightarrow{Br_2} ? \xrightarrow[液氨]{NaNH_2} ?$
         $|$　$|$
       CH_3　Cl

   (4)　△ $\xrightarrow{HBr} ? \xrightarrow{NaCN} ?$

   (5)　$CH_3CHCH_3 \xrightarrow{?} CH_3CHCH_3$
         $|$　　　　　　　　$|$
       OH　　　　　　　Br

   (6)　$CH_3CH_2CH_2Br + CH_3CH_2ONa \xrightarrow{乙醇} ?$

   (7)　$\begin{array}{l} CH=CHBr \\ CH_2Br \end{array} \xrightarrow{NaOH/H_2O} ?$

   (8)　$CH_3CH=CH_2 \xrightarrow{?} CH_2CH=CH_2 \xrightarrow{NH_3} ?$
                      $|$
                     Cl

(9) $\xrightarrow[h\nu]{Cl_2}$? $\xrightarrow{NaCN}$? $\xrightarrow{H_2O/H^+}$?

7. 完成下列转变

(1) 1-溴丙烷 $\longrightarrow$ $CH_3CH_2CH_2OCH_2CH_2CH_3$

(2) 丙烯 $\longrightarrow$ $CH_2{=}CHCH_2OH$

(3) 丙烯 $\longrightarrow$ $\underset{\underset{Cl}{\vert}}{CH_2}\underset{\underset{Br}{\vert}}{CH}\underset{\underset{Br}{\vert}}{CH_2}$

(4) 2-氯丙烷 $\longrightarrow$ $CH_2{=}CHCH_2Br$

(5) 2-氯丙烷 $\longrightarrow$ $CH_3CH_2CH_2Br$

8. 卤代烃 A（C_3H_7Br）与热浓 KOH 乙醇溶液作用生成烯烃 B（C_3H_6）。氧化 B 得到两个碳的酸 C 和 CO_2。B 与 HBr 作用生成 A 的异构体 D。写出 A、B、C 和 D 的构造式。

9. 有两种同分异构体 A 和 B，分子式都是 $C_6H_{11}Cl$，都不溶于浓硫酸。A 脱氯化氢生成 C（C_6H_{10}）。C 被高锰酸钾氧化生成 $HOOC(CH_2)_4COOH$；B 脱氯化氢生成分子式相同的 D（主要产物）和 E（次要产物），用高锰酸钾氧化 D 生成 $CH_3\overset{O}{\overset{\|}{C}}CH_2CH_2CH_2COOH$，用高锰酸钾氧化 E 生成唯一的有机化合物环戊酮（）。写出 A 和 B 的构造式及各步反应式。

10. 某烃 A 的分子式为 C_4H_8，A 在常温下与 Cl_2 作用生成 B($C_4H_8Cl_2$)，在高温下作用则生成 C(C_4H_7Cl)，C 与 NaOH 水溶液作用生成 D(C_4H_7OH)，C 与热浓 KOH 乙醇溶液作用生成 E(C_4H_6)，E 能与

反应生成 F($C_8H_8O_3$) 写出 A、B、C、D、E、F 的结构式及各步反应方程式。

11. 有 A、B 两种溴代烃，分别与 NaOH-乙醇溶液作用生成分子式为 C_4H_8 的两种同分异构体 C 和 D。C 氧化生成 CH_3CH_2COOH 和 CO_2，D 氧化生成 $CH_3\overset{O}{\overset{\|}{C}}CH_3$ 和 CO_2。试推断 A、B、C、D 的构造式。

第九章　醇、酚、醚

醇、酚、醚都是烃的含氧衍生物。醇、酚、醚可以看作是水分子中的氢原子被烃基取代后的生成物。水分子中的一个氢原子被脂肪烃基取代的是醇（R—OH），被芳香基取代的是酚（Ar—OH），两个氢原子都被烃基取代的生成物是醚（R—O—R′、Ar—O—R、Ar—O—Ar′）。

第一节　醇

烃分子中的氢原子被羟基（—OH）取代后的化合物称为醇，羟基是醇的官能团。

一、醇的分类、命名

1. 醇的分类

根据醇分子中与羟基相连烃基种类的不同，醇可分为脂肪醇、脂环醇、芳醇（羟基连在芳烃侧链上的醇）。脂肪醇又可根据烃基是否饱和分为饱和醇、不饱和醇。例如：

$$CH_3—CH_2—CH_2OH \qquad CH_2=CHCH_2OH$$

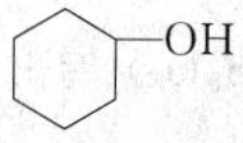

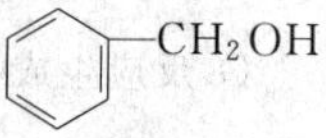

饱和醇（脂肪醇）　　　不饱和醇（脂肪醇）　　　脂环醇　　　　　芳醇

根据与羟基直接相连碳原子类型的不同，可将醇分为伯醇（一级醇）、仲醇（二级醇）和叔醇（三级醇）。例如：

$$CH_3CH_2CH_2CH_2OH$$

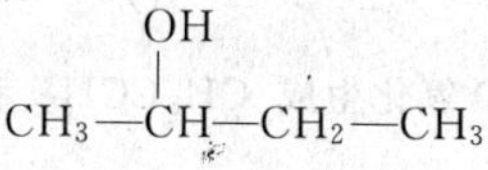

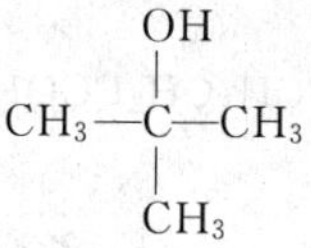

伯醇　　　　　　　　仲醇　　　　　　　　叔醇

根据分子中含有羟基数目的不同，可将醇分为一元醇、二元醇、三元醇等。二元和三元以上的醇，统称为多元醇。例如：

$$CH_3—CH_2—CH_2OH$$

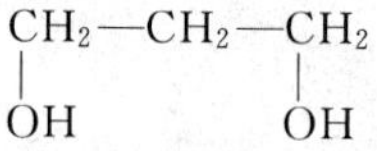

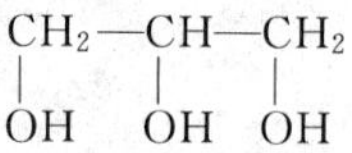

一元醇　　　　　　　二元醇　　　　　　　三元醇

2. 醇的命名

（1）习惯命名法

简单的醇可用习惯命名法命名，即根据羟基所连烃基的名称将其命名。例如：

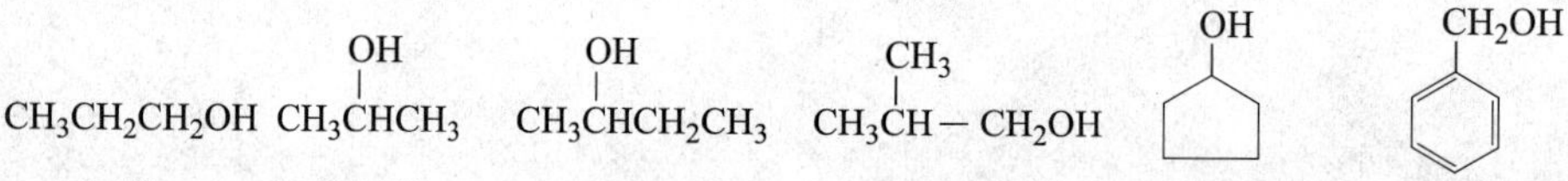

$$CH_3CH_2CH_2OH \quad CH_3CHCH_3 \quad CH_3CHCH_2CH_3 \quad CH_3CH—CH_2OH$$

正丙醇　　　　异丙醇　　　　仲丁醇　　　　异丁醇　　　　环戊醇　　　苯甲醇(苄醇)

（2）系统命名法

结构复杂的醇可用系统命名法命名，即选择连有羟基的最长碳链作为主链，根据主链所含碳原子数目称为"某醇"，支链作为取代基，从靠近羟基一端将主链碳原子编号，取代基位次、数量、名称及羟基位次依次写在"某醇"前。例如：

$$CH_3CH_2CH_2OH$$

$$CH_3\overset{\overset{\displaystyle CH_3}{|}}{CH}-CH_2OH$$

$$CH_3-\overset{\overset{\displaystyle CH_3}{|}}{\underset{\underset{\displaystyle CH_3}{|}}{CH}}-\overset{\overset{\displaystyle OH}{|}}{C}-CH_2-CH_3$$

　　　1-丙醇　　　　　　　　　　2-甲基-1-丙醇　　　　　　　2，3-二甲基-3-戊醇

不饱和醇命名时，应选择既连有羟基又含有不饱和键的最长碳链做主链，从靠近羟基端将主链碳原子编号，命名为"某烯醇"或"某炔醇"，羟基位次标在"醇"字前。例如：

$$CH_2=\overset{\overset{\displaystyle CH_3}{|}}{C}CH_2OH$$

$$CH\equiv C-CH_2OH$$

　　2-甲基-2-丙烯-1-醇　　　　　　　　　　　　2-丙炔-1-醇

芳醇命名时，需将芳环看作取代基。例如：

⬡—CH_2—CH_2OH　　　　　　⬡—$CH=CHCH_2OH$

　　　2-苯基乙醇　　　　　　　　　　　　　3-苯基-2-丙烯-1-醇

二、醇的物理性质

1. 物理状态

在常温下，饱和一元醇是无色液体或固体。C_4 以下的醇是挥发性液体，$C_5 \sim C_{11}$ 醇是油状液体，C_{12} 以上醇是固体。

2. 沸点

饱和一元醇的沸点比相对分子质量相近的烃的沸点高。由于液态醇分子间存在氢键，因此液态醇气化需要供给额外能量以使氢键断裂。醇形成分子间氢键的能力，随烃基所含碳原子数目增加而降低。醇的同分异构体中，直链醇比含支链醇的沸点高，含支链越多的醇，沸点越低。

3. 溶解性

C_3 以下的醇能以任何比例与水混溶；C_4 以上的醇在水中的溶解度显著降低；C_{10} 以上的醇不溶于水。一般规律是，醇分子中羟基越多，烃基越小，其水溶性越大。

4. 生成结晶醇

低级醇能和一些无机盐（如 $MgCl_2$、$CaCl_2$、$CuSO_4$ 等）形成结晶状的分子化合物，称为结晶醇（例如 $MgCl_2 \cdot 6CH_3OH$、$CaCl_2 \cdot 4CH_3OH$、$CaCl_2 \cdot 3C_2H_5OH$）。结晶醇不溶于有机溶剂而溶于水。

常见醇的名称及物理常数见表 9-1。

表 9-1　常见醇的名称及物理常数

名称	熔点/℃	沸点/℃	密度(20℃)/$10^3\,kg\cdot m^{-3}$	水溶性/$g\cdot(100g)^{-1}H_2O$
甲醇	−97.9	65.0	0.7914	∞
乙醇	−114.7	78.5	0.7893	∞
正丙醇	−126.5	97.4	0.8035	∞
异丙醇	−89.5	82.4	0.7855	∞
正丁醇	−89.5	117.3	0.8098	8.0
异丁醇	−108.0	108.0	0.8021	10.0
仲丁醇	−114.7	99.5	0.8063	12.5
叔丁醇	25.5	82.2	0.7887	∞
正戊醇	−79.0	138.0	0.8144	2.2
正己醇	−46.7	158	0.8136	0.7
环己醇	25.2	161.5	0.9684	3.6
烯丙醇	−129	97	0.8550	∞
苯甲醇	−15	205	1.0460	4.0
乙二醇	−11.5	198	1.1132	∞
丙三醇	18	290.0	1.2613	∞

三、醇的化学性质

羟基是醇的官能团，醇的化学性质主要由羟基决定。由于羟基中氧原子的电负性大于碳原子和氢原子，致使 C—O 键和 O—H 键皆表现为强极性共价键，所以醇中 O—H 键和 C—O 键的断裂是醇主要的反应。

1. 醇的酸碱性

（1）醇的酸性

醇和水相似，属弱酸，因此只能与钠、钾、镁、铝等活泼金属反应生成醇金属盐。

例如：

$$CH_3CH_2O{-}H + Na \longrightarrow CH_3CH_2ONa + \frac{1}{2}H_2$$

乙醇钠

$$3\,(CH_3)_2CHO{-}H + Al \longrightarrow (CH_3{-}\underset{\underset{CH_3}{|}}{CH}{-}O)_3Al + \frac{3}{2}H_2$$

异丙醇铝

上述反应伴有明显实验现象（有氢气放出），可用于 C_6 以下低级醇的鉴别。

醇与金属钠反应较水与金属钠反应温和许多，说明醇的酸性比水弱。醇的酸性比水弱也决定了其共轭碱——烷氧负离子（RO⁻）的碱性比 OH⁻ 强，所以醇盐遇水会分解为醇。

$$CH_3CH_2ONa + H_2O \Longrightarrow CH_3CH_2OH + NaOH$$

工业上制备乙醇钠就是利用上述平衡，通过加入苯共沸移去反应体系中产生的水而实现的。在有机合成中，醇钠可用作强碱或烷氧基化试剂。

随着醇分子中 α-C 上的烷基增多，醇的酸性减弱，所以各种低级醇与金属钠的反应活性是：

$$甲醇 > 伯醇 > 仲醇 > 叔醇$$

醇的酸性比末端炔烃、氨及相应的烷烃的酸性强。

（2）醇的碱性

醇羟基的氧原子上有孤对电子，可接受质子形成锌盐（质子化醇），因此醇也具有碱性。锌盐的形成使醇在反应中形成好的离去基团，从而容易发生取代和消除（脱水）反应。

$$CH_3CH_2OH + HI \rightleftharpoons CH_3CH_2\overset{+}{\underset{H}{O}}H + I^-$$

$$CH_3CH_2OH + H_2SO_4 \rightleftharpoons CH_3CH_2\overset{+}{\underset{H}{O}}H + HSO_4^-$$

2. 羟基被卤原子取代的反应

（1）与氢卤酸反应

醇与氢卤酸反应，R—OH 中 C—O 键断裂，羟基被卤素原子取代，生成卤代烃。

$$CH_3CH_2CH_2CH_2OH \xrightarrow[回流]{NaBr-H_2SO_4（浓）} CH_3CH_2CH_2CH_2Br + H_2O$$

卤代烃可作为医药、染料和香料中间体。

醇与氢卤酸反应是制备卤代烃的重要方法之一，反应速率与氢卤酸的种类及醇的结构有关。反应活性次序为：

$$HI > HBr > HCl$$

$$烯丙醇、苄醇 > 叔醇 > 仲醇 > 伯醇$$

$$（注意和钠反应活性的区别）$$

利用不同结构的醇与卢卡斯试剂〔无水氯化锌（脱水剂和催化剂）的浓盐酸溶液〕的反应速率不同，可以鉴别 C_6 以下的伯、仲、叔醇。例如：

$$CH_3CH_2CH_2CH_2OH \xrightarrow[室温，1h]{无水\ ZnCl_2-HCl} 不反应 \xrightarrow{\triangle} CH_3CH_2CH_2CH_2Cl + H_2O$$

$$（无现象）\qquad（浑浊或分层）$$

$$CH_3\underset{OH}{\overset{|}{C}}HCH_2CH_3 \xrightarrow[室温，10min]{无水\ ZnCl_2-HCl} CH_3\underset{Cl}{\overset{|}{C}}HCH_2CH_3 + H_2O$$

$$（浑浊或分层）$$

$$H_3C\underset{\underset{CH_3}{|}}{\overset{\overset{OH}{|}}{C}}CH_3 \xrightarrow[室温，1min]{无水\ ZnCl_2-HCl} CH_3\underset{\underset{CH_3}{|}}{\overset{\overset{Cl}{|}}{C}}CH_3 + H_2O$$

$$（浑浊或分层）$$

C_6 以下低级一元醇溶于卢卡斯试剂（可形成锌盐），但生成的氯代烃都不溶，所以反应液会出现浑浊或分层。

（2）与 PX_3、PX_5、$SOCl_2$ 反应

有机合成中也可用醇与三卤化磷、五卤化磷或亚硫酰氯反应制备卤代烃。例如：

$$\underset{OH}{\underset{|}{CH_3CHCHCH_3}} + PBr_3 \longrightarrow \underset{Br}{\underset{|}{CH_3CHCHCH_3}} + H_3PO_3$$

（各含 CH_3 取代基）

三卤化磷常用于制备溴代烃。

$$CH_3CH_2CH_2CH_2OH + SOCl_2 \longrightarrow CH_3CH_2CH_2CH_2Cl + SO_2\uparrow + HCl\uparrow$$

亚硫酰氯和醇反应是制备氯代烃的最常用的方法。

上述反应通常具有反应速率快、条件温和、产率较高的特点。

3. 酯化反应

醇和无机含氧酸或有机酸作用，分子间脱水生成酯的反应称为酯化反应。

（1）硫酸酯的生成

$$CH_3OH + HOSO_2OH \Longrightarrow CH_3OSO_2OH + H_2O$$

硫酸氢甲酯

$$2CH_3OSO_2OH \xrightarrow{减压蒸馏} (CH_3O)_2SO_2$$

硫酸二甲酯

该产物在工业中可用作甲基化剂（剧毒），也可用于农药、染料、医药的合成。

$$CH_3(CH_2)_{11}OH + HOSO_2OH \xrightarrow{40\sim50℃} CH_3(CH_2)_{11}OSO_2OH \xrightarrow{30\%NaOH} CH_3(CH_2)_{11}OSO_2ONa$$

十二烷基硫酸钠

十二烷基硫酸钠是阴离子表面活性剂的代表，具有良好的乳化、发泡、渗透、去污和分散性能，广泛应用于化妆品、洗涤剂、纺织、建材、制药、造纸及采油等行业。

（2）硝酸酯的生成

$$\underset{CH_2-OH}{\overset{CH_2-OH}{\underset{|}{\overset{|}{CH-OH}}}} + 3HNO_3 \xrightarrow[10℃]{H_2SO_4} \underset{CH_2-ONO_2}{\overset{CH_2-ONO_2}{\underset{|}{\overset{|}{CH-ONO_2}}}} + 3H_2O$$

三硝酸甘油酯

三硝酸甘油酯俗称硝化甘油，可做炸药，医药上亦可作为治疗心绞痛的药物。

（3）羧酸酯的生成

$$CH_3COOH + CH_3CH_2CH_2OH \xrightarrow{H_2SO_4} CH_3COOC_3H_7$$

乙酸丙酯

该产物的天然品存在于香蕉、番茄中，可配制梨、栗等型香精。

4. 脱水反应

在醇分子中，由于羟基的吸电子诱导效应使得 β-C—H 极性增强，因此在质子酸（如 H_2SO_4，H_3PO_4）或路易斯酸的催化作用下，醇容易发生分子内脱水反应。例如：

$$\underset{H}{\overset{\beta\text{-}C}{\underset{|}{CH_2}}}\underset{OH}{\overset{\alpha\text{-}C}{\underset{|}{CH_2}}} \xrightarrow[\text{或 }Al_2O_3,\ 360℃]{浓\ H_2SO_4,\ 170℃} CH_2{=}CH_2$$

$$\underset{H\ \ OHH}{\overset{\beta\text{-}C\ \ \beta\text{-}C}{CH_3CHCHCH_2}} \xrightarrow[100℃]{60\%H_2SO_4} CH_3CH{=}CHCH_3 + CH_3CH_2CH{=}CH_2$$

（主要产物）   （次要产物）

醇的分子内脱水属于消除反应，与卤代烃脱卤化氢的反应类型相同。当分子中含有不同

的 β-H 时，产物一般遵循查依采夫规则，主要生成碳碳双键上烃基较多的稳定烯烃。

$$CH_3-\underset{\underset{CH_3}{|}}{\overset{\overset{CH_3}{|}}{C}}-OH \xrightarrow[85\sim90℃]{20\%H_2SO_4} CH_3C=CH_2$$
$$\underset{CH_3}{|}$$

通过上述各反应的条件对比可知不同类型的醇发生分子内脱水反应活性次序为：

$$叔醇 > 仲醇 > 伯醇$$

反应温度是影响醇脱水反应的另一因素，低温有利于醇发生分子间脱水生成醚。由于 β-C—H 的极性较 O—H 键的极性要小得多，β-H 的离去要比羟基氢的离去困难，所以醇分子间脱水较分子内脱水容易，表现在反应条件上即是分子间脱水的温度较低。

$$CH_3CH_2-OH + HO-CH_2CH_3 \xrightarrow[\text{或 } Al_2O_3，240℃]{\text{浓 } H_2SO_4，140℃} CH_3CH_2OCH_2CH_3$$
乙醚

脱水的方式不仅与反应条件有关，同时与醇的结构有关。伯醇与浓硫酸共热可得醚，叔醇只能得到烯烃。

在合成中可利用醇的分子间脱水制备单醚，但不能用于制备芳醚。

5. 氧化和脱氢

伯醇和仲醇分子中，都连有 α-H，受羟基影响 α-C—H 键极性增强，α-H 活性较大，可以被多种试剂氧化，生成羰基化合物。常用的氧化剂有 $K_2Cr_2O_7/H_2SO_4$、$CrO_3/HOAc$、$KMnO_4$ 碱溶液等。

伯醇与氧化剂作用首先生成醛，醛可进一步氧化生成羧酸。例如：

$$CH_3CH_2CH_2CH_2OH \xrightarrow{K_2Cr_2O_7/H_2SO_4} CH_3CH_2CH_2CHO \xrightarrow{K_2Cr_2O_7/H_2SO_4} CH_3CH_2CH_2COOH$$
$$\quad\text{b. p. }117.7℃ \qquad\qquad\qquad \text{b. p. }75.7℃$$

通过比较沸点可以发现，醛的沸点比相应的醇的沸点低很多，因此为避免醛进一步氧化，可将生成的低沸点醛通过蒸馏的方法使其从反应体系中分离出来，从而得到较高产率的醛。工业上常用此方法制备低级醛。

仲醇与氧化剂作用生成酮。酮较稳定，一般不再继续被氧化，但当使用强氧化剂时，酮还可继续被氧化生成羧酸。例如：

$$C_2H_5\underset{\underset{}{|}}{\overset{\overset{OH}{|}}{C}}HC_2H_5 \xrightarrow[90℃]{Na_2Cr_2O_7/H_2SO_4} C_2H_5\overset{\overset{O}{||}}{C}C_2H_5$$

$$\text{〇}-OH \xrightarrow{K_2Cr_2O_7/H_2SO_4} \text{〇}=O \xrightarrow{KMnO_4} \underset{\underset{CH_2CH_2COOH}{|}}{\overset{\overset{CH_2CH_2COOH}{|}}{}}$$

该产物可生产尼龙 66 盐、塑料增塑剂、合成润滑剂、食品添加剂等，也是医药、杀虫剂、染料、香料的原料。

用重铬酸盐氧化伯醇、仲醇时，反应伴有溶液颜色由橘红色变成绿色这一实验现象，所以可用于伯醇、仲醇的鉴别。酒精测试仪的设计就是上述反应在实际中的具体应用。

叔醇分子中不含 α-H，所以很难被氧化，但在强氧化剂（例如硝酸）作用下，可发生碳链断裂，生成小分子的羧酸及酮的混合物，实际生产中没有意义。

伯醇或仲醇的蒸气通过活性铜（或银、镍等）催化剂表面时，可发生脱氢反应，分别生成醛或酮。例如：

$$CH_3CH_2OH \xrightarrow[270\sim300℃]{Cu} CH_3CHO + H_2$$

$$CH_3CH_2\overset{\overset{\displaystyle OH}{|}}{C}HCH_3 \xrightarrow[355℃]{锌类催化剂} CH_3CH_2\overset{\overset{\displaystyle O}{||}}{C}CH_3$$

该产物可用于炼油工业溶剂脱蜡装置，溶剂脱蜡常用的溶剂是丁酮与甲苯二元混合溶剂。丁酮还可用作涂料、黏合剂的溶剂。

醇的高温催化脱氢一般多用于工业生产制备相应的醛或酮。

四、醇的制备

1. 烯烃水合

$$CH_3CH=CH_2 \xrightarrow[②H_2O]{①H_2SO_4} CH_3\overset{\overset{\displaystyle OH}{|}}{C}HCH_3$$

该产物可作为医药、农药和香料的中间体，工业中可用于合成环氧氯丙烷、丙酮、异丙醚等，作为溶剂可用于生产涂料、油墨等。

$$CH_3CH=CH_2 + H_2O \xrightarrow[95℃,\ 1.96MPa]{磷酸-硅藻土} CH_3\overset{\overset{\displaystyle OH}{|}}{C}HCH_3$$

目前工业上使用上述方法制备低级饱和一元醇。

2. 卤代烃水解

$$CH_2=CH-CH_2Cl + H_2O \xrightarrow{OH^-} CH_2=CHCH_2OH$$

醇比相应的卤代烃易得，且卤代烃通常由相应的醇制备，所以上述方法只适用于少数较易制备的卤代烃。

3. 羰基还原

醛、酮、羧酸、羧酸酯等羰基化合物在不同的条件下均可被还原生成相应的醇。

（1）催化加氢

$$CH_3CH=CHCHO + 2H_2 \xrightarrow{Ni} CH_3CH_2CH_2CH_2OH$$
　　　　巴豆醛

该产物用于合成邻苯二甲酸二丁酯（增塑剂）、丙烯酸丁酯（高分子单体）、丁胺（医药、农药中间体，纺织助剂）等。

（2）金属氢化物还原（$NaBH_4$、$LiAlH_4$）

$$CH_3CH=CHCHO \xrightarrow[C_2H_5OH]{NaBH_4} CH_3CH=CHCH_2OH$$
　　　　　　　　　　　　　　　巴豆醇

该产物用于制备增塑剂、除草剂、土壤熏蒸剂等精细化学品。

$$CH_3(CH_2)_4COOC_2H_5 \xrightarrow[②H_2O/H^+]{①LiAlH_4, 无水乙醚} CH_3(CH_2)_4CH_2OH$$

该产物在医药工业中用于制防腐剂和安眠药，也可用作溶剂。

4. 由格氏试剂制备

格式试剂与醛、酮、羧酸酯及环氧化合物可发生加成反应，加成产物水解可得醇。例如：

环己基甲醇可用作医药中间体。

由格式试剂与醛、酮作用，可以合成各种伯、仲、叔醇。该方法是实验室制备醇最重要的方法。

五、重要的醇

1. 甲醇

甲醇是无色透明，易挥发、易燃且有特殊气味的液体，沸点为 65℃，可与水互溶。甲醇具有较高的毒性，即使是少量的甲醇也可使人失明，25g 即可致人死亡。因此，制备和使用甲醇时，要防止吸入其蒸气及接触眼部和皮肤。

甲醇最初由木材干馏（隔绝空气加热）制得，所以俗称木精或木醇。目前制备甲醇主要是用合成气（一氧化碳和氢气）为原料，在高压下通过催化剂催化合成。

$$CO + 2H_2 \xrightarrow[300℃, 20MPa]{CuO\text{-}ZnO\text{-}Cr_2O_3} CH_3OH$$

甲醇是重要的有机化工原料，主要用于合成甲醛，另外可用于生产氯甲烷、甲胺、香料、医药、农药、染料、碳酸甲酯及有机玻璃等产品。甲醇是无公害燃料，其用于汽车能源的研究正在进行中。

2. 乙醇

乙醇是无色透明的挥发性易燃液体，沸点为 78.5℃，与水互溶。乙醇的毒性较甲醇小，但过量饮用也会使人中毒。

乙醇最早通过含有丰富淀粉的谷物、薯类发酵制酒而得，所以俗称酒精。现需乙醇主要用乙烯水合法制得，其余部分沿用通过微生物或酶进行的生化过程制生物乙醇。

乙醇和水形成共沸物（质量分数为 95.6% 的乙醇和 4.4% 的水，沸点为 78.1℃）。实验室中制无水乙醇需在工业乙醇中加入生石灰共热回流，制得质量分数为 99.5% 的乙醇，最后用金属镁除去微量水分。

醇能和一些无机盐（如 $MgCl_2$，$CaCl_2$，$CuSO_4$ 等）形成结晶醇，所以实验室中不能用无水氯化钙干燥乙醇。

乙醇是合成多种有机化工产品的重要原料，可生产乙醛、乙酸、乙醚、乙胺等，产品多达300多种。乙醇作为原料在农药、医药、染料、涂料等领域也有广泛的应用。乙醇是重要的有机溶剂，可用于香精及药物的提取。在汽车燃料方面，乙醇也可被用作汽车燃料掺合剂。

3. 乙二醇

乙二醇是无色有甜味的黏稠液体（俗称甘醇），沸点为198℃（分子中两个羟基都可形成氢键），可与水、低级醇、甘油、丙酮、乙酸等混溶，几乎不溶于石油醚、苯等极性较小的溶剂。

工业生产乙二醇的主要方法是环氧乙烷水合法。

$$CH_2=CH_2 \xrightarrow[250\sim280℃]{O_2,\ Ag} H_2C\underset{O}{\overset{}{-\!\!-\!\!-}}CH_2 \xrightarrow[190\sim220℃,\ 1.5MPa]{H_2O/H^+} \underset{\underset{OH}{|}}{CH_2}-\underset{\underset{OH}{|}}{CH_2}$$

乙二醇是重要的化工原料，可用于合成聚酯树脂（纤维）。乙二醇的另一重要用途是作为汽车散热器的冷却剂。由于乙二醇能显著降低水的凝固点（含60％的乙二醇水溶液凝固点为−40℃），因此可用于汽车水箱的防冻剂。此外乙二醇聚合可得聚乙二醇，以其为主体，添加多种助剂复配可制成多晶硅切削液，应用于光伏产业。

4. 丙三醇

丙三醇俗称甘油，为无色有甜味的黏稠液体，沸点290℃（较乙二醇更高），可与水混溶，也能溶于乙醇，但不溶于乙醚、氯仿等有机溶剂。甘油具有较强吸湿性，能吸收空气中的水分。

甘油是动、植物油脂的组成部分（油脂的主要成分是甘油的高级脂肪酸酯）。早期甘油的生产是通过天然油脂水解而得，近代工业主要是从石油裂解气丙烯出发合成。

$$CH_3CH=CH_2 + Cl_2 \xrightarrow{500℃} \underset{\underset{Cl}{|}}{CH_2}-CH=CH_2 + HCl$$

3-氯丙醇

$$CH_2Cl-CH=CH_2 + HOCl \xrightarrow{25\sim30℃} \begin{cases} \underset{\underset{Cl}{|}}{CH_2}-\underset{\underset{Cl}{|}}{CH}-\underset{\underset{OH}{|}}{CH_2} \\ \\ \underset{\underset{Cl}{|}}{CH_2}-\underset{\underset{OH}{|}}{CH}-\underset{\underset{Cl}{|}}{CH_2} \end{cases} \xrightarrow[\triangle]{20\%NaOH} \underset{\underset{Cl}{|}}{CH_2}-CH\underset{O}{-}CH_2$$

环氧氯丙烷

$$\underset{\underset{Cl}{|}}{CH_2}-CH\underset{O}{-}CH_2 \xrightarrow[H_2O,\ \triangle]{10\%NaOH} \underset{\underset{OH}{|}}{CH_2}-\underset{\underset{OH}{|}}{CH}-\underset{\underset{OH}{|}}{CH_2}$$

甘油主要用于合成甘油三硝酸酯（炸药）、醇酸树脂（涂料）等。食品工业中可用作溶剂、吸湿剂。日用化工行业用于化妆品、牙膏、食用香精的添加剂。医药工业用作软膏调配剂及皮肤润滑剂。

5. 苯甲醇

苯甲醇俗称苄醇，为无色略有芳香味的液体，沸点205.7℃，微溶于水，能与乙醇、乙醚、氯仿等混溶。

工业上可用氯化苄碱性条件下水解制备。

$$\text{（苯环）}-CH_2Cl \xrightarrow[H_2O]{Na_2CO_3} \text{（苯环）}-CH_2OH$$

苄醇是极有用的定香剂，是茉莉、月下香等香精调配时不可缺少的香料。苄醇在工业化学品生产中用途广泛，可用作涂料溶剂、照相显影剂、聚氯乙烯的稳定剂、维生素 B 注射液的溶剂、药膏或药液的防腐剂。

6.1,2,3,4,5-戊五醇（木糖醇）

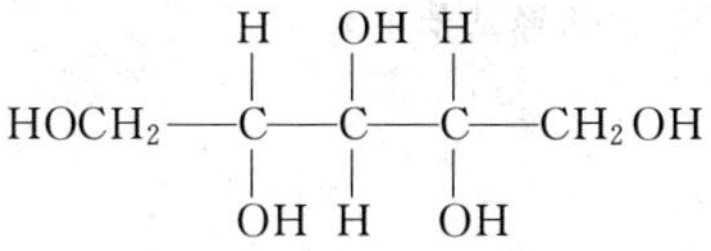

$$
\begin{array}{ccccccc}
 & H & OH & H & \\
\text{HOCH}_2 & -C & -C & -C & -CH_2OH \\
 & OH & H & OH & \\
\end{array}
$$

木糖醇为有机合成原料，可制取表面活性剂、乳化剂、增塑剂等。由于其具有甜味且无毒，食品工业中可用作低热值食品和糖尿病人食品中的甜味剂。

第二节 酚

芳烃分子中，芳环上的氢原子被羟基（—OH）取代后生成的化合物称为酚，羟基是酚的官能团。

一、酚的分类、命名

1. 酚的分类

根据羟基所连芳环不同，酚可分为苯酚、萘酚。

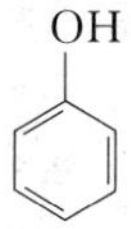

苯酚 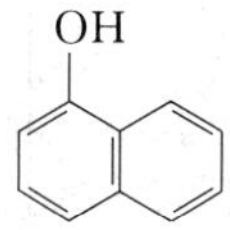　　　　　　　　　萘酚

根据酚羟基数目可将酚分为一元酚、二元酚、三元酚。

2. 酚的命名

酚的命名原则通常是"酚"字前面加上芳烃的名称作为母体，芳环上所连烷基、烷氧基、卤原子、氨基、硝基作为取代基，取代基位次、数目、名称依次标在母体前。例如：

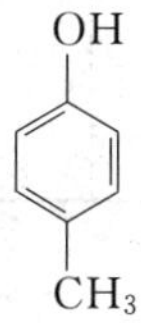

4-甲基苯酚（对甲苯酚） 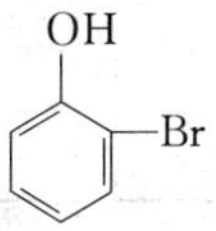　　2-溴苯酚（邻溴苯酚） 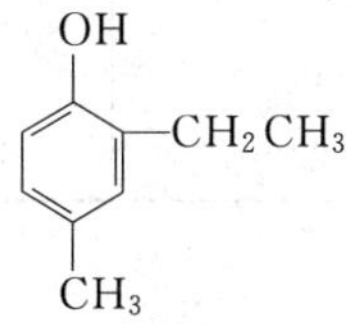　　4-甲基-2-乙基苯酚 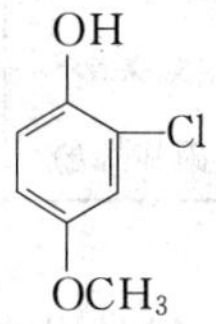　　4-甲氧基-2-氯苯酚

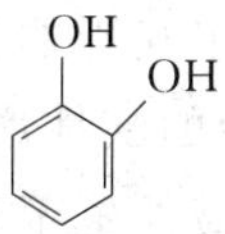

1,2-苯二酚（邻苯二酚） 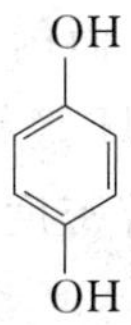　　1,4-苯二酚（对苯二酚） 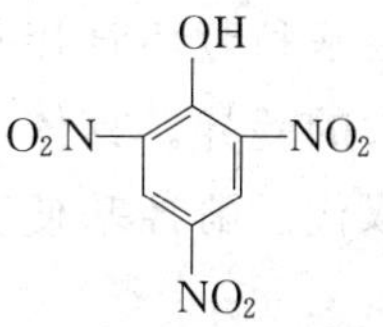　　2,4,6-三硝基苯酚

当芳环上连有羧基（—COOH）、磺酸基（—SO$_3$H）、羰基（—CO）等基团时，命名时则按照多官能团化合物的命名原则进行，羟基作为取代基。例如：

对羟基苯磺酸   邻羟基苯甲酸   对羟基苯甲醛

二、酚的物理性质

1. 物理状态
常温下，少数烷基酚是高沸点液体，其余大多数酚是晶体。

2. 沸点
酚和醇相似，分子间存在氢键，因此酚的沸点比相对分子质量相近的烃高。

3. 溶解性
常温下，一元酚微溶或不溶于水（芳基在分子中占较大比例），加热则溶解度增大，酚溶于乙醇、乙醚等有机溶剂。

表 9-2 为常见酚的名称及物理常数。

表 9-2   常见酚的名称及物理常数

名称	熔点/℃	沸点/℃	溶解性/g·$(100g)^{-1}H_2O$	$pK_a(25℃)$
苯酚	40.8	181.8	8.0	9.98
邻甲苯酚	30.5	191.0	2.5	10.29
间甲苯酚	11.9	202.2	2.6	10.09
对甲苯酚	34.5	201.8	2.3	10.26
邻硝基苯酚	44.5	214.5	0.2	7.21
间硝基苯酚	96.0	194.0 (70mmHg)	1.4	8.39
对硝基苯酚	114.0	295.0	1.7	7.15
邻氯苯酚	9.0	174.9	2.8	8.49
间氯苯酚	33.0	214.0	2.6	9.02
对氯苯酚	43	219.0	2.6	9.38
2,4-二硝基苯酚	113	升华	0.56	4.00
2,4,6-三硝基苯酚	122	分解(300℃)	1.40	0.71

三、酚的化学性质

由于酚具有羟基和芳环直接相连的结构，而酚羟基和芳环相互影响，所以酚与醇在化学性质上有较大的差异。具体表现为：O—H 键易于断裂，酚的酸性增加；C—O 键加强，酚羟基难被取代。酚羟基使芳环上电子云密度增大，酚容易发生苯环上的亲电取代反应。

1. 酚羟基的反应

（1）酸性

由于酚羟基中的 O—H 易于断裂（和醇羟基相比），所以酚（例如苯酚 $pK_a \approx 10$）的酸性比醇强，但比碳酸（pK_a＝6.38）弱。因此酚及酚钠可发生下列反应：

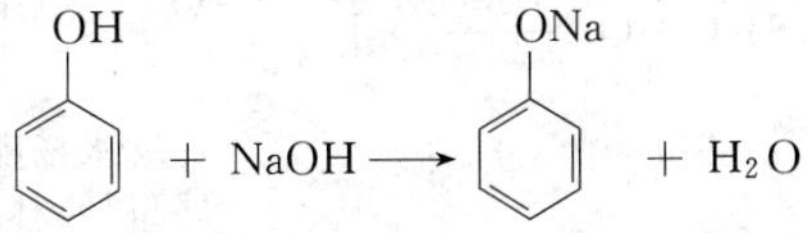

（溶于 NaOH 溶液）　（溶于水）
水层

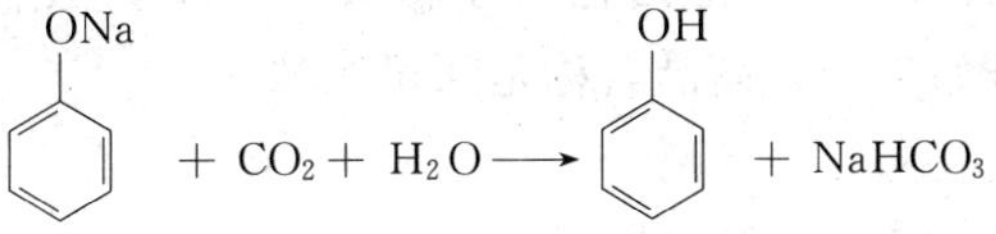

（不溶于 NaHCO$_3$ 溶液，重新游离出来）
油层

　　工业生产或实验室常利用酚的酸性来分离和提纯酚类化合物，如焦化生产所得煤焦油中酚的分离，即是上述反应的实际应用。

　　酚的酸性强弱与其芳环上所连取代基的类型、数目有关。当芳环上连有吸电基（如—NO$_2$、—X）时，酚酸性增强，芳环上连有供电基（如—R）时，酚酸性减弱。例如：

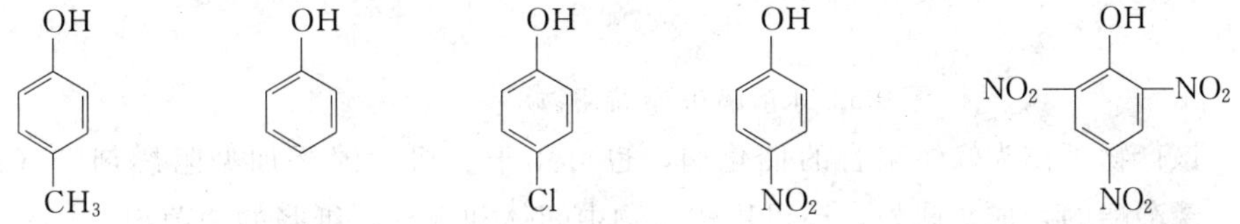

pK_a　10.14　　　9.98　　　9.20　　　7.15　　　0.71

（2）生成酚醚

　　与醇相似，酚也可以生成醚。由于酚难发生分子间脱水成醚（酚羟基受芳环影响，使得C—O键增强，因此酚不能通过分子间脱水制备酚醚），因此常用酚钠与卤代烃或硫酸二甲酯反应来制备酚醚。例如：

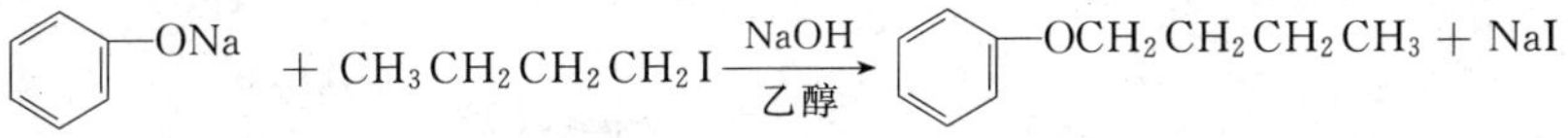

苯丁醚

该产物用于有机合成，制造香料、杀虫剂和医药（局部麻醉药——盐酸达克罗宁）。

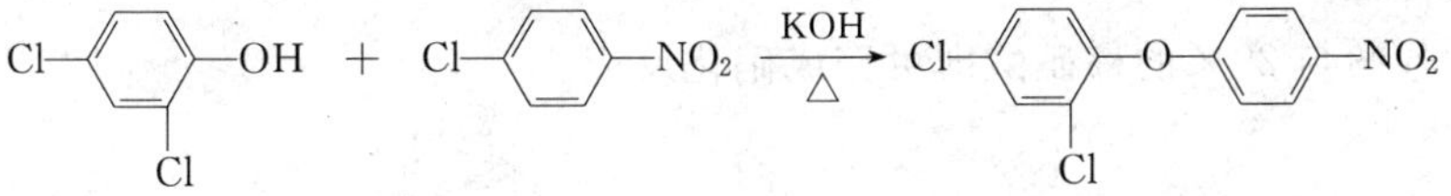

2,4-二氯苯基-4′-硝基苯基醚（除草醚）

该产物原用于稻田除草，现已禁用。

（3）生成酚酯

　　酚和羧酸直接成酯较难，但可与酰氯或酸酐等酰基化试剂在碱或酸的催化下反应生成酯。例如：

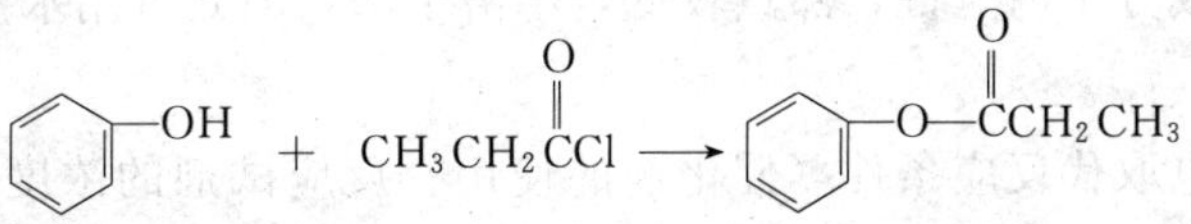

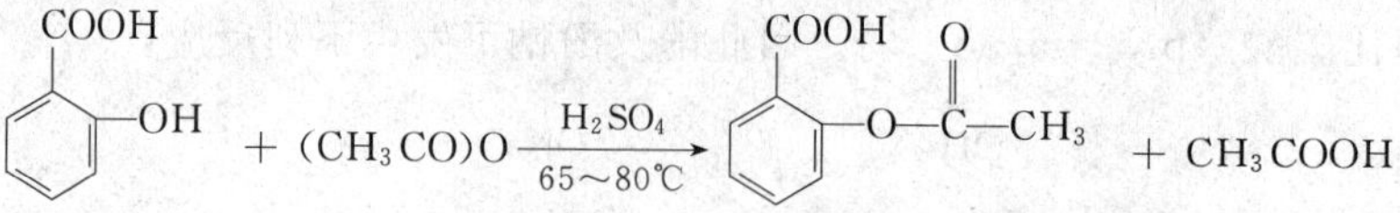

水杨酸　乙酸酐　乙酰水杨酸（阿司匹林）

在中国古代，当时的人会咀嚼柳树皮，19世纪，欧洲科学家发现柳树皮的药效成分为水杨酸，用以退热和止痛。1898年德国化学家霍夫曼将水杨酸合成为乙酰水杨酸，并于1900年在德国拜尔药厂开始生产，商品名称是阿司匹林。

2. 芳环上的亲电取代反应

酚羟基是强致活基团，因此酚很容易进行卤化、硝化、磺化、傅瑞德尔-克拉夫茨等亲电取代反应。

(1) 卤化反应

室温下，苯酚与溴水迅速反应，生成2,4,6-三溴苯酚白色沉淀。

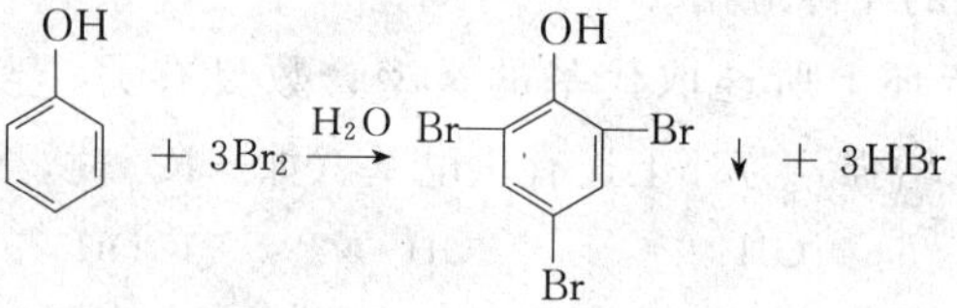

（10mL水溶解0.1g待测物）

该产物可作为烯烃聚合的催化剂，也可用于有机含溴添加型阻燃剂三（2,4,6-三溴苯酚）磷酸酯的合成，此外，还可用作药物中间体和木材、纸张的杀菌剂。

该反应伴有明显实验现象，实验室中可用来定性或定量鉴定苯酚。

若改变反应条件，如在低温和极性较小的溶剂中，则主要生成以对位为主的一溴苯酚。

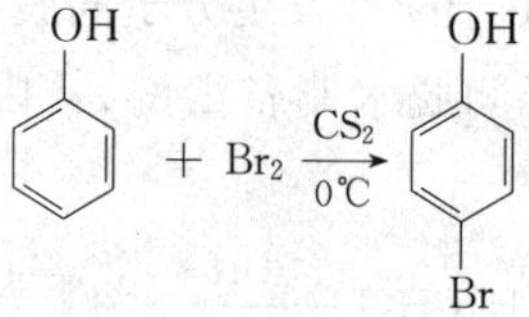

（主要产物）

该产物可用于合成医药、农药及其他精细化学品。

(2) 硝化反应

室温下，苯酚与20%的稀硝酸即可完成硝化反应。

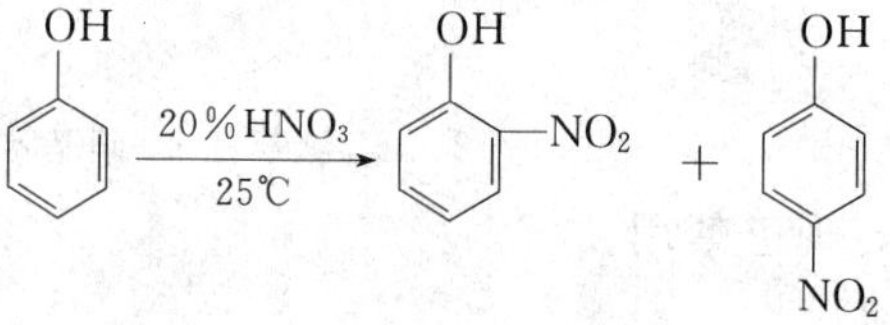

后者在医药工业用作非那西汀和扑热息痛的中间体，农药工业用作杀虫剂1605的中间体。

邻硝基苯酚可形成分子内氢键，沸点较低，不溶于水，因此可用水蒸气蒸馏方法将其与对硝基苯酚分离。

对比酚与芳烃亲电取代反应条件（催化剂的使用、反应试剂的浓度），可知酚羟基使苯环活性增强，易于发生亲电取代反应。

（3）磺化反应

酚的磺化反应产物，随着反应温度的不同而改变。例如：

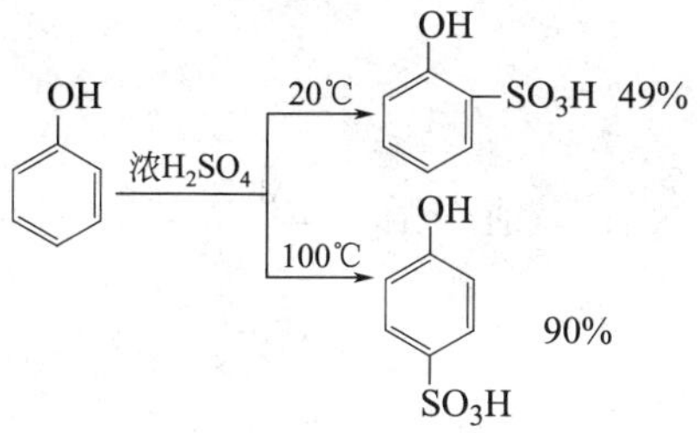

（4）傅瑞德尔-克拉夫茨反应

酚很容易进行傅-克反应，但一般不用 $AlCl_3$，因为 $AlCl_3$ 可与酚羟基形成铝的络盐。

酚的傅-克烷基化反应通常以烯烃或醇为烷基化试剂，以浓硫酸、磷酸或酸性离子交换树脂作为催化剂。

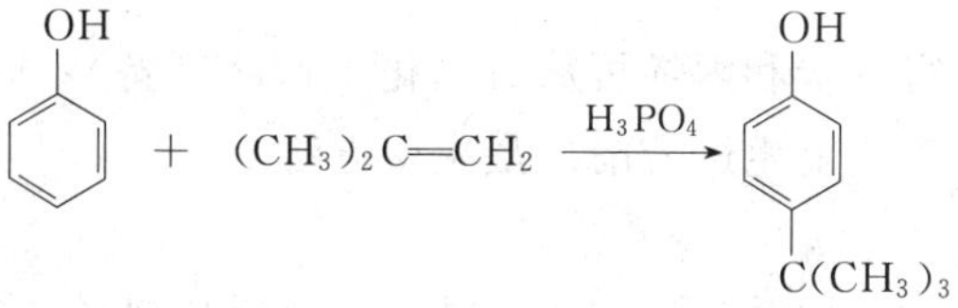

4-叔丁基苯酚

4-叔丁基苯酚具有抗氧化性质，可用作橡胶、肥皂的稳定剂，也是医药（驱虫剂）、农药（杀螨剂克螨特）、香料、合成树脂的原料。

酚可以与酰氯、酸酐发生傅-克酰基化反应，如选用 BF_3 作为催化剂，酚也可与羧酸直接发生傅-克酰基化反应。

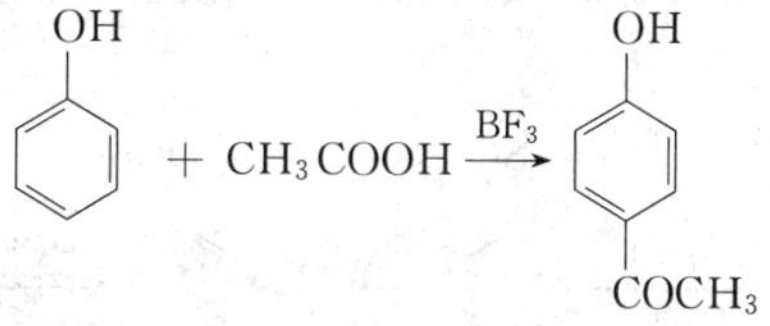

95%

该产物是一种利胆药物，也可用于香料合成。

3. 与氯化铁的显色反应

大多数酚与氯化铁溶液反应生成带有颜色的络离子，实验室常用此反应来检验酚及具有烯醇式结构的脂肪族化合物。

$$6C_6H_5OH + Fe^{3+} \longrightarrow [Fe(C_6H_5O)_6]^{3-} + 6H^+$$

四、重要的酚

1. 苯酚

苯酚存在于煤焦油中，由煤焦油的洗油馏分，经氢氧化钠焦化和硫酸酸化可得粗酚，其中含有苯酚、甲酚、二甲酚。煤也称石炭，所以苯酚俗称石炭酸。苯酚为具有特殊气味的无色针状晶体，在空气中可被氧化而呈粉红色，熔点是 40.8℃，微溶于冷水而溶于热水，易溶于乙醇、乙醚等有机溶剂。苯酚具有毒性，对皮肤有强腐蚀性。

苯酚早期从煤焦油中提炼（分馏）得到，随着苯酚需求量的增加，现多采用化学合成法生产苯酚。

（1）异丙苯法

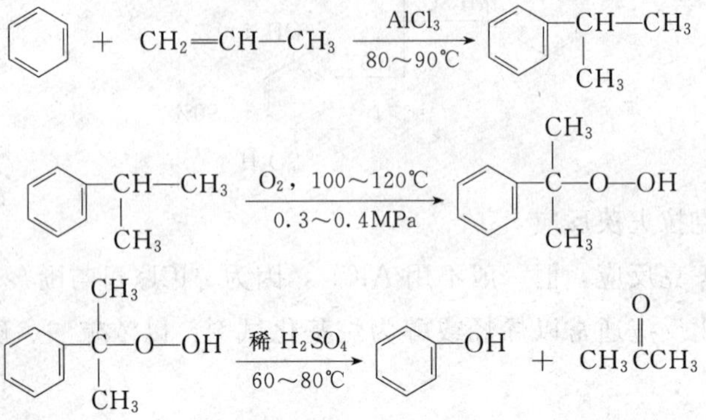

该方法优点是原料易得（苯和丙烯可从石油化工产品制备），同时联产得到另一重要化工原料丙酮，所以此法是工业上生产苯酚的最主要方法。

（2）氯苯水解

氯苯中氯原子不活泼，一般条件下不易水解，需要在强烈的条件下和催化剂作用才能发生反应。例如：

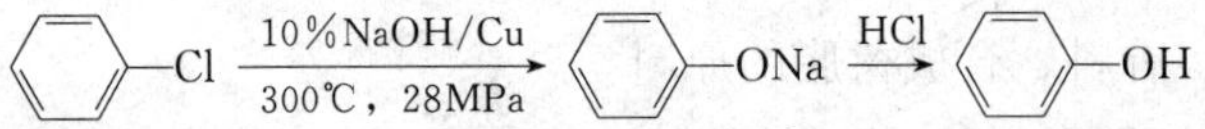

（3）芳香族磺酸钠碱熔融法

这是最古老的合成路线，但由于酸碱消耗量大，设备腐蚀及三废污染问题比较严重，目前此法在国外已被淘汰。

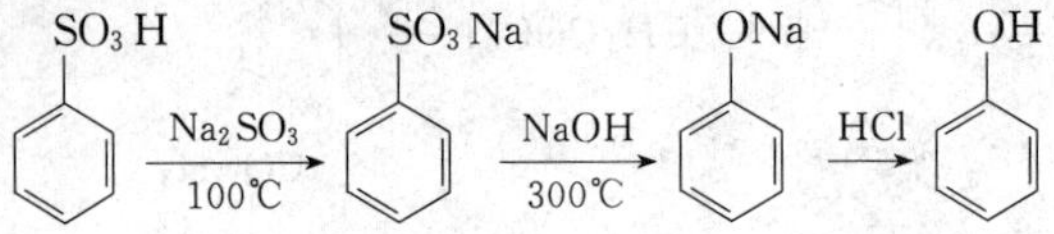

苯酚主要用于生产双酚 A、酚醛树脂、己内酰胺、壬基酚（用作非离子表面活性剂）、水杨酸（生产阿司匹林）等，此外苯酚及其衍生物还可用于农药、香料、染料、炸药、石油添加剂等的生产。

2. 苯二酚

苯二酚有三种异构体：邻苯二酚、间苯二酚和对苯二酚。在生物体内，它们都以衍生物的形式存在。

（1）邻苯二酚

邻苯二酚又名儿茶酚，存在于某些植物与矿物中，如儿茶酸、粗木焦油、洋葱、烟煤等。为白色针状结晶，熔点 104～105℃，可溶于水、乙醇、苯、氯仿等。

邻苯二酚在感光材料中用作照相显影剂，在医药工业中是制备黄连素、肾上腺素的重要中间体，在香料工业中制备香草醛，在农药工业中制备杀虫剂呋喃丹。

（2）间苯二酚

间苯二酚俗名雷锁辛，为白色针状结晶，熔点 109～111℃，易溶于水、乙醇、丙酮。

间苯二酚的最大用途是用来合成橡胶工业的胶黏剂，间苯二酚也是重要的染料中间体，可合成一系列偶氮染料。

（3）对苯二酚

对苯二酚最早由奎宁酸干馏而得，后通过苯醌加氢制得，确定其结构并命名为氢醌，为白色片状结晶。熔点 172～175℃，能溶于水，易溶于醇和醚。

对苯二酚是强还原剂，其最大用途是用于照相行业，主要用于黑白胶片，胶版的印刷等。对苯二酚在橡胶行业中，主要是用来生产抗氧剂和抗臭氧剂。2-叔丁基对苯二酚是食品级抗氧剂。

第三节　醚

醚可以看作是水分子中的两个氢原子被烃基取代的生成物，其中"C—O—C"称为醚键，是醚的官能团。

一、醚的分类、命名

1. 醚的分类

根据醚键所连烃基的结构、烃基是否相同及连接方式不同，醚可分为单醚、混醚、脂肪醚、芳醚及环醚。

醚结构中所连烃基都是脂肪烃基，称为脂肪醚。两烃基相同称为单醚，两烃基不同称为混醚。例如：

$$CH_3CH_2\text{—}O\text{—}CH_2CH_3 \qquad\qquad CH_3\text{—}O\text{—}CH_2CH_3$$

单醚　　　　　　　　　　　　混醚

醚结构中所连烃基含有芳基，称为芳醚。例如：

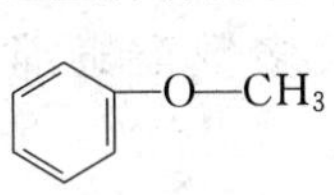

芳醚 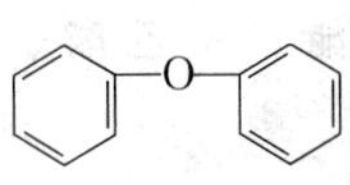　　　　　　　　　　　　芳醚

醚键与烃基相连形成环状结构，称为环醚。例如：

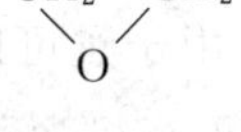

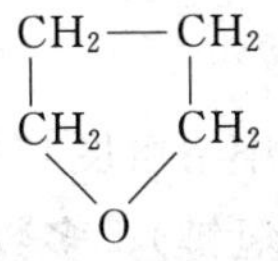

2. 醚的命名

结构简单的醚可根据烃基的名称加上"醚"字。混醚则将次序规则中"较优"的烃基放在后面命名（芳基通常放在前面）。例如：

CH₃—O—CH₃

（二）甲醚

二苯醚

H₂C=CH—O—CH=CH₂

二乙烯（基）醚

CH₃CH—O—CH₂CH₃
　　　|
　　 CH₃

乙基异丙基醚

OCH₃

4-甲基苯甲醚

OC₂H₅

苯乙醚

结构复杂的醚需用系统命名法命名，以烃氧基作为取代基来命名。例如：

CH₃—O—CH—CH—O—CH₃
　　　　　|　　|
　　　 CH₃　CH₃

2,3-二甲氧基丁烷

CH₂CH₂CH₂CH—OCH₃
　　　　　　　|
　　　　　　CH₃

2-甲氧基戊烷

CH₃CH=CH—CH—O—C₂H₅
　　　　　　|
　　　　 CH₂CH₃

4-乙氧基-2-己烯

CH₂=CHCH₂—O—CH₃

3-甲氧基丙烯

环醚一般称为环氧某烷或按杂环化合物（四元环、五元环以上的环醚）命名。例如：

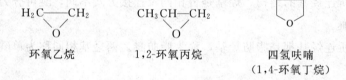

环氧乙烷　　　　1,2-环氧丙烷　　　　四氢呋喃
　　　　　　　　　　　　　　　　　　（1,4-环氧丁烷）

二、醚的物理性质

1. 物理状态

常温下，除甲醚、甲乙醚、环氧乙烷是气体外，大多数醚通常为有香味的无色液体。

2. 沸点

醚分子间不能形成氢键，因此醚的沸点显著低于相对分子质量相同的醇，但比相对分子质量相同或相近的烃略高。

3. 溶解性

少数低级醚在水中溶解度与相对分子质量相同的醇相近（由于醚可以通过其氧原子和水分子中的氢原子形成氢键），多数醚微溶或不溶于水，而易溶于有机溶剂。由于醚的化学性质稳定，因此常用来作为有机反应溶剂。

表 9-3 为常见醚的名称及物理常数。

表 9-3 常见醚的名称及物理常数

名称	熔点/℃	沸点/℃	相对密度	溶解度/g·(100g)$^{-1}$H$_2$O
甲醚	−138.5	−24.9	0.661	—
乙醚	−116.3	34.5	0.714	7.5
丙醚	−122	90.5	0.736	微溶
正丁醚	−98	142.0	0.769	0.05
环氧乙烷	−111.7	10.7	0.869	∞
四氢呋喃	−108	65.4	0.888	∞
苯甲醚	−37.3	153.8	0.994	微溶
苯乙醚	−29.5	170	0.965	不溶

三、醚的化学性质

醚的化学性质稳定，醚（除某些环醚外）与碱、氧化剂、还原剂、金属钠均不发生反应。但醚中氧原子上具有孤对电子，从而显弱碱性，可与强酸性物质发生某些化学反应。

1. 锌盐的生成

常温下，醚溶于强酸（如浓 H$_2$SO$_4$、浓 HCl），因为醚可以接受强酸中 H$^+$ 生成锌盐。

$$R\overset{..}{\underset{..}{-O}}-R + HCl \rightleftharpoons R-\overset{+}{\underset{\underset{H}{|}}{O}}-R + Cl^-$$

锌盐

$$R-\overset{+}{\underset{\underset{H}{|}}{O}}-R + H_2O \longrightarrow R-O-R + H_3O^+$$

锌盐是强酸弱碱盐，用冷水稀释则分解成原来的醚。醚的上述反应可用作醚与烷烃、卤代烃的分离提纯。

2. 醚键的断裂

醚与浓的氢卤酸（一般用 HI 和 HBr）共热时，醚键断裂，生成卤代烃和醇（酚）。

$$CH_3CH_2-O-CH_2CH_3 + HI \overset{\triangle}{\longrightarrow} CH_3CH_2I + CH_3CH_2OH$$

$$CH_3CH_2-O-CH_3 + HI \overset{\triangle}{\longrightarrow} CH_3I + CH_3CH_2OH$$

$$\text{C}_6\text{H}_5\text{—O—CH}_3 + HI \overset{\triangle}{\longrightarrow} \text{C}_6\text{H}_5\text{—OH} + CH_3I$$

脂肪族混醚发生醚键断裂时，优先生成小烷基的卤代烃，而较大的烷基与羟基结合生成醇。含有芳基的混合醚则发生烷氧键断裂生成酚，主要由于芳环和羟基相互作用，使得芳环与氧之间的 C—O 键得到加强而不易断裂。

3. 过氧化物的生成

醚对氧化剂是稳定的，但醚与空气长期接触会慢慢被氧化生成过氧化物。过氧化物不稳定，受热易分解发生爆炸，因此蒸馏醚时切不可蒸干。

醚中过氧化物检测——用淀粉-碘化钾试纸，变蓝 → 含过氧化物。

醚中过氧化物消除——加入 Na$_2$SO$_3$，FeSO$_4$/稀 H$_2$SO$_4$ 等还原剂处理。

四、重要的醚

1. 乙醚

乙醚是无色具有香味的液体，沸点为 34.5℃，常温下易挥发，其蒸气与空气的混合物极易爆炸，爆炸极限为 1.85%～36.5%（体积分数），因此，在使用乙醚时需特别注意安全，远离明火。乙醚微溶于水，能溶于乙醇、苯、氯仿、石油醚（主要成分戊烷、己烷）等。

实验室常用乙醇和浓硫酸在 140℃下加热制得乙醚。工业上常用氧化铝为催化剂，在 240℃乙醇脱水生成乙醚。制备格氏试剂时需使用绝对乙醚（不含水和醇的乙醚），可先用氯化钙除去乙醇，再用金属钠除去水，即可得到绝对乙醚。

乙醚主要用作油类、染料、生物碱、脂肪、天然树脂、合成树脂、硝化纤维、碳氢化合物、香料等的优良溶剂。医药工业上用作药物生产的萃取剂和医疗上的麻醉剂。毛纺、棉纺工业上用作油污清洁剂。

2. 环氧乙烷

环氧乙烷又称环氧乙醚、氧化乙烯，常温下为具有醚味的气体，沸点是 10.7℃，低温时为无色易流动的液体，能溶于水，也能溶于乙醇、乙醚等有机溶剂。

工业上制环氧乙烷主要方法是乙烯用空气或氧气氧化。

$$CH_2=CH_2 \xrightarrow[\text{1～2MPa}]{\text{Ag, 250～280℃}} H_2C\!\!-\!\!CH_2 \backslash O /$$

环氧乙烷主要用作有机合成的中间体和原料，其衍生的下游产品种类远比乙烯衍生物多，可用于制取乙二醇、乙醇胺、乙二醇醚等。环氧乙烷与脂肪醇、脂肪胺、烷基酚等生成的羟乙基化产物可用作洗涤剂、非离子表面活性剂、乳化剂等。

环氧乙烷是广谱、高效的气体杀菌消毒剂，在医药消毒和工业灭菌上用途广泛。环氧乙烷亦被用于军事武器制造（液态环氧乙烷是主要成分），如越南战争、海湾战争中军队使用的 BLU-82 及 GBU-28 等。

走进生活

生物乙醇

生物乙醇是指通过微生物的发酵将各种生物质转化为燃料酒精。它可以单独或与汽油混配制成乙醇汽油作为汽车燃料。汽油掺乙醇有两个作用：一是乙醇辛烷值高达 115，可以取代污染环境的含铅的添加剂来改善汽油的防爆性能；二是乙醇含氧量高，可以改善燃烧，减少发动机内的碳沉淀和一氧化碳等不完全燃烧污染物排放。

近两年来，各大能源消费国竞相寻求替代石油的新能源，美国和欧洲不约而同地都选择生物燃料乙醇作为主要的替代运输燃料，并制订了雄心勃勃的开发计划。2007 年 1 月，美国总统布什在《国情咨文》中宣称，美国计划在今后 10 年中将其国内的汽油消费量减少 20%，其中 15% 通过使用替代燃料实现，计划到 2017 年燃料乙醇的年使用量达到

1325 亿升，是目前年使用量的 7 倍。中国开发生物燃料乙醇的热潮也在近几年骤然升温。2005 年，中国生产燃料乙醇125 万吨，2006 年增长到 133 万吨。中国燃料乙醇的消费量已占汽油消费量的 20％左右，成为继巴西、美国之后的第三大生物燃料乙醇生产国和消费国。

目前，全球现在使用生物乙醇做成 ETBE（ethyl tertiary buryl ether）替代 MTBE，通常以 5％～15％的混合量在不需要修改/替换现有汽车引擎的状况下加入，有些时候 ETBE 也可以替代铅的方式加入汽油中，以提高辛烷值而得到较洁净的汽油，也可以完全替代汽油使用为输送燃料。世界上使用乙醇汽油的国家主要是美国、巴西等国。美国使用甘蔗和玉米来生产乙醇。在美国使用的是 E85 乙醇汽油，即 85％的乙醇和 15％的汽油混合作为燃料。这种 E85 汽油的价格与性能与常规汽油相似。

2007 年 9 月，经合组织（OECD）发表了题为《生物燃料：是比疾病还要糟糕的治疗方案吗?》的长篇报告，认为发展生物燃料得不偿失，呼吁美国和欧洲国家取消对当前生物液体燃料的补贴政策。目前工业化生产的燃料乙醇绝大多数是以粮食作物为原料的，从长远来看具有规模限制和不可持续性。以木质纤维素为原料的第二代生物燃料乙醇是决定未来大规模替代石油的关键。中国在纤维素酶生产技术、戊糖发酵菌株构建等方面还没有取得根本性突破，目前各单位中试研究的每吨纤维素乙醇的原料消耗都在 6t 以上，生产成本估算都在 5000～6500 元/t 以上，还不适合工业化生产。加快非化石燃料产业的发展是一个重要发展策略。全球最大的酶制剂企业诺维信与中石化股份有限公司、中粮集团合作的二代乙醇项目于 2011 年底结束商业化示范项目，预计在三到五年内完成商业化装置的建设，并将产品推向市场。与传统的从粮食如玉米中提取乙醇不同，二代乙醇以玉米秸秆为原料并加入酶制剂来提取乙醇，可以节约粮食，从而避免与人争地这一现象的发生。除了诺维信和中粮的合作，中海油集团和杜邦能源也开始了此领域中的研发项目。随着化石燃料价格不断攀升以及排放造成的污染成为全球问题，寻找可替代的清洁能源已经成为全球性议题。其中，生物能源以其取材便利、排放清洁，成为与风能、太阳能并列的三大新能源选项之一。

习　题

1. 命名下列化合物

(1) $CH_3CH_2CHCH_3$ 上接 OH

(2) $CH_3CH=C-CH_2OH$ 带 CH_3

(3) 苯基$CHCH_3$ 带 OH

(4) $(CH_3)_3CCH_2CH_2OH$

(5) 环己烷带 CH_3 和 OH

(6) CH_3CHCH_2OH 带 Cl

(7) CH_2-CH_2 带 OH OH

(8) 苯环带 OH 和 $CH(CH_3)_2$

(9)
$$\begin{array}{c} CH_2Cl \\ \\ \\ OH \end{array}$$

(10)
$$\begin{array}{c} OH \\ Cl \\ \\ NO_2 \end{array}$$

(11) $CH_3CH_2—O—CH_3$

(12) $CH_3O—CH_2CH=CH_2$

(13) $CH_3—O—CH_2CH_2CH_2—O—CH_3$

2. 写出下列化合物的构造式

(1) 异丙醇　　　　(2) 2-甲基-1-戊醇　　　(3) 3-甲基-2-戊烯-1-醇

(4) 环戊醇　　　　(5) 苯甲醇　　　　　　(6) 对甲氧基苯酚

(7) 2,4,6-三硝基苯酚　　　　　　　　　　(8) 苯乙醚

(9) 1,2-环氧丙烷　　　　　　　　　　　　(10) 2,3-二甲氧基丁烷

3. 将下列化合物按沸点由高到低排列

(1)
$$\begin{array}{c} CH_2CH_2 \\ | \quad | \\ OH \ OH \end{array}$$

(2) $CH_3OCH_2CH_3$

(3) $CH_3CH_2CH_2OH$

(4) $CH_3CH_2CH_2CH_3$

(5)
$$\begin{array}{c} OH \\ | \\ CH_3CHCH_3 \end{array}$$

4. 比较下列化合物在水中的溶解度

(1)
$$\begin{array}{c} CH_2CHCH_2 \\ | \quad | \quad | \\ OH \ OH OH \end{array}$$

(2) $CH_3CH_2CH_2CH_2OH$

(3) $CH_3CH_2OCH_3$

(4) $CH_3CH_2CH_2Cl$

5. 将下列化合物按其酸性由大到小排列

(1) 苯酚　　　　　(2) 碳酸　　　　　(3) 苯乙醇　　　　　(4) 苦味酸

6. 用化学方法鉴别下列各组化合物

(1) 1-丁醇　　　　　　1-氯丁烷　　　　2-丁烯-1-醇

(2)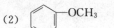

7. 设计实验将下列化合物中的杂质除去

(1) 环己醇中含少量苯酚

(2) 汽油中含有少量乙醚

8. 完成下列反应式

(1)
$$\text{苯酚—OH} + NaOH \longrightarrow ? \xrightarrow{CH_3I} ? \xrightarrow{\text{浓 HI}} ?$$

(2)
$$\text{环己基—OH} \xrightarrow[\triangle]{H_2SO_4} ? \xrightarrow[H^+,\ \triangle]{KMnO_4} ?$$

(3) $CH_3CH_2OH \xrightarrow[170℃]{H_2SO_4} ? \xrightarrow[Ag,\ \triangle]{O_2} ?$

(4) $CH_3CH_2CH_2CH_2OH \xrightarrow[\triangle]{\text{浓 HCl/ZnCl}_2} ? \xrightarrow[\text{无水乙醚}]{Mg} ?$

(5) $CH_3CH_2CH_2OH \xrightarrow[\triangle]{K_2CrO_7/H^+} ?$

(6) 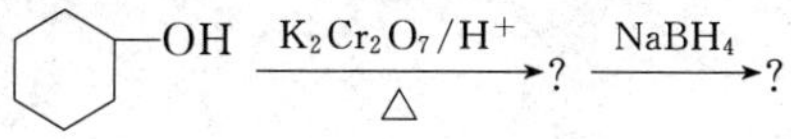 $\xrightarrow[\triangle]{K_2Cr_2O_7/H^+}$? $\xrightarrow{NaBH_4}$?

(7) $\underset{\underset{OH}{|}}{CH_3CHCH_3}$ $\xrightarrow[\triangle]{Cu}$?

(8) CH_3CH_2OH $\xrightarrow[140℃]{H_2SO_4}$? $\xrightarrow{浓\ HI}$?

9. 完成下列转变

(1) 正丁醇 ⟶ 仲丁醇

(2) 甲醇、乙醇 ⟶ 正丙醇

(3) 乙醇、异丙醇 ⟶ 乙基异丙基醚

(4)

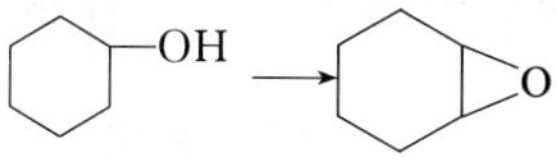

10. 某醇分子式为 $C_4H_{10}O$，氧化后生成醛。此醇与浓硫酸共热脱水生成一种不饱和烃，该不饱和烃氧化生成酮，二氧化碳和水。试写出此醇的构造式及各步的反应方程式。

11. 某分子式为 C_7H_8O 的化合物有两个同分异构体 A 和 B，A 与 Na 作用产生气体，B 则不能。A 和 B 均与 HI 反应，A 生成 C（C_7H_7I），B 生成 D（C_6H_6O），D 与氯化铁有颜色变化。试写出 A、B、C、D 的结构式。

第十章 醛、酮

伯醇、仲醇氧化后分别得到醛、酮。醛、酮分子中都含有羰基（ —$\overset{O}{\underset{}{\overset{\|}{C}}}$— ），因此醛、酮统称为羰基化合物。羰基位于链端，即羰基分别与氢原子和烃基相连（ H—$\overset{O}{\underset{}{\overset{\|}{C}}}$—H 除外）的化合物称为醛，通式为 R—$\overset{O}{\underset{}{\overset{\|}{C}}}$—H，醛基（ —$\overset{O}{\underset{}{\overset{\|}{C}}}$—H ）是醛的官能团。羰基位于碳链中间，即羰基与两个烃基相连的化合物称为酮，通式为 R—$\overset{O}{\underset{}{\overset{\|}{C}}}$—R(R′)，酮基（ —$\overset{O}{\underset{}{\overset{\|}{C}}}$— ）是酮的官能团。由于醛、酮涉及的化学反应很多，特别是合成中官能团的转换及分子碳链的增长，因此醛、酮在有机化学中具有重要的地位。

第一节 醛、酮的分类、命名和同分异构

一、醛、酮的分类

根据醛，酮分子中烃基种类的不同，可以把醛、酮分为脂肪族、脂环族、芳香族醛或酮。脂肪醛、酮又可根据烃基是否饱和分为饱和醛、酮及不饱和醛、酮。

脂肪醛或酮：

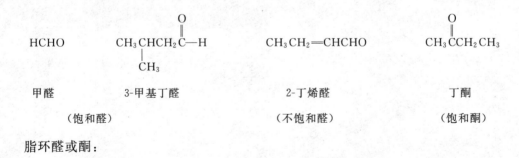

HCHO　　　　　CH₃CHCH₂$\overset{O}{\underset{}{\overset{\|}{C}}}$—H　　　　　CH₃CH₂=CHCHO　　　　　CH₃$\overset{O}{\underset{}{\overset{\|}{C}}}$CH₂CH₃
　　　　　　　　　　|
　　　　　　　　CH₃

甲醛　　　　　　3-甲基丁醛　　　　　　2-丁烯醛　　　　　　　丁酮

（饱和醛）　　　　　　　　　　　（不饱和醛）　　　　　　（饱和酮）

脂环醛或酮：

环己基甲醛　　　　　　环戊酮

（醛基直接与脂环基相连）　　（羰基位于脂环碳上）

芳香醛或酮：

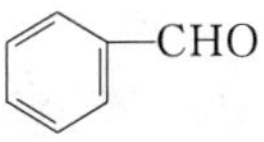

苯甲醛

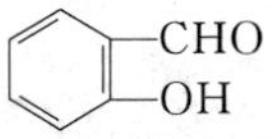

邻羟基苯甲醛

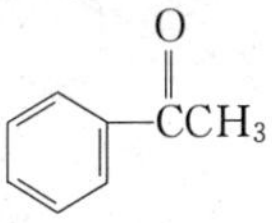

苯乙酮

（醛、酮中羰基直接与芳环相连）

二、醛、酮的命名

简单的醛、酮可用习惯命名法命名，复杂的醛、酮可采用系统命名法命名。

1. 习惯命名法

醛的习惯命名法和伯醇相似，只需将“醇”字换为“醛”字。例如：

CH_3CH_2CHO

正丙醛

$\underset{\displaystyle CH_3}{\underset{|}{CH_3CH}}CHO$

异丁醛

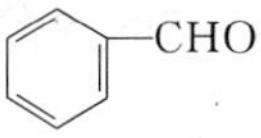

苯甲醛

酮的习惯命名法和醚相似，即根据羰基所连的两个烃基名称命名，其中在次序规则中较优的基团后列出；芳香基和脂肪基的混酮需将芳香基写在前面。例如：

$CH_3-\overset{\displaystyle O}{\overset{\|}{C}}-CH_2CH_3$

甲基乙基酮

$CH_3-\overset{\displaystyle O}{\overset{\|}{C}}-CH{=}CH_2$

甲基乙烯基酮

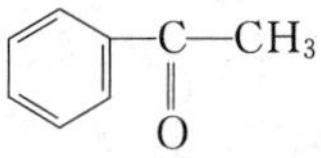

苯基甲基酮

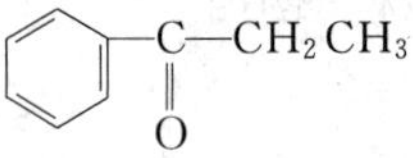

苯基乙基酮

2. 系统命名法

醛、酮的系统命名法和醇相似，选择含有羰基的最长碳链作为主链，从靠近羰基一端开始给主链编号。醛基总是在碳链一端，位次不需标出。酮的羰基不在链端，可能涉及官能团位置异构，因此酮基位次必须标出。分子中的芳环、脂环作为取代基处理。取代基位次、数量、名称及酮基位次依次写在某“醛”或“酮”前。例如：

$\underset{\delta}{CH_3}-\underset{\gamma}{\overset{\displaystyle CH_3}{\overset{|}{CH}}}-\underset{\beta}{CH_2}-\underset{\alpha}{CH_2}-CHO$

4-甲基戊醛

（γ-甲基戊醛）

$\underset{\alpha'}{CH_3}-\overset{\displaystyle O}{\overset{\|}{C}}-\underset{\alpha}{CH_2}-\underset{\beta}{\overset{\displaystyle CH_3}{\overset{|}{CH}}}-\underset{\gamma}{CH_3}$

4-甲基-2-戊酮

（β-甲基-2-戊酮）

文献中有时也利用另一种编号，即以希腊字母来表示。与官能团直接相连的碳原子为 α 位，依次为 β、γ、δ 位。

$CH_3-\overset{\displaystyle O}{\overset{\|}{C}}-\underset{\displaystyle CH_3}{\underset{|}{CH}}-CH_3$

3-甲基丁酮

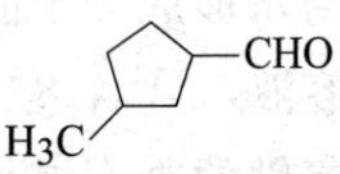

3-甲基环戊基甲醛

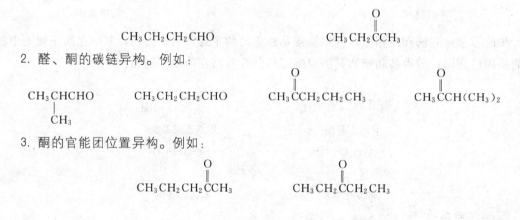

（γ-苯基丁醛）

羰基在环内的脂环酮，将环连同羰基一起作为母体，编号从羰基碳开始。例如：

4-甲基环己酮

三、醛、酮的同分异构

1. 相同碳数的醛、酮互为官能团异构。例如：

$$CH_3CH_2CH_2CHO \qquad CH_3CH_2CCH_3$$

2. 醛、酮的碳链异构。例如：

$$CH_3CHCHO \qquad CH_3CH_2CH_2CHO \qquad CH_3CCH_2CH_2CH_3 \qquad CH_3CCH(CH_3)_2$$
$$\quad CH_3$$

3. 酮的官能团位置异构。例如：

$$CH_3CH_2CH_2CCH_3 \qquad CH_3CH_2CCH_2CH_3$$

第二节　醛、酮的物理性质

1. 物理状态

在常温下，除甲醛是气体外（具有刺激气味），C_{12} 以下的脂肪族醛、酮是液体，高级醛、酮是固体。

2. 沸点

由于羰基是极性基团，分子间作用力较大，因此醛、酮的沸点比相对分子质量相近的烃和醚高。另外，醛、酮分子间不能形成氢键，所以沸点比相对分子质量相近的醇低。

3. 溶解性

醛、酮中的羰基能与水形成分子间氢键，因此低级的醛、酮可与水互溶，例如福尔马林（甲醛的 31%～40% 水溶液，常含 8% 甲醇作为稳定剂）。随着分子中碳原子数目的增加，醛、酮和水形成分子间氢键的难度增大，醛、酮在水中的溶解度降低。醛、酮中的羰基与水只能形成一个氢键，而醇羟基与水能形成两个氢键，因此醛、酮的水溶性较相对分子质量相近的醇小。

表 10-1 是常见醛、酮的名称及物理常数。

表 10-1　常见醛、酮的名称及物理常数

名称	熔点/℃	沸点/℃	相对密度	溶解度/g·(100g)$^{-1}$H$_2$O
甲醛	-92.0	-21.0	0.815	55
乙醛	-123.5	20.2	0.781	∞
丙醛	-81.0	49.0	0.807	20
丁醛	-97.0	75.7	0.817	4
苯甲醛	-26.0	179.1	1.064	0.33
丙酮	-94.8	56.2	0.792	∞
丁酮	-86.9	79.6	0.805	35
2-戊酮	-77.8	102.4	0.812	几乎不溶
环己酮	-45.0	155.6	0.947	5~10
苯乙酮	20.5	202.0	1.03	微溶

第三节　醛、酮的化学性质

醛、酮分子中的羰基（—C$\overset{\text{O}}{=}$）是化学性质活泼的极性基团，可发生加成及还原反应（—C$\overset{\text{O}}{=}$中π键断裂）；受羰基吸电子诱导效应影响，醛、酮中的α-H较活泼，含α-H的醛或酮可发生卤代及羟醛缩合反应（—C$\overset{\text{O}}{=}$—C$\overset{α}{}$—中α-C—H键断裂）；醛还可发生氧化反应（—C$\overset{\text{O}}{=}$—H中C—H键断裂）。

一、羰基的加成反应

羰基中C＝O双键由一个σ键和一个π键组成，但与C＝C不同，$\overset{δ^+}{C}＝\overset{δ^-}{O}$属于极性共价键，而且带有部分正电荷的碳原子比带有部分负电荷的氧原子活性强，因此，羰基的加成反应首先是带负电荷的原子或基团加到羰基碳原子上，然后带正电荷的原子或基团加到羰基氧原子上。

不同结构的醛、酮进行羰基加成反应的活性顺序为：

HCHO>RCHO>PhCHO>CH$_3$COCH$_3$> 环己酮 >CH$_3$COR>CH$_3$COPh>RCOPh>PhCOPh

1. 与氢氰酸加成

醛、脂肪族甲基酮、含八个碳以下的脂环酮与氢氰酸加成，生成α-羟基腈（氰醇）。例如：

CH$_3$—C(=O)—H + HCN $\xrightarrow{OH^-}$ CH$_3$—CH(OH)—CN

产物α-羟基腈和原料醛、酮相比增加了一个碳原子，羰基与氢氰酸的加成反应是增长碳链的常用方法之一。α-羟基腈中氰基水解可生成羧酸，若同时加热，α-羟基酸可进一步脱水，最终生成 α，β-不饱和酸。例如：

$$CH_3-\overset{\overset{\displaystyle OH}{|}}{C}H-CN \xrightarrow{H^+/H_2O} CH_3\overset{\overset{\displaystyle OH}{|}}{C}H-COOH \xrightarrow[\triangle]{H^+/H_2O} CH_2=CHCOOH$$

$$CH_3\overset{\overset{\displaystyle O}{||}}{C}CH_3 + HCN \xrightarrow{NaOH} CH_3-\overset{\overset{\displaystyle OH}{|}}{\underset{\underset{\displaystyle CH_3}{|}}{C}}-CN \xrightarrow[H_2SO_4]{CH_3OH} CH_2=\overset{}{\underset{\underset{\displaystyle CH_3}{|}}{C}}-\overset{\overset{\displaystyle O}{||}}{C}OCH_3$$

该产物主要用于合成聚甲基丙烯酸甲酯（有机玻璃），还可用于制黏合剂、润滑剂等。

2. 与亚硫酸氢钠加成

醛、脂肪族甲基酮、含八个碳以下的脂环酮与饱和（40%）亚硫酸氢钠水溶液加成，生成 α-羟基磺酸钠。例如：

$$CH_3-\overset{\overset{\displaystyle O}{||}}{C}-CH_3 + NaHSO_3 \rightleftharpoons CH_3-\overset{\overset{\displaystyle OH}{|}}{\underset{\underset{\displaystyle SO_3Na}{|}}{C}}-CH_3$$

α-羟基磺酸钠易溶于水，但不溶于饱和 $NaHSO_3$ 溶液中析出无色晶体。因此，可用过量的饱和 $NaHSO_3$ 溶液来鉴别醛、甲基酮和含八个碳以下的脂环酮。此外由于该加成反应是可逆的，生成的 α-羟基磺酸钠在稀酸或稀碱作用下可以分解成原来的醛、酮，利用这一性质也可从醛、酮混合物中分离提纯醛、甲基酮和少于八个碳的脂环酮。例如：

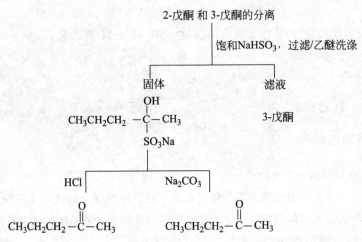

3. 与醇加成

在干燥氯化氢或无水强酸的催化下，一分子醛与一分子醇发生加成反应生成半缩醛（α-羟基醚）。例如：

$$CH_3-\overset{\overset{\displaystyle O}{||}}{C}H + H-OC_2H_5 \xrightarrow{\text{干} HCl} CH_3-\overset{\overset{\displaystyle OC_2H_5}{|}}{\underset{\underset{\displaystyle H}{|}}{C}}-OH$$

乙醛缩一乙醇
（半缩醛）

半缩醛中的羟基受烃氧基影响而变得比较活泼，能够继续与另一分子醇羟基发生脱水反应（两者之间缩去一分子水），生成较半缩醛稳定的化合物——缩醛。例如：

$$CH_3-\overset{OC_2H_5}{\underset{H}{C}}-\boxed{OH} \underset{\boxed{H}-OC_2H_5}{\overset{干HCl}{\rightleftharpoons}} CH_3-\overset{OC_2H_5}{\underset{H}{C}}-OC_2H_5$$

乙醛缩二乙醇
(缩醛)

生成缩醛的反应可以看成一分子醛和两分子醇间脱去一分子水。

醇与酮的反应相对困难，但二元醇可与酮作用生成缩酮。例如：

$$CH_3-\overset{O}{\overset{\|}{C}}-CH_3 + \overset{CH_2-CH_2}{\underset{OH\quad OH}{}} \longrightarrow CH_3-\underset{CH_3}{\overset{O\quad O}{\underset{|}{C}}}\overset{CH_2-CH_2}{}$$

丙酮缩乙二醇

缩醛（酮）是同碳二醚，对碱、氧化剂及还原剂稳定，但在稀酸溶液中，室温下即可水解生成原来的醛（酮）和醇。例如：

$$CH_3-\overset{OC_2H_5}{\underset{H}{C}}-OC_2H_5 \xrightarrow{H_2O/H^+} CH_3CHO + 2C_2H_5OH$$

在有机合成中常用生成缩醛或缩酮的方法来保护醛基或酮基。例如：

$$CH_3-CH=CH-CHO \text{ 合成 } CH_3-CH_2-CH_2-CHO$$

（催化加氢还原碳碳双键的同时,醛基也可被还原成醇羟基）

对苯二甲醛 合成 对羟甲基苯甲酸

（醛基较醇羟基更易发生氧化反应）

因此上述合成中首先需将醛生成缩醛，以免醛基被还原或氧化，待反应结束后，用稀酸分解缩醛使原来的醛基复原。

4. 与格氏试剂加成

格氏试剂（RMgX）中的碳镁键具有极性，与金属镁相连的碳原子带有部分负电荷，镁原子带部分正电荷，格氏试剂与醛、酮很容易发生加成反应，加成产物经水解生成醇。例如：

$$HCHO + C_2H_5MgBr \xrightarrow{无水乙醚} H-\overset{OMgBr}{\underset{H}{C}}-C_2H_5 \xrightarrow{H_2O/H^+} H-\overset{OH}{\underset{H}{C}}-C_2H_5$$

甲醛 　　　　　　　　　　　　　　　　　　　　　　伯醇

$$CH_3CH_2CHO + C_2H_5MgBr \xrightarrow{无水乙醚} CH_3CH_2-\overset{OMgBr}{\underset{H}{C}}-C_2H_5 \xrightarrow{H_2O/H^+} CH_3CH_2-\overset{OH}{\underset{H}{C}}-C_2H_5$$

醛 　　　　　　　　　　　　　　　　　　　　　　　仲醇

$$CH_3CCH_3 + C_2H_5MgBr \xrightarrow{\text{无水乙醚}} CH_3-\underset{\underset{CH_3}{|}}{\overset{\overset{OMgBr}{|}}{C}}-C_2H_5 \xrightarrow{H_2O/H^+} CH_3-\underset{\underset{CH_3}{|}}{\overset{\overset{OH}{|}}{C}}-C_2H_5$$

　　　　　　酮　　　　　　　　　　　　　　　　　　　　　　　　　　　　　　　　叔醇

　　醛、酮与格氏试剂加成在有机合成中可制备伯、仲、叔醇。产物醇中所增加的碳原子数取决于格氏试剂中烃基的碳原子数。例如：以三个碳的有机物为原料合成 3-己醇及 2-甲基-2-戊醇。

　　3-己醇为仲醇，因此可选用含有三个碳原子的丙醛为原料（考虑原料的限制，故舍弃丁醛）与相应的格氏试剂反应。$CH_3CH_2\overset{\overset{OH}{|}}{C}H-R$ 结构中 $CH_3CH_2\overset{\overset{OH}{|}}{C}H-$ 来自丙醛，剩余烃基部分则由格氏试剂提供，因此选用的格氏试剂为 $CH_3CH_2CH_2MgX$，从而推知卤代烃为 $CH_3CH_2CH_2X$。

　　2-甲基-2-戊醇为叔醇，可选用含有三个碳原子的丙酮为原料（由于原料原因，舍弃2-戊酮），$CH_3-\underset{\underset{CH_3}{|}}{\overset{\overset{OH}{|}}{C}}-R$ 结构中剩余烃基部分由格式试剂 $CH_3CH_2CH_2MgX$ 提供，故选用卤代烃为 $CH_3CH_2CH_2X$。

5. 与氨衍生物的加成

　　氨分子中的氢原子被其他原子或基团取代后生成的化合物叫做氨的衍生物，例如：羟胺（NH_2-OH）、肼（NH_2-NH_2）、苯肼（$-NHNH_2$）、2，4-二硝基苯肼（$H_2NHN-$$-NO_2$）等。这些氨的衍生物可以和醛、酮发生加成反应，由于加成产物本身不稳定，容易脱水最终生成具有 $C=N$ 双键结构的化合物。因此，这类反应称为加成-缩合反应。例如：

$$CH_3-\overset{\overset{O}{\|}}{C}-H + NH_2OH \longrightarrow CH_3-\underset{\underset{H}{|}}{\overset{\overset{OH}{|}}{C}}-\overset{\overset{H}{|}}{N}-OH \xrightarrow{\text{分子内脱水}} CH_3C=N-OH + H_2O$$
$$\underset{H}{|}$$

　　　　　　　　　　　　　　　　　　　　不稳定　　　　　　　　　　　　乙醛肟

$$\text{环己酮} = O + NH_2OH \longrightarrow \text{环己酮} = N-OH\downarrow + H_2O$$
　　　　　　　　　　　　　　　　　　　　　　环己酮肟

$$CH_3\overset{\overset{O}{\|}}{C}CH_3 + NH_2-NH_2 \longrightarrow CH_3-\underset{\underset{CH_3}{|}}{C}=N-NH_2\downarrow + H_2O$$
　　　　　　　　　　　　　　　　　　　　　丙酮腙

$$CH_3\overset{\overset{O}{\|}}{C}CH_3 + \text{苯肼} \longrightarrow CH_3-\underset{\underset{CH_3}{|}}{C}=N-NH-\text{苯}$$
　　　　　　　　　　　　　　　　丙酮苯腙

　　醛、酮和氨的衍生物的缩合产物一般都是不溶于水的晶体（反应伴有明显的实验现象），且具有固定的熔点（通过测定缩合产物的熔点，对照手册或文献，可确定缩合前醛、酮的结构），因此可以用于醛、酮的定性及定量鉴别。此外，醛、酮与氨衍生物的反应是可逆的，缩合产物在稀酸存在下又可水解为原来的醛、酮，所以此反应也可以用来分离提纯醛、酮。

二、α-H 的反应

　　烯烃的 α-H 受碳碳双键的影响，具有一定的活性。醛、酮的 α-H 受碳氧双键（羰基）的影响，也具有较大的活性，并由此可发生一系列化学反应。

　　1. 卤代及卤仿反应

　　醛、酮中的 α-H 可进行卤代反应，生成 α-卤代醛、酮，酸或碱均可催化该反应。

　　反应在酸催化时，通过控制反应条件或卤素的用量，可以控制反应，使产物停留在一卤代物、二卤代物或三卤代物阶段。例如：

$$CH_3-\overset{\displaystyle O}{\overset{\|}{C}}-CH_3 + Cl_2 \xrightarrow{H^+} CH_3-\overset{\displaystyle O}{\overset{\|}{C}}-CH_2Cl$$

　　该产物在医药中用作氧氟沙星中间体，在有机合成中用作抗氧剂的中间体。

　　反应在碱催化时，反应速率快，反应较难控制，因此反应很难停留在一卤代阶段。乙醛、甲基酮（丙酮、丁酮等）分子中含有 $CH_3-\overset{\displaystyle O}{\overset{\|}{C}}-$ 结构，与卤素的碱溶液（次卤酸钠）作用，三个 α-H 都会被卤代，生成的 $CX_3-\overset{\displaystyle O}{\overset{\|}{C}}-C$ 在碱性条件下不稳定，易分解生成卤仿。例如：

$$CH_3-\overset{\displaystyle O}{\overset{\|}{C}}-CH_2CH_3 + 3NaOX \longrightarrow CX_3-\overset{\displaystyle O}{\overset{\|}{C}}-CH_2CH_3 \xrightarrow{NaOH} CHX_3 + CH_3CH_2COONa$$

　　反应最终生成物是卤仿，因此将次卤酸钠的碱溶液与醛或酮作用生成三卤甲烷的反应称为卤仿反应。

　　次卤酸盐是氧化剂，可将 $CH_3-\overset{\displaystyle OH}{\overset{\|}{CH}}-$ 结构的醇氧化成乙醛或甲基酮，因此此类醇也可发生卤仿反应。

　　反应中所用卤素若为碘，则得到的卤仿为碘仿（CHI_3），碘仿是一种不溶于水的黄色结晶，该反应又称碘仿反应。例如：

$$CH_3-\overset{\displaystyle OH}{\underset{\displaystyle H}{\overset{\|}{\underset{\|}{C}}}}-H \xrightarrow[OH^-]{I_2} \underset{\text{黄色}}{CHI_3\downarrow} + HCOONa$$

　　卤仿反应可用于由甲基酮合成少一个碳原子的羧酸（减碳合成羧酸）。此外，利用碘仿反应可鉴别乙醛、甲基酮以及具有 $CH_3-\overset{\displaystyle OH}{\overset{\|}{CH}}-$ 结构的醇。

　　2. 羟醛缩合反应

　　缩合反应是指两个或多个有机物分子相互作用后，以共价键结合成一个大分子，并伴有失去小分子（如水、氨、氯化氢）的反应。

在稀碱溶液中，含有 α-H 的两分子醛相互作用，其中一分子醛发生 α-H 键断裂，与另一分子醛中羰基发生加成反应，生成 β-羟基醛。β-羟基醛不稳定，受热或在酸的作用下可脱水生成 α，β-不饱和醛，这种反应叫做羟醛缩合反应。羟醛缩合反应综合了羰基化合物 α-H 原子的活性及羰基加成反应的特性。例如：

$$CH_3\overset{O}{\overset{\|}{C}}-H + CH_3\overset{O}{\overset{\|}{C}}-H \xrightarrow{10\% \ NaOH} CH_3\underset{\underset{H}{|}}{\overset{\overset{OH}{|}}{C}}-CH_2-\overset{O}{\overset{\|}{C}}-H \xrightarrow[\triangle]{脱水} CH_3-CH=CH-\overset{O}{\overset{\|}{C}}-H$$

乙醛中的 α-H 解离形成碳　　　　　　　　　　β-羟基丁醛　　　　　　　　2-丁烯醛

负离子 $\overset{-}{C}H_2CHO$

β-羟基丁醛用于合成丁烯醇，橡胶工业用于制防老剂，医药工业用作镇定剂和安眠剂。

2-丁烯醛通过氧化可制丁烯酸，最重要的用途是制备山梨酸（2,4-己二烯酸）。

$$2CH_3CH_2CHO \xrightarrow{OH^-} CH_3CH_2\overset{\overset{OH}{|}}{CH}-\underset{\underset{CH_3}{|}}{CH}-CHO \xrightarrow{金属氢化物} CH_3CH_2\overset{\overset{OH}{|}}{CH}-\underset{\underset{CH_3}{|}}{CH}-CH_2OH$$

$$\downarrow \triangle \ -H_2O$$

$$CH_3CH_2CH_2\underset{\underset{CH_3}{|}}{CH}CH_2OH \xleftarrow{Ni/H_2} CH_3CH_2CH=\underset{\underset{CH_3}{|}}{C}-CHO \xrightarrow{金属氢化物} CH_3CH_2CH=\underset{\underset{CH_3}{|}}{C}-CH_2OH$$

$$\downarrow \begin{array}{l}①2ROH\\②H_2/Ni\\③H_2O/H^+\end{array}$$

$$CH_3CH_2CH_2\underset{\underset{CH_3}{|}}{CH}CHO$$

羟醛缩合可以合成比原料醛碳原子数多一倍的醛或醇，在有机合成中具有极其广泛的应用。

含有 α-H 的两种不同醛之间发生的羟醛缩合反应，称为交叉羟醛缩合反应，由于得到四种不同产物的混合物，产品分离困难，有机合成上意义不大。

若选用一种含 α-H 的醛，将其缓慢滴加到不含 α-H 的醛与碱的混合液中，由于混合物中含 α-H 的醛浓度较低，发生自身羟醛缩合的概率很小，最终可得单一产物。例如：

$$HCHO + (CH_3)_2CHCHO \xrightarrow[40℃]{稀 \ Na_2CO_3} HOCH_2-\underset{\underset{CH_3}{|}}{\overset{\overset{CH_3}{|}}{C}}-CHO$$

2,2-二甲基-3-羟基丙醛

$$\bigcirc\!\!\!-CHO + CH_3CHO \xrightarrow[0\sim6℃]{稀 \ NaOH} \bigcirc\!\!\!-CH=CHCHO$$

3-苯基丙烯醛

（肉桂醛）

肉桂醛可用于调制素馨，铃兰，玫瑰等日用香精，也可用于食品香料。

三、氧化反应

在氧化反应中，醛、酮有明显的差异。在强氧化剂（$KMnO_4$、HNO_3 等）作用下，醛被氧化生成碳原子数相同的羧酸；酮被氧化时发生碳链断裂，生成碳原子数减少的羧酸混合物；脂环酮则被氧化成单一的二元酸。

由于醛基（ $-\overset{\overset{\displaystyle O}{\|}}{C}-H$ ）中氢原子活泼，因此醛也可被弱氧化剂如托伦试剂（氢氧化银的氨溶液）氧化成羧酸，而托伦试剂自身被还原成银附着在反应的容器壁上，形成光亮的银镜，故称此反应为银镜反应。例如：

$$CH_3CH_2CHO + 2Ag(NH_3)_2OH \xrightarrow[\triangle]{水浴} CH_3CH_2COONH_4 + 3NH_3\uparrow + 2Ag\downarrow + H_2O$$

脂肪醛

该反应伴有银镜生成，酮不发生上述反应，可用来鉴别醛。

费林试剂（硫酸铜溶液与酒石酸钾钠溶液混合）也是弱氧化剂，但其氧化能力弱于托伦试剂，只可将脂肪醛氧化成羧酸，而二价铜离子被还原成砖红色的氧化亚铜沉淀。例如：

$$CH_3CH=CHCHO + 2Cu^{2+} + OH^- + H_2O \longrightarrow CH_3CH=CHCOO^- + Cu_2O\downarrow + 4H^+$$

酮和芳香醛不发生上述反应，因此可用费林试剂鉴别脂肪醛。

托伦试剂、费林试剂不能氧化分子中的碳碳双键、三键及 β 位或 β 位以远的羟基，在有机合成中可作为选择性氧化剂。例如：

$$CH_3CH=CHCHO \xrightarrow{托伦试剂（或费林试剂）} CH_3CH=CHCOOH$$

$$HOCH_2CH_2CHO \xrightarrow{托伦试剂（或费林试剂）} HOCH_2CH_2COOH$$

四、还原反应

醛、酮都可以被还原。还原剂不同，其还原产物也不同。

1. 还原成醇

催化加氢可将醛、酮还原为伯醇和仲醇。该方法产率高，后处理简单，但选择性差（若分子中存在碳碳不饱和键，也可被还原）。例如：

$$CH_3CH_2CH_2C\overset{\overset{\displaystyle CH_2CH_3}{|}}{=}C-CHO \xrightarrow{\overset{\displaystyle H_2}{Ni}} CH_3CH_2CH_2CH_2CH-\overset{|}{\underset{\displaystyle CH_2CH_3}{|}}CH_2OH$$

2-乙基-2-己烯醛　　　　　　　　　　　　　2-乙基-1-己醇

该产物可用于合成增塑剂。

金属氢化物（硼氢化钠 $NaBH_4$、氢化铝锂 $LiAlH_4$）也可将醛、酮还原为伯醇、仲醇，且选择性好（只还原分子中所含羰基，碳碳不饱和键不被还原）。例如：

苯丙烯醇（肉桂醇）

肉桂醇具有风信子的优雅香味，可用于化妆品、香精中。

$$\text{⬡}=O \xrightarrow{\text{NaBH}_4} \text{⬡}-OH$$

2. 还原成烃

在酸性或碱性条件下，醛、酮中的羰基可直接还原成亚甲基（ $\diagdown CH_2$ ）。

在酸性条件下，醛、酮与锌汞齐和浓盐酸共热，羰基可直接被还原成亚甲基，这个反应称为克莱门森（Clemmensen）还原。例如：

$$ClCH_2-\text{⬡}-\overset{\overset{O}{\|}}{C}CH_3 \xrightarrow{\text{Zn-Hg/HCl}} ClCH_2-\text{⬡}-CH_2CH_3$$

反应物对酸敏感不适用，如含醚键的醛、酮。

该反应可用来合成直链烷基苯。芳烃与含三个或三个以上碳的直链烷基化试剂进行傅-克烷基化反应时，主要生成烷基重排的产物，而芳烃的傅-克酰基化反应无重排产物，因此可先将芳烃进行酰基化反应生成酮，然后将其还原成烷基苯。

在碱性条件下，醛、酮与水合肼在高沸点溶剂（二甘醇、三甘醇等）中与碱共热回流，羰基被还原成亚甲基，这个反应称为沃尔夫-凯西纳-黄鸣龙（Wolff-Kishner-黄鸣龙）反应。例如：

$$\text{⬡}-\overset{\overset{O}{\|}}{C}CH_2CH_3 \xrightarrow[\text{(HOCH}_2\text{CH}_2)_2\text{O,}\triangle]{\text{H}_2\text{NNH}_2,\text{KOH}} \text{⬡}-CH_2CH_2CH_3$$

反应物对碱敏感不适用。

3. 歧化反应

不含 α-H 的醛在浓碱作用下，可发生自身氧化还原反应，一分子醛被氧化成羧酸，另一分子醛被还原成醇，这种反应称为歧化反应，又称为康尼查罗（Cannizzaro）反应。

例如：

$$2HCHO \xrightarrow{\text{浓 NaOH}} HCOONa + CH_3OH$$

$$2\,\text{⬡}^{CHO} \xrightarrow{\text{浓 NaOH}} \text{⬡}^{COONa} + \text{⬡}^{CH_2OH}$$

两种不同的无 α-H 醛可以进行交叉歧化反应。例如：

$$\text{⬡}^{CHO} +HCHO \xrightarrow{\text{浓 NaOH}} HCOONa + \text{⬡}^{CH_2OH}$$

由于甲醛还原性较强，所以甲醛被氧化成甲酸，另一种醛被还原成醇。

在有机合成中可利用甲醛与芳香醛的康尼查罗反应将芳香醛还原成芳香醇。

第四节　醛、酮的制备

一、炔烃的水合

乙炔水合是工业上制备乙醛的方法之一。

$$HC \equiv CH + H_2O \xrightarrow[\text{HgSO}_4, \text{H}_2\text{SO}_4]{} CH_3CHO$$

其他末端炔烃水合可制备甲基酮。例如：

$$CH_3C \equiv CH + H_2O \xrightarrow[\text{HgSO}_4, \text{H}_2\text{SO}_4]{} CH_3COCH_3$$

甲基环己基酮

二、由烯烃制备（羰基合成）

在八羰基二钴〔Co(CO)₄〕₂催化下，烯烃与氢气和一氧化碳作用，生成比此原料烯烃多一个碳原子的醛（相当于向双键加了一个醛基和氢原子），该反应称为羰基合成。例如：

$$CH_3CH = CH_2 + H_2 + CO \xrightarrow[140 \sim 180℃, 25MPa]{[\text{Co(CO)}_4]_2} CH_3CH_2CH_2CHO + CH_3\overset{\underset{\displaystyle |}{CH_3}}{C}HCHO$$

（主） （次）

工业上常用烯烃进行羰基合成制备醛，然后再通过还原从而制备某些低级醇。

三、由醇氧化或脱氢

伯醇、仲醇氧化是制备相应的醛、酮的重要方法。例如：

$$(CH_3)_2CHCH_2CH_2OH \xrightarrow[\text{Na}_2\text{Cr}_2\text{O}_7, \text{H}_2\text{SO}_4]{} (CH_3)_2CHCH_2CHO$$

该产物在工业上可生产异戊酸，可配制水果型香精，也是医药香料、调味料的原料。

反应中为避免醛进一步被氧化成羧酸，可采用边反应边将醛从反应体系中蒸出的操作。

$$C_2H_5\overset{\underset{\displaystyle |}{OH}}{C}HC_2H_5 \xrightarrow[\text{Na}_2\text{Cr}_2\text{O}_7, \text{H}_2\text{SO}_4]{} C_2H_5\overset{\underset{\displaystyle \|}{O}}{C}C_2H_5$$

该产物为有机合成原料，也可用作溶剂。

工业上将醇的蒸气通过加热的催化剂，可发生脱氢反应，生成相应的醛或酮。例如：

$$CH_3CH_2CH_2CH_2CH_2CH_2OH \xrightarrow[300 \sim 320℃]{\text{钼钒磷酸铜}} CH_3CH_2CH_2CH_2CH_2CHO$$

该产物可用作合成香料的原料和制取己酸。

$$CH_3CH_2\overset{\underset{\displaystyle |}{OH}}{C}HCH_3 \xrightarrow[355℃]{\text{锌类催化剂}} CH_3CH_2\overset{\underset{\displaystyle \|}{O}}{C}CH_3$$

丁酮

丁酮是一种优良溶剂，用于炼油工业溶剂脱蜡，丁酮还是制备医药、染料、洗涤剂的中间体。

四、傅瑞德尔-克拉夫茨反应

傅-克反应是制备芳香酮的重要方法。例如：

$$\text{（苯环）} + CH_3CH_2COCl \xrightarrow{AlCl_3} \text{（苯环）} COCH_2CH_3$$

苯丙酮

苯丙酮用于有机合成，医药工业用于制利胆药利胆醇。

该方法只适用于芳环上不连有强吸电基的芳烃。

第五节 重要的醛、酮

一、乙醛

乙醛是无色、有刺激性气味的液体，沸点 20.8℃。其蒸气与空气混合物的爆炸极限为 4.5%～60.5%（体积分数）。乙醛与水和多种有机溶剂如丙酮、苯、乙醇、乙醚、汽油等可以任何比例互溶。

室温时，在少量无机酸或酸性阳离子交换剂存在下，乙醛可聚合生成环状三聚乙醛。在少量硫酸存在下，加热三聚乙醛蒸馏可解聚成乙醛，因此可利用三聚乙醛的易解聚性储存乙醛及在合成中代替乙醛。

工业生产乙醛主要有乙炔水合法、乙醇氧化或脱氢、乙烯直接氧化法。

乙醛本身几乎没有直接用途，但是作为重要的中间体可用来合成乙酸、乙酸酐、3-羟基丁醛、丁烯醛和氯乙醛等。

二、苯甲醛

苯甲醛存在于苦杏仁中，因此俗称为苦杏仁油，苯甲醛也是精油的主要成分。苯甲醛是有苦杏仁味的液体，沸点 179℃（101.3kPa），微溶于水，易溶于乙醚、乙醇等有机溶剂。

苯甲醛的生产主要用苯二氯甲烷水解和甲苯部分氧化。

$$\text{（苯环）} CHCl_2 + H_2O \xrightarrow[\text{或 } OH^-]{H^+} \text{（苯环）} CHO$$

$$\text{（苯环）} CH_3 + O_2 \xrightarrow[80\sim250℃]{\text{钴或镍}} \text{（苯环）} CHO$$

苯甲醛是合成染料的中间体，如染料工业用于合成三苯甲烷。医药工业可生产麻黄素和氯霉素。苯甲醛本身及其衍生物（肉桂醛、水杨醛）可用作香料及调味料，直接应用于肥皂、食品、饮料及其他产品中。

三、丙酮

丙酮是无色、有微刺激性芳香气味的液体，沸点 56.5℃，能以任何比例与水及甲醇、乙醇、醚等多种有机溶剂互溶。

丙酮生产现多采用异丙苯法、异丙醇脱氢或氧化和丙烯氧化法。

$$2CH_3CH{=\!=}CH_2 + O_2 \xrightarrow[90\sim120℃,1MPa]{PdCl_2\text{-}CuCl_2} 2CH_3COCH_3$$

　　丙酮是有机合成的中间体，可用来合成甲基丙烯酸酯、双酚 A、乙烯酮、异戊二烯等。丙酮在医药工业中是合成维生素 C 和麻醉剂索佛那的原料之一。丙酮作为溶剂也占有较大的消费比例。

生活中甲醛的来源及危害

　　甲醛是一种重要的基本有机化工原料。它能与众多化合物进行反应，生产许多重要的化工中间体和衍生物，并广泛应用于化工、林产品加工、农药、轻工、纺织、建筑等众多领域。2007 年世界甲醛产量达到 4000 万吨以上（37%HCHO）。我国甲醛工业经过 50 多年的发展，甲醛生产能力和产量已居世界第一。

　　现代人生活中的甲醛污染问题主要集中在居室、纺织品和食品中。

　　一、居室中甲醛的来源

　　① 来自于用作室内装饰的胶合板、细木工板、中密度纤维板和刨花板等人造板材。因为甲醛具有较强的黏合性，还具有加强板材的硬度及防虫、防腐的功能，所以目前生产人造板使用的胶黏剂是以甲醛为主要成分的脲醛树脂，板材中残留的和未参与反应的甲醛会逐渐向周围环境释放，从而导致室内空气中甲醛含量超标。

　　② 来自于用人造板制造的家具。一些家具生产厂家为了追求利润，使用不合格的板材，以及制造工艺的不规范，使家具成了甲醛的排放站。

　　③ 来自于含有甲醛成分的其他各类装饰材料，比如白乳胶、泡沫塑料、油漆和涂料等。乳胶胶黏剂在装饰装修中广泛用于木器工程和墙面处理方面，特别是封闭在墙面的乳胶中的甲醛很难清除。

　　二、织物中甲醛的来源

　　来自于室内装饰纺织品，包括床上用品、墙布、墙纸、化纤地毯、窗帘和布艺家具。在纺织生产中，为了增加抗皱性能、防水性能、防火性能，常加入一些含有甲醛的防皱整理剂，其中工业上普遍应用的以 N-羟甲基作为活性基团的酰胺甲醛类，或称之为 N-羟甲基酰胺类，在使用时会释放出甲醛。

　　三、食品中甲醛的来源

　　1. 人为添加

　　部分生产企业和不法商贩为牟取暴利将甲醛或甲醛次硫酸氢钠非法添加到食品中，用于食品消毒、防腐、改变食品外观品质等，如在水产品中加入甲醛，可以延长保质期，增加持水性、韧性；在面粉、米粉等食品中加入甲醛或甲醛次硫酸氢钠增加洁白度。

　　2. 食品原、辅料污染

　　一些工厂使用甲醛作为助剂生产树脂、纺织品等产品，造成外界环境的甲醛污染，进而污染了食品企业在加工过程中所用到的原辅料，使最终产品含有甲醛。

3. 食品容器污染

加工过程中某些容器、管道、包装材料等含有微量甲醛，其中劣质的包装材料，释放出较大量的甲醛，污染了食品。

4. 动植物"内生"甲醛

研究表明甲醛是某些氨基酸生物合成所必需的前体物质，可在动植物体内自然产生，是一种自身的代谢产物。目前，对食物内生甲醛研究最多的是真菌类中的香菇。香菇中的甲醛是经酸解香菇菌酸形成，香菇菌酸又是香菇精的前体物质，是香菇干品的主要芳香物质，此化合物是一种硫代 γ-谷氨酰半胱氨酸缩氨酸，在 157～158℃下分解。香菇中甲醛是香菇生长发育过程中逐步产生的，是香菇特有正常生理代谢产物。

某些新鲜捕捞的水产品本身含有一定量的甲醛，并且在储存和加工过程甲醛含量会有不同程度的增加。新鲜的鳕鱼中就有甲醛的存在。水产品中内源性甲醛主要前体物质是氧化三甲胺。氧化三甲胺是鱼鲜美味道的主要来源，同时也是一种蛋白质稳定剂和有机渗透剂，它广泛分布于海产硬骨鱼类的肌肉中。

甲醛毒性较高，已经被世界卫生组织确定为致癌和致畸物质，是公认的变态反应源，也是潜在的强致突变物之一，在中国有毒化学品优先控制名单中高居第二位。甲醛对人体健康的影响表现在嗅觉异常、刺激、过敏、肺功能异常、肝功能异常和免疫功能异常等方面。发生甲醛急性经口中毒可直接损伤人的口腔、咽喉、食道和胃黏膜，同时产生中毒反应，轻者头晕、咳嗽、呕吐、上腹疼痛，重者出现昏迷、休克、肺水肿、肝肾功能障碍，导致出血、肾衰竭和呼吸衰弱而死亡。长期接触低浓度甲醛，可引起神经系统、免疫系统、呼吸系统和肝脏的损害，出现头昏（痛）、乏力、嗜睡、食欲减退、视力下降等中毒症状。

甲醛污染问题已渗透到生活中的每个角落，严重威胁人体健康，应引起人们的高度关注。

习　题

1. 命名下列化合物

(1)　CH_3CHCH_2CHCHO
　　　　　$|$　　　$|$
　　　　　CH_3　　CH_3

(2)　$(CH_3)_2CH-\overset{\displaystyle O}{\overset{\|}{C}}-CH_2CH_3$

(3)　环己基-$CH_2\overset{\displaystyle O}{\overset{\|}{C}}CH_3$

(4)　苯环（CHO，OCH₃取代）

(5)　环己酮（取代 CH_3，C_2H_5）

(6)　$CH_3\overset{\displaystyle O}{\overset{\|}{C}}CH_2CH=CH_2$

2. 写出下列化合物的构造式

(1) 2-甲基环戊酮

(2) 水杨醛

(3) 间硝基苯甲醛

(4) 对溴苯乙酮

(5) 2,4-二甲基-3-戊酮

(6) 异戊醛

3. 将下列化合物按沸点由高到低的顺序排列

(1) $CH_3CH_2CH_2OH$　　　(2) $CH_3OC_2H_5$　　　(3) CH_3COCH_3

4. 将下列化合物按羰基的活性由强到弱排列成序

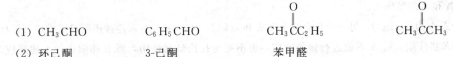

(1) CH_3CHO　　　　C_6H_5CHO　　　　$CH_3\overset{O}{C}C_2H_5$　　　　$CH_3\overset{O}{C}CH_3$

(2) 环己酮　　　　　3-己酮　　　　　苯甲醛

5. 用化学方法鉴别下列各组化合物

(1) 乙醛　　　　　丙醛　　　　　丙酮

(2) 苯甲醛　　　　苯甲醇　　　　苯酚

(3) 异丙醇　　　　2-戊酮　　　　环己酮

6. 环己烷氧化法制环己酮得环己醇和环己酮混合物，试用化学方法将二者分离。

7. 完成下列反应式

(1) ⬡—CHO $+$ HCN $\xrightarrow{OH^-}$? $\xrightarrow{H_2O/H^+}$?

(2) $CH_3-CH=CH-CHO$ $\xrightarrow[\text{干 HCl}]{2CH_3CH_2OH}$? $\xrightarrow{H_2/Ni}$? $\xrightarrow{H_2O/H^+}$?

(3) $CH_3-\overset{O}{C}-CH=CH_2$ $\xrightarrow[Ni]{H_2}$?

(4) $CH_3-CH=CH-CHO$ $\xrightarrow{NaBH_4}$?

(5) $(CH_3)_3CCHO + HCHO$ $\xrightarrow[\triangle]{\text{浓 NaOH}}$? + ?

(6) ⬡=O $\xrightarrow[(HOCH_2CH_2)_2O, \triangle]{H_2NNH_2, KOH}$?

(7) ⬡ $+ CH_3CH_2COCl$ $\xrightarrow{AlCl_3}$? $\xrightarrow[\triangle]{Zn/Hg, \text{浓 HCl}}$?

(8) ⬡—OH $\xrightarrow[H_2SO_4]{K_2Cr_2O_7}$? $\xrightarrow{NH_2-NH_2}$?

(9) $CH_3C\equiv CH + H_2O$ $\xrightarrow[H_2SO_4]{Hg^{2+}}$ $\xrightarrow[NaOH]{I_2}$? +?

(10) $CH_3CH=CH_2 + HBr$ $\xrightarrow{\text{过氧化物}}$? $\xrightarrow[\text{无水乙醚}]{Mg}$? $\xrightarrow{CH_3CHO}$?

8. 由指定原料合成下列化合物

(1) 乙炔合成正丁醇

(2) ⬡—CH=CH_2、HCHO $\longrightarrow$ ⬡—CH_2—CH_2—$\overset{O}{C}$H

(3) 正丙醇 $\longrightarrow$ $CH_3CH_2\overset{O}{C}CH_2CH_2CH_3$

(4) ⬡=O $\longrightarrow$ 1,2-二溴环己烷

(5) $CH_3CHO \longrightarrow CH_2\!\!=\!\!CH\!\!-\!\!CH\!\!=\!\!CH_2$

9. 化合物 A 与高锰酸钾反应生成环戊甲酸，与浓硫酸作用后再水解，生成醇 B ($C_7H_{14}O$)。B 能发生碘仿反应。试推断 A 和 B 的结构式。

10. 某化合物分子式 A 为 $C_5H_{10}O$，另一个化合物分子式 B 为 $C_5H_8O_2$。A 与 B 都能被还原成正戊烷，并且都能与羟胺或苯肼作用。但 A 不能进行碘仿反应，也不能与托伦试剂作用，而 B 却能进行上述反应，试推断 A 与 B 的结构式。

第十一章 羧酸及其衍生物

　　羧酸广泛存在于自然界中，是一种具有明显酸性的有机化合物。许多羧酸在植物代谢过程中起着重要的作用，羧酸及其衍生物也是有机合成中的重要原料。羧酸分子中含有由羰基和羟基组成的基团——羧基，羧基（ $-\overset{\text{O}}{\underset{\|}{\text{C}}}-\text{OH}$ 可简写为—COOH）是羧酸的官能团。一元羧酸的通式为 R—COOH 和 Ar—COOH。从形式上看，羧基是由羰基和羟基组成，应体现出羰基和羟基的性质，实际上由于羰基和羟基相互影响，因此它们不同于醛、酮分子中的羰基和醇分子中的羟基。例如，羧基不能与 HCN、H_2N—OH 等进行加成反应。羧酸是一类新的有机化合物。

第一节 羧 酸

一、羧酸的分类、命名

1. 羧酸的分类

　　根据羧酸分子中烃基种类的不同可分为脂肪族、脂环族、芳香族羧酸。脂肪族羧酸又可根据烃基是否饱和，分为饱和脂肪酸和不饱和脂肪酸。根据羧酸分子中羧基数目，羧酸可分为一元羧酸、多元羧酸等。

脂肪族羧酸：　　　　　CH_3COOH　　　　　　　　　　　$CH_2=CHCOOH$

　　　　　　　　　　　　乙酸　　　　　　　　　　　　　　　　　丙烯酸

　　　　　　　　　　　　　　　　　　　　　　　　　　　　　（不饱和脂肪酸）

　　　　　　　　　HOOC—COOH　　　　　　　　$HOOC-CH_2-COOH$

　　　　　　　　　（二元羧酸）　　　　　　　　　　　（二元羧酸）

脂环族羧酸：

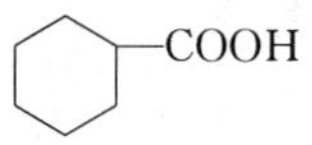

芳香族羧酸：

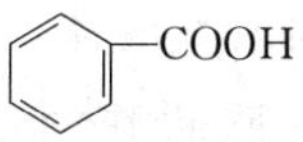

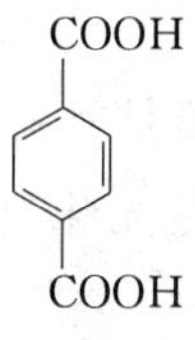

2. 羧酸的命名

（1）俗名

很多羧酸最初是从天然产物中得到的，因此通常根据它们的来源命名。例如：甲酸

（HCOOH）最初从蒸馏蚂蚁而得，故称蚁酸；在食醋中含乙酸（CH_3COOH）6%～8%，所以也称醋酸；高级一元羧酸可从脂肪水解中得到，因此开链的一元酸又称脂肪酸。常见的一些羧酸的俗名如下：

$$HOOC—COOH$$
草酸

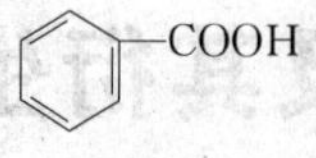

安息香酸

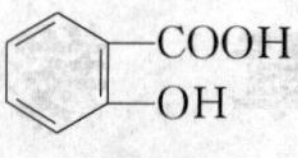

水杨酸

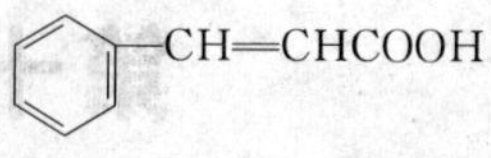

肉桂酸

（2）系统命名法

羧酸的系统命名原则和醛相似。命名时选择含有羧基的最长碳链作为主链，根据主链上的碳原子数称为"某"酸。主链碳原子的编号从羧基碳原子一端开始，脂肪族羧酸主链碳原子的编号也可用希腊字母表示，从与羧基相邻的碳原子开始依次用 α、β、γ、δ 等。例如：

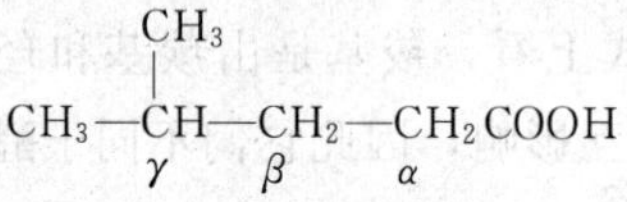

4-甲基戊酸

（γ-甲基戊酸）

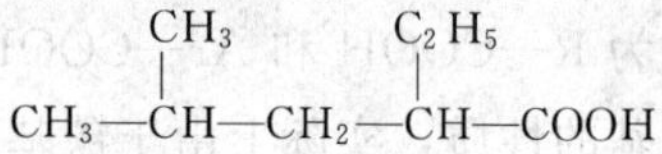

4-甲基-2-乙基戊酸

（γ-甲基-α-乙基戊酸）

分子中含有双键（或三键）时，应选择含有羧基和碳碳双键（或三键）在内的最长碳链为主链，从靠近羧基一端开始给主链编号。根据不饱和键的种类称为某烯酸或某炔酸，不饱和键的位次写在该名称前。例如：

$$CH_3CH=CHCOOH$$
2-丁烯酸

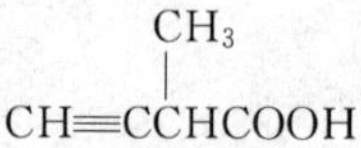

2-甲基-3-丁炔酸

$$HOOCCH=CHCOOH$$
丁烯二酸

芳香酸和脂环酸以脂肪酸作为母体，芳基和脂环基作为取代基。例如：

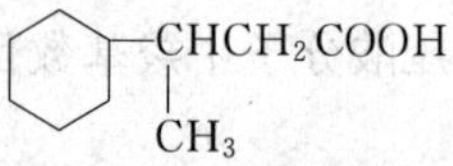

3-环己基丁酸

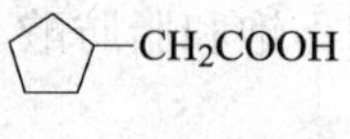

环戊基乙酸

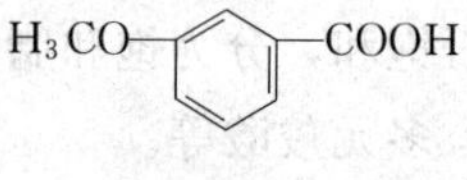

间甲氧基苯甲酸

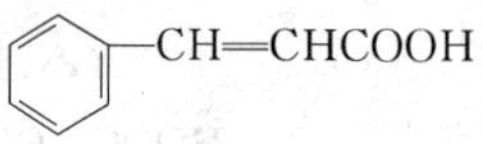

3-苯丙烯酸

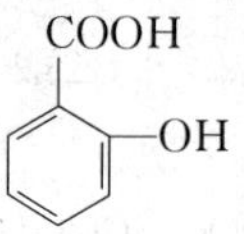

邻羟基苯甲酸

二、羧酸的物理性质

1. 物理状态

在常温下，C_1～C_3 羧酸都是具有酸味的刺激性液体，C_4～C_9 羧酸是具有腐败气味的油状液体，C_{10} 以上的羧酸是无味蜡状固体。脂肪族二元羧酸和芳香族羧酸都是晶状固体。

2. 沸点

羧基中的羟基和羰基都可以形成氢键，因此羧酸沸点较相对分子质量接近的醇高。例如：

名称	乙醇	甲酸	丙醇	乙酸	1-丁醇	丙酸
相对分子质量	46	46	60	60	74	74
沸点/℃	78.5	100.8	97.4	118	117.3	140.7

3. 溶解性

$C_1 \sim C_4$ 的羧酸可与水混溶（羧基形成氢键的能力强），随着烃基比例增加，水溶性迅速降低。C_{10} 以上的羧酸不溶于水而溶于乙醇、乙醚等有机溶剂。脂肪酸二元羧酸能溶于水和乙醇，但难溶于其他有机溶剂。芳香族二元酸一般不溶于水。

表 11-1 为常见羧酸的名称及物理常数。

表 11-1　常见羧酸的名称及物理常数

名称	熔点/℃	沸点/℃	溶解度/g·$(100g)^{-1}H_2O$	pK_{a_1}
甲酸（蚁酸）	8.4	100.8	∞	3.76
乙酸（醋酸）	16.6	118.0	∞	4.76
丙酸（初油酸）	−20.8	140.7	∞	4.87
丁酸（酪酸）	−6.0	165.5	∞	4.82
戊酸（缬草酸）	−34.5	186.1	4.97	4.84
己酸（半油酸）	−3.0	205.0	0.978	4.88
十二酸（月桂酸）	44.0	179.0	0.006	—
十六酸（软脂酸）	63.0	351.5	0.0007	—
苯甲酸（安息香酸）	122.4	249.0	0.34	4.19
乙二酸（草酸）	186.6（分解）	157.0（升华）	10.00	1.27
丙二酸（缩苹果酸）	135.6	140.0（分解）	138.00	2.86
丁二酸（琥珀酸）	185.0	235.0（脱水分解）	6.8	4.21

三、羧酸的化学性质

羧基是由羰基和羟基相连而成的一个整体，因此羧基的化学性质不是羰基和羟基的简单加和，而是作为一个整体表现出一定的特殊性。具体表现为羧基有明显的酸性

（ $-\overset{\overset{O}{\|}}{C}-O-H$ 中 O—H 键很容易发生断裂而解离出 H^+）；羧基中羟基（ $-\overset{\overset{O}{\|}}{C}-OH$ 中 C—O 键断裂）被取代生成羧酸衍生物；羧基脱去二氧化碳及羧基的还原；α-C—H 断裂发生取代反应。

1. 羧酸的酸性

羧酸在水中能够解离出氢离子而显酸性。

$$RCOOH + H_2O \Longrightarrow RCOO^- + H_3O^+$$

多数一元羧酸的 pK_a 在 3.5～5，甲酸的 $pK_a = 3.76$；乙酸的 $pK_a = 4.76$；其他的一元酸的 pK_a 为 4.7～5。羧酸和无机强酸相比属弱酸，但羧酸的酸性大于碳酸（$pK_a = 6.78$）、苯酚（$pK_a = 9.98$）。

羧酸可与 NaOH、Na_2CO_3、$NaHCO_3$ 等反应生成盐。例如：

$$CH_3COOH + NaOH \longrightarrow CH_3COONa + H_2O$$
$$CH_3COOH + Na_2CO_3 \longrightarrow CH_3COONa + H_2O + CO_2 \uparrow$$
$$CH_3COOH + NaHCO_3 \longrightarrow CH_3COONa + H_2O + CO_2 \uparrow$$
$$CH_3COONa + HCl \longrightarrow CH_3COOH + NaCl$$

实验室可根据羧酸能分解碳酸盐或碳酸氢盐放出 CO_2 的这一性质鉴别羧酸。

羧酸与硫酸、盐酸相比属弱酸，因此向羧酸的钾、钠、铵盐加入无机强酸又可以使羧酸重新游离析出。利用羧酸盐溶于水但不溶于有机溶剂，而羧酸能溶于有机溶剂的性质，在工业生产及实验室中可分离提纯羧酸。例如：芳烃厂由烷基苯氧化制羧酸时，产物中含有的烷基苯可以采用如下方法予以分离。

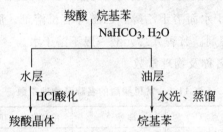

羧酸的酸性强弱与整个分子结构有关。当羧基的邻位或附近连有吸电基团时，羧酸的酸性增强，当吸电基团位于 γ 位或更远位置的碳原子上时，吸电基团对羧酸酸性的影响迅速减弱；反之，当羧基与供电基团相连时酸性减弱。例如：

Cl_3CCOOH	$Cl_2CHCOOH$	$ClCH_2COOH$	$HCOOH$	CH_3COOH	CH_3CH_2COOH
pK_a　0.64	1.26	2.86	3.76	4.76	4.87

$CH_3CH_2CH_2COOH$	$ClCH_2CH_2CH_2COOH$	$CH_3CHClCH_2COOH$	$CH_3CH_2CHClCOOH$
4.82	4.70	4.41	2.82

苯甲酸分子中的羧基受苯环的 $-I$（吸电诱导效应）和 $-C$（吸电共轭效应）的影响，其酸性比脂肪酸强（甲酸除外）。对于取代苯甲酸，连有致活基团其酸性减弱，连有致钝基团，则使其酸性增强。例如：

COOH （—NO₂）	COOH （—Cl）	COOH	COOH （—CH₃）	COOH （—OCH₃）
pK_a　3.43	3.97	4.20	4.38	4.47

2. 羧酸衍生物的生成

羧酸分子中羧基上的羟基可以被卤原子（—X）、酰氧基（ $-O-\overset{\displaystyle O}{\overset{\|}{C}}-R$ ）、烷氧基（—OR）及氨基（—NH₂）取代，分别生成酰卤、酸酐、酯和酰胺等羧酸衍生物。

（1）酰氯的生成

羧酸（甲酸除外）与 PCl_3，PCl_5，$SOCl_2$ 等反应，羧基中的羟基被氯原子取代生成酰氯。例如：

$$3CH_3CH_2COOH + PCl_3 \longrightarrow 3CH_3CH_2COCl + H_3PO_3$$

　　　用于制低沸点酰氯　　　　　　沸点 80℃

CH$_3$CH$_2$COCl 在有机合成中用作丙酰化试剂，医药上可生产癫甲妥因，农药上可生产敌稗。

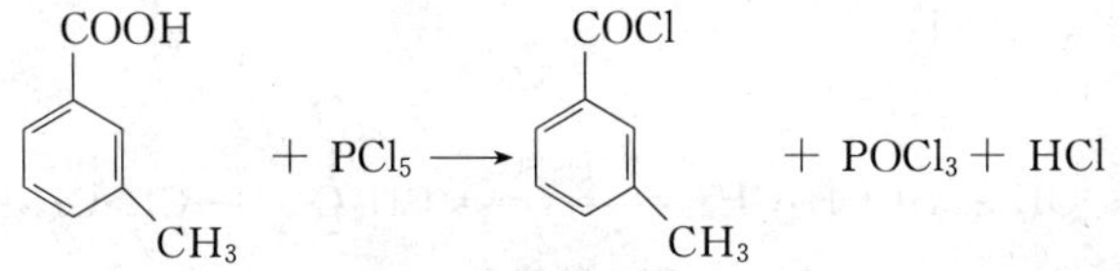

用于制高沸点酰氯　（667Pa）86℃

间甲基苯甲酰氯可用于生产农药驱虫剂、除草剂。

$$CH_3(CH_2)_4COOH + SOCl_2 \longrightarrow CH_3(CH_2)_4COCl + HCl\uparrow + SO_2\uparrow$$

己酰氯用于制抗霉菌药己酸三溴苯酯。

实验室中常用 SOCl$_2$（亚硫酰氯或二氯亚砜）制备酰氯，因反应生成的两种副产物 SO$_2$ 和 HCl 都是气体，易与酰氯分离。

（2）酸酐的生成

羧酸（甲酸除外）在脱水剂（五氧化二磷、乙酸酐能迅速与水反应，生成沸点较低的乙酸，通过分馏可除去，因此乙酸酐常用作脱水剂）存在下加热，两分子羧酸间能脱去一分子水从而生成酸酐。例如：

丙酸酐是丙酰化试剂，可用于医药、香料及特殊酯类的合成。

两个羧基相隔 2～3 个碳原子的二元酸，只需要加热即可发生分子内脱水，生成稳定的五元环或六元环的酸酐（环酐）。例如：

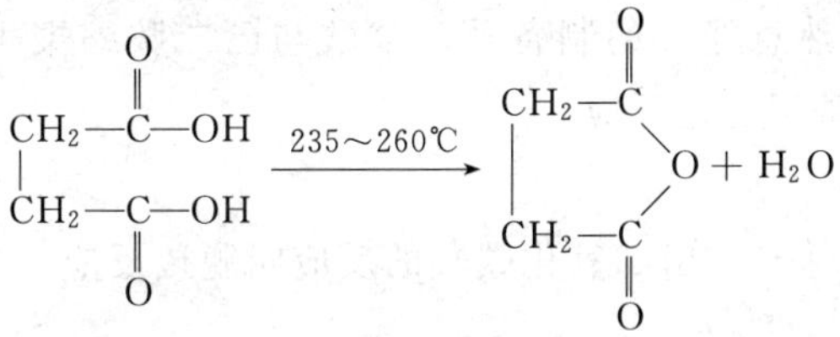

该产物在医药工业中可和红霉素作用生成利菌杀，农药工业中可生产植物生长调节剂、杀菌剂，石油化工中用作烯烃聚合催化剂，另可用于生成增塑剂。

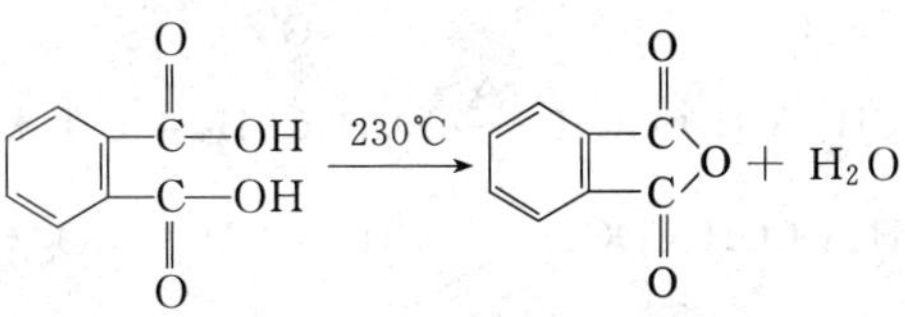

该产物用于生产邻苯二甲酸酯类增塑剂、醇酸树脂染料、医药、农药以及糖精等。

（3）酯的生成

在强酸（如浓硫酸、干 HCl、 CH$_3$—〈苯环〉—SO$_3$H ）的催化下，羧酸与醇反应生成

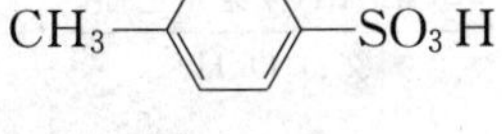

酯的反应称为酯化反应。酯化反应是可逆反应，实验室常采用增加价廉易得的某种反应物用量；或从反应体系中蒸出沸点较低的酯或水（可加入苯，通过蒸出苯-水恒沸混合物，将水带出）来提高酯的产率。例如：

$$CH_3\overset{O}{\overset{\|}{C}}-OH + HOCH_2CH_3 \underset{}{\overset{浓\ H_2SO_4}{\rightleftharpoons}} CH_3\overset{O}{\overset{\|}{C}}-O-CH_2CH_3 + H_2O$$

生成的水可用分水器除去。

该产物是一种快干性溶剂，可用于复印机用液体硝基纤维墨水，食品工业中作为特殊改性酒精的香味萃取剂。

$$\text{COOH} + CH_3CH_2OH \overset{浓\ H_2SO_4}{\rightleftharpoons} \text{COOC}_2\text{H}_5 + H_2O$$

该产物用于配制皂用依兰型香精，也用作纤维素酯、树脂的溶剂。

（4）酰胺的生成

羧酸与氨或胺作用生成羧酸铵盐。铵盐受热可失水生成酰胺，最终结果是—NH₂ 或—NHR取代羧基中的羟基。例如：

$$CH_3COOH + NH_3 \longrightarrow CH_3COONH_4 \overset{150℃}{\longrightarrow} CH_3CONH_2 + H_2O$$

该产物可用作有机原料和溶剂，医药工业中用于生产氯霉素，在化妆品中可作为抗酸剂。

$$\text{COOH} + \text{NH}_2 \overset{180\sim190℃}{\longrightarrow} \text{CONH} + H_2O$$

该产物可用于合成染料和医药。

对羟基乙酰苯胺（扑热息痛）的制备及己二酸与己二胺缩聚生成聚酰胺纤维——尼龙-66（又称锦纶-66）都是基于上述反应。

3. 脱羧反应

羧酸受热脱去失去羧基（放出二氧化碳）的反应叫脱羧反应。饱和一元羧酸稳定，一般不易发生脱羧反应，但当羧酸的 α-C 上连有吸电子基（如—NO₂，$-\overset{O}{\overset{\|}{C}}-R$，$-\overset{O}{\overset{\|}{C}}-OH$）时，受热容易发生脱羧反应。例如：

$$CH_3\overset{O}{\overset{\|}{C}}CH_2COOH \overset{\triangle}{\longrightarrow} CH_3\overset{O}{\overset{\|}{C}}CH_3 + CO_2\uparrow$$

$$HOOCCH_2COOH \overset{\triangle}{\longrightarrow} CH_3COOH + CO_2\uparrow$$

4. 还原反应

羧酸的还原较醛、酮困难，一般只有强还原剂（如 LiAlH₄）才能将其还原为伯醇。例如：

$$(CH)_3CCOOH \overset{①LiAlH_4/无水乙醚}{\underset{②H_2O/H^+}{\longrightarrow}} (CH_3)_3CCH_2OH$$

$$CH_3CH = CHCH_2COOH \xrightarrow[\text{②}H_2O/H^+]{\text{①}LiAlH_4/\text{无水乙醚}} CH_3CH = CHCH_2CH_2OH$$

不饱和羧酸中碳碳双键保留

5. α-H 的卤代反应

羧酸分子中 α-H 受羧基影响，具有一定活性（和醛、酮相比活性弱），在催化剂如红磷、碘、硫等的作用下能被氯或溴原子取代，生成 α-卤代酸。例如：

$$CH_3COOH \xrightarrow[P]{Cl_2} \underset{\underset{Cl}{|}}{CH_2}COOH \xrightarrow[P]{Cl_2} \underset{\underset{Cl}{|}}{CH}COOH \xrightarrow[P]{Cl_2} Cl-\overset{\overset{Cl}{|}}{\underset{\underset{Cl}{|}}{C}}COOH$$

控制反应条件和氯的用量，可以得到一氯乙酸、二氯乙酸和三氯乙酸。

氯乙酸即一氯乙酸是农药、医药生产的化工原料，可生产农药除草剂、2,4-滴及植物生长调节剂萘乙酸及医药肾上腺素、维生素 B_6 等。

四、羧酸的制备

1. 氧化法

（1）烃的氧化

高级脂肪烃，即石油的高沸点馏分（含 $C_{20} \sim C_{30}$）在高锰酸钾、二氧化锰催化下用空气或氧气氧化可制高级脂肪酸。例如：

$$RCH_2CH_2R' + O_2 \xrightarrow[107 \sim 110℃]{MnO_2} RCOOH + R'COOH$$

$C_{12} \sim C_{18}$ 脂肪酸也叫皂用酸。C_{12} 脂肪酸别名月桂酸，C_{18} 脂肪酸别名硬脂酸。

含有 α-H 的烷基苯侧链氧化可制芳香酸。

$$\text{(对二甲苯)} + O_2(\text{空气}) \xrightarrow[221 \sim 225℃, 2.55MPa]{\text{乙酸钴,乙酸锰}} \text{对苯二甲酸(PTA)}$$

对苯二甲酸(PTA)

石化芳烃线据此生产 PTA。

（2）伯醇和醛氧化制备羧酸

伯醇或醛都能氧化从而制备相同碳数的羧酸。例如：

$$CH_3CH_2CH_2CH_2OH \xrightarrow[\text{乙酸锰}]{O_2} CH_3CH_2CH_2CHO \xrightarrow[\text{丁酸锰}]{O_2} CH_3CH_2CH_2COOH$$

该产物用于制丁酸酯、漆用纤维素酯、塑料、增塑剂、香料、医药和调味剂等。

$$CH_3CH_2CH = \underset{\underset{CH_3}{|}}{C}CHO \xrightarrow[\text{②}H^+]{\text{①}Ag_2O/H_2O, OH^-} CH_3CH_3CH = \underset{\underset{CH_3}{|}}{C}COOH$$

该产物具有新鲜草莓香气，风味浓郁醇厚而又持久，用于调配草莓香精。

2. 腈水解法

腈在酸性或碱性条件下可很快水解生成酸。腈可由卤代烃与氰化钠制得，卤代烃一般选用伯卤代烃。腈水解制得羧酸比相应卤代烃多一个碳原子。

$$CH_3(CH_2)_4Cl \xrightarrow{NaCN} CH_3(CH_2)_4CN \xrightarrow{H_2O/H^+} CH_3(CH_2)_4COOH$$

己酸大部分用于制备己酸酯，己酸乙酯、烯丙酯可用作食用香精，三己酸甘油酯用于人造奶油、牛奶加工等方面，此外还是制备己雷琐辛的主要原料，己雷琐辛被证明是具有抗癌作用的活性成分。

该产物主要用作合成青霉素的原料，也用于制备苯乙酸乙酯、丁酯，用作香料。

3. 由格氏试剂合成

格氏试剂与二氧化碳加成后水解即得羧酸。

该产物可用于生产苯酚，还用于制备苯甲酸钠防腐剂、食品灭菌剂、媒染剂、增塑剂、香料、农药及染料中间体（苯甲酰氯）。

该产物用于有机合成，用作烯烃聚合物引发剂 BPP 的合成原料，聚氯乙烯稳定剂，以及农药、医药和试剂中间体。

此法也是制备比原料卤代烃多一个碳原子羧酸的有效方法。

五、重要的羧酸

1. 甲酸

甲酸俗称蚁酸，为无色有刺激性气味的液体，沸点 100.5℃，与水可混溶，易溶于乙醇、乙醚等有机溶剂。甲酸因其结构特殊（ $H-\overset{\overset{\displaystyle O}{\|}}{C}-OH$ ，既有羧基又有醛基结构），所以性质和其他羧酸有较大差异。具体表现为既有酸性且酸性强于其他饱和一元酸，同时又具有较强还原性，可被高锰酸钾、托伦试剂、费林试剂等氧化剂氧化。

$$HCOOH \xrightarrow{KMnO_4} H_2O + CO_2 \uparrow$$

$$HCOOH + 2Ag(NH_3)_2OH \longrightarrow 2Ag\downarrow + (NH_3)_2CO_3 + 2NH_3\uparrow + H_2O$$

上述反应可用于甲酸和其他羧酸的鉴别。

自然界中甲酸存在于动（蚂蚁）植（荨麻）物中。工业上可用一氧化碳与氢氧化钠溶液在高温高压下作用合成甲酸。

$$CO + NaOH \xrightarrow[210℃]{1.0MPa} HCOONa \xrightarrow{H_2SO_4} HCOOH$$

甲酸可用于纺织和制革工业，它以价廉、挥发性好和腐蚀性低等优点作为无机酸的代用品。甲酸有明显的抑制霉菌生长的功能，可用于青饲料与谷物的保存。在有机合成中可用于吖啶类染料及咖啡碱、茶碱的合成。

2. 乙酸

乙酸俗称醋酸，是食醋的主要成分。常温下，乙酸为无色具有刺激性气味的液体，沸点118℃，可与水、乙醇、乙醚混溶。纯乙酸（无水乙酸）在低温（16.6℃以下）时凝结成冰状，所以称之为冰醋酸。

现代工业主要采用乙醛催化（乙酸锰或乙酸钴作为催化剂）氧化法制备乙酸。

$$CH_3CHO + \frac{1}{2}O_2 \xrightarrow[70\sim80℃,0.2\sim0.3MPa]{(CH_3COO)_2Mn} CH_3COOH$$

乙酸是重要的有机化工原料，在染料、香料、制药、合成纤维、橡胶、食品等行业应用广泛。乙酸具有杀菌功能，用食醋加热熏蒸进行室内消毒，可预防流感。

3. 乙二酸

乙二酸遍布于自然界，常以盐的形式存在于细胞膜中，几乎各种植物都含有乙二酸，尤以菠菜、茶叶中最多，故俗称草酸。草酸为无色晶体，熔点为189℃，可溶于水和乙醇，不溶于乙醚。

乙二酸的酸性比乙酸强许多倍，是有机酸中的强酸。乙二酸具有很强的还原性，与氧化剂（如 $KMnO_4$）作用被氧化成二氧化碳和水。

$$5HOOC—COOH + 2KMnO_4 + 3H_2SO_4 \longrightarrow K_2SO_4 + 2MnSO_4 + 10CO_2\uparrow + 8H_2O$$

定量分析中用该反应标定高锰酸钾溶液的浓度。

乙二酸不稳定，受热可发生脱羧反应生成甲酸和二氧化碳。

$$HOOC—COOH \xrightarrow{\triangle} HCOOH + CO_2$$

随着石油化工的发展及草酸用量的增加，现通常采用乙二醇氧化法和丙烯氧化法制备乙二酸。

乙二醇氧化法：$HOCH_2CH_2OH + 2O_2 \xrightarrow[H_2SO_4]{HNO_3} HOOC—COOH + 2H_2O$

丙烯氧化法：$CH_3CH{=\!\!=}CH_2 + 3HNO_3 \longrightarrow \underset{\underset{ONO_2}{|}}{CH_3CHCOOH} + 2NO + 2H_2O$

$$\underset{\underset{ONO_2}{|}}{CH_3CHCOOH} + \frac{5}{2}O_2 \longrightarrow HOOC—COOH + CO_2 + HNO_3 + H_2O$$

乙二酸可用于制抗生素和冰片等药物，也可用作提炼稀有金属的溶剂、染料还原剂、织物漂白剂。

4. 己二酸

己二酸常温下为白色晶体，熔点152℃，溶于乙醇、乙醚、丙酮等有机溶剂，微溶于水。

现石化企业（例辽阳石化公司尼龙生产线）生产己二酸是以芳烃线（以炼油厂石脑油为原料，生产苯、重整生成油）提供的苯为原料，先经过加氢制成环己烷，然后用空气氧化制成环己醇、环己酮混合物，最后经硝酸氧化制成精己二酸。

传统方法所采用原料来自石油，属不可再生资源，且污染严重（产生 N_2O）。新生物技术路线以由淀粉和纤维素制取的葡萄糖为原料，利用经 DNA 重组技术改进的细菌，将葡萄糖转化为己二烯二酸，然后催化加氢制备己二酸。新工艺所用原料为可再生生物资源，而且过程安全、可靠、效率高，因此是先进的绿色化工技术。

己二酸的主要用途是合成尼龙-66，即己二酸与己二胺进行缩合反应，生产高分子聚酰胺-66，然后抽丝可获得高强度的合成纤维——尼龙-66。此外也用于生产塑料增塑剂己二酸二辛酯以及作为一些医药、杀虫剂、黏合剂、染料合成的原料。

5. 对苯二甲酸

对苯二甲酸为白色晶体，熔点 384～420℃（闭管），微溶于水，不溶于乙醚、乙酸和氯仿，稍溶于热乙醇。

现石化企业（例辽阳石化公司芳烃线）生产对苯二甲酸以重整生成油催化反应制对二甲苯（PX），在乙酸钴、乙酸锰催化剂作用下，通入空气进行氧化生成对苯二甲酸（PTA）。对苯二甲酸部分与乙二醇催化聚合反应生成聚酯树脂（PET），聚酯树脂部分经抽丝得涤纶纤维，部分经固相聚合生产瓶级聚酯。

第二节　羧酸衍生物

羧酸衍生物是指羧基中的羟基被卤原子（—X）、酰氧基（ —OC—R ）、烷氧基（—OR）、氨基或取代氨基（—NHR、—NR$_2$）取代后生成的化合物，分别称为酰卤、酸酐、酯和酰胺。它们都含有酰基 R—C— 或 Ar—C— ，因此也称酰基化合物。

一、羧酸衍生物的命名

羧酸去掉羧基中的羟基后剩余的部分称为酰基。例如：

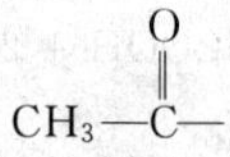

乙酰基 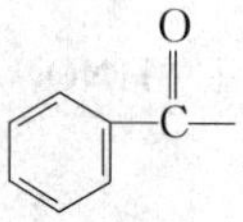　　　苯甲酰基

1. 酰卤

根据分子中所含酰基和卤原子的名称命名。例如：

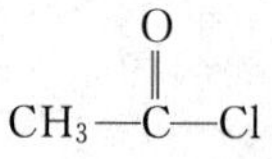

乙酰氯 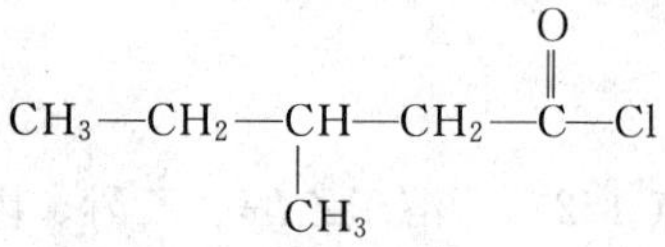　　　3-甲基戊酰氯 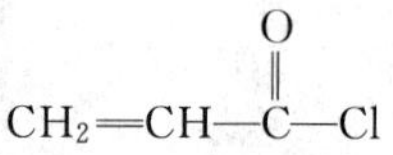　　　丙烯酰氯

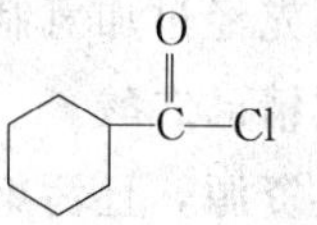

环己基甲酰氯 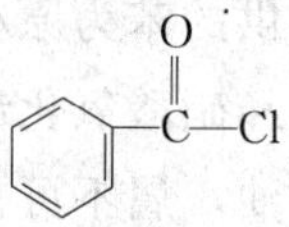　　　苯甲酰氯

2. 酸酐

根据水解后生成相应的羧酸名称命名。例如：

$$CH_3-\overset{\overset{\displaystyle O}{\|}}{C}-O-\overset{\overset{\displaystyle O}{\|}}{C}-CH_3$$

乙（酸）酐

（单酐）

$$CH_3-\overset{\overset{\displaystyle O}{\|}}{C}-O-\overset{\overset{\displaystyle O}{\|}}{C}-CH_2CH_3$$

乙丙（酸）酐（简单的酸在前）

（混酐）

顺丁烯二酸酐

邻苯二甲酸酐

3. 酯

根据水解后生成相应的羧酸和醇的名称命名。例如：

$$CH_3-\overset{\overset{\displaystyle O}{\|}}{C}-O-CH_2(CH_2)_2CH_3$$

乙酸正丁酯

苯甲酸异丙酯

4. 酰胺

根据分子中所含酰基和氨基（包括取代氨基）的名称命名。例如：

$$CH_3CH_2\overset{\overset{\displaystyle O}{\|}}{C}-NH_2$$

丙酰胺

2-甲基丁酰胺

N-甲基乙酰胺

二、羧酸衍生物的物理性质

1. 物理状态

常温下，低级酰氯、酸酐是具有刺激性气味的无色液体，高级酰氯、酸酐（壬酸以上）是固体。低级酯是无色具有果香气味（如乙酸异戊酯有香蕉香味、丁酸甲酯有菠萝香味、苯甲酸甲酯有茉莉香味）的液体，高级酯是蜡状固体。除甲酰胺是高沸点的液体外，大多数酰胺和 N-取代酰胺都是固体。

2. 沸点

酰卤、酸酐以及酯的沸点比相对分子质量相近的羧酸的沸点低，因上述羧酸衍生物分子间没有氢键缔合。酰胺由于分子间氢键缔合作用强于羧酸，所以其沸点比相应的羧酸高。

3. 溶解性

羧酸衍生物的水溶性比相应的羧酸小，能溶于乙醚、三氯甲烷、苯等有机溶剂。酰氯、酸酐难溶于水。$C_3 \sim C_4$ 的酯有一定的溶水性，C_5 以上的酯难溶于水。$C_1 \sim C_5$ 的低级酰胺溶于水。N,N-二甲基甲酰胺，N,N-二甲基乙酰胺与水互溶。

三、羧酸衍生物的化学性质

羧酸衍生物分子中都含有酰基，而且与酰基相连的原子上都有未共用电子对，因此它们具有相似的化学性质。但由于酰基所连接的原子或基团不同，所以相对反应活性也有所不同。

反应活性强弱次序为：

$$\underset{R-\overset{\overset{\textstyle O}{\|}}{C}-X}{} > \underset{R-\overset{\overset{\textstyle O}{\|}}{C}-O-\overset{\overset{\textstyle O}{\|}}{C}-R'}{} > \underset{R-\overset{\overset{\textstyle O}{\|}}{C}-OR'}{} > \underset{R-\overset{\overset{\textstyle O}{\|}}{C}-NH_2(NHR', NR''_2)}{}$$

1. 水解反应

酰卤、酸酐、酯和酰胺都能发生水解反应生成相应的羧酸。例如：

$$CH_3-\overset{\overset{\textstyle O}{\|}}{C}-Cl + H_2O \xrightarrow{\text{室温}} CH_3-\overset{\overset{\textstyle O}{\|}}{C}-OH + HCl$$

$$\begin{array}{c} CH_3-\overset{\overset{\textstyle O}{\|}}{C} \\ \qquad\qquad O \\ CH_3-\overset{}{\underset{\textstyle O}{C}} \end{array} + H_2O \xrightarrow{\triangle} 2CH_3COOH$$

制备或储存上述两类化合物时，须隔离水汽。

$$R-\overset{\overset{\textstyle O}{\|}}{C}-OR' + H_2O \xrightarrow[H^+\text{或}OH^-]{\triangle} R-\overset{\overset{\textstyle O}{\|}}{C}-OH\ (\ R-\overset{\overset{\textstyle O}{\|}}{C}-O^-\ ) + R'OH$$

酸催化下酯的水解是酯化反应的逆反应，水解不完全。碱催化下酯的水解是不可逆反应，足量碱的存在可使水解进行到底。酯的水解反应在油脂工业中非常重要，很多天然存在的脂肪、油或蜡常用水解的方法得到相应的羧酸或羧酸盐。

$$R-\overset{\overset{\textstyle O}{\|}}{C}-NH_2 + H_2O \xrightarrow[\triangle]{H^+\text{或}OH^-} R-\overset{\overset{\textstyle O}{\|}}{C}-OH\ (\ R-\overset{\overset{\textstyle O}{\|}}{C}-O^-\ ) + NH_3(NH_4^+)$$

低级的酰卤与水在室温下即可迅速反应；酸酐与水在加热的条件下容易反应；酯需催化剂（H^+ 和 OH^-）存在下进行水解；酰胺的水解较难，需在酸或碱催化下长时间加热回流才能完成。

2. 醇解反应

酰卤、酸酐和酯能与醇反应生成相应的酯。例如：

$$\underset{\text{（}o\text{-COCl, }o\text{-OH benzene）}}{} + (CH_3)_2CHOH \longrightarrow \underset{\text{（}o\text{-COOCH(CH}_3)_2\text{, }o\text{-OH benzene）}}{}$$

该产物可作为合成农药水胺硫磷的原料。

$$\underset{\text{邻苯二甲酸酐}}{} + 2C_2H_5OH \xrightarrow{H_2SO_4} \underset{\text{邻苯二甲酸二乙酯}}{}$$

该产物可作为有机溶剂和增塑剂。

酰卤或酸酐与醇的反应基本上是不可逆反应，因此这是制备酯常用的方法。

$$\underset{\text{对苯二甲酸二甲酯}}{} + 2HOCH_2CH_2OH \xrightarrow[180℃]{(CH_3COO)_2Zn} \underset{\text{对苯二甲酸二（β-羟乙基）酯}}{} + 2CH_3OH$$

该产物为涤纶和瓶级聚酯的单体。

酯发生醇解反应后生成新的酯和醇，相当于酯中的烷氧基被另一个烷氧基置换，所以该反应也称为酯交换反应。

天然油脂与甲醇作用以制备生物柴油（高级脂肪酸甲酯）就是基于上述反应。

$$
\begin{array}{c}
CH_2-O-C-R \\
\quad\quad\quad\;\; O \\
CH-O-C-R' + 3CH_3OH \longrightarrow \\
\quad\quad\quad\;\; O \\
CH_2-O-C-R''
\end{array}
\quad
\begin{array}{c}
CH_2-OH \\
CH-OH \\
CH_2-OH
\end{array}
\quad +
\left.
\begin{array}{c}
RCOOCH_3 \\
R'COOCH_3 \\
R''COOCH_3
\end{array}
\right\}
\text{生物柴油}
$$

生物柴油是化石柴油燃料重要的替代物，是一种通过酯交换工艺制成的有机脂肪酸酯类燃料。生产生物柴油的原料可用农产品的植物油加入一些助溶剂配制而成，也可用废弃的植物油作为原料。

生物柴油具有优良的环保特性：

① 生物柴油和化石柴油相比含硫量低，使用后可使二氧化硫和硫化物排放大大减少。

② 生物柴油不含对环境造成污染的芳香族化合物，燃烧尾气对人体的损害低于化石柴油，同时具有较好的生物降解特性。

3. 氨解反应

酰卤、酸酐和酯与氨或胺发生氨解生成相应的酰胺。

$$CH_3COCl + (CH_3)_2NH \longrightarrow CH_3CON(CH_3)_2 + HCl$$

该产品是一种强极性非质子化溶剂，常作为生产耐热纤维、塑料薄膜、涂料的溶剂。

该产物为磺胺类药物的原料，可用于生产止痛剂，退热剂，还可用来制染料中间体对硝基苯胺，对硝基乙酰苯胺。

酰氯、酸酐、酯的氨解是制备酰胺的常用方法。

酰卤、酸酐由于反应活性强，因此是常用的酰基化试剂。

4. 酯的性质

（1）酯的还原

羧酸衍生物分子中含有羰基，所以都可以被还原，其中酯的还原最为普遍并且具有实际意义。

酯的还原可通过催化（$Cu_2O + Cr_2O_3$）加氢，也可采用氢化铝锂或金属钠的醇溶液还原。后两种还原方法的优点是当酯中含有碳碳双键存在时，可选择性还原酯而不影响双键，且操作简便，因此在有机合成中常被采用。例如：

$$\text{C}_6\text{H}_5\text{-CO-OC}_2\text{H}_5 + 2\text{H}_2 \xrightarrow[200\sim250℃,14\sim28\text{MPa}]{\text{Cu}_2\text{O},\text{Cr}_2\text{O}_3} \text{C}_6\text{H}_5\text{-CH}_2\text{OH} + \text{C}_2\text{H}_5\text{OH}$$

$$\text{CH}_3\text{CH}=\text{CHCH}_2\text{COOCH}_3 \xrightarrow[②\text{H}_2\text{O}]{①\text{LiAlH}_4/\text{无水乙醚}} \text{CH}_3\text{CH}=\text{CHCH}_2\text{CH}_2\text{OH} + \text{CH}_3\text{OH}$$

$$\text{CH}_3(\text{CH}_2)_7\text{CH}=\text{CH}(\text{CH}_2)_7\text{COOC}_4\text{H}_9 \xrightarrow[\text{C}_4\text{H}_9\text{OH}]{\text{Na}} \text{CH}_3(\text{CH}_2)_7\text{CH}=\text{CH}(\text{CH}_2)_7\text{CH}_2\text{OH} + \text{C}_4\text{H}_9\text{OH}$$

（2）与格氏试剂反应

甲酸酯与格氏试剂反应，首先生成醛，然后生成仲醇。其他羧酸酯与格氏试剂反应，首先生成酮，最后生成叔醇。例如：

$$\text{HCOOCH}_3 + \text{CH}_3\text{CH}_2\text{MgBr} \xrightarrow{\text{无水乙醚}} \text{CH}_3\text{CH}_2\text{CHO} \xrightarrow[②\text{H}_2\text{O}]{①\text{CH}_3\text{CH}_2\text{MgBr}} \text{CH}_3\text{CH}_2\overset{\overset{\displaystyle\text{OH}}{|}}{\text{CH}}\text{CH}_2\text{CH}_3$$

$$\text{CH}_3\text{CH}_2\text{CO}\,\text{O}\,\text{C}_2\text{H}_5 + \text{CH}_3\text{CH}_2\text{MgBr} \xrightarrow{\text{无水乙醚}} \text{CH}_3\text{CH}_2\overset{\overset{\displaystyle\text{O}}{\|}}{\text{C}}\text{CH}_2\text{CH}_3 \xrightarrow[②\text{H}_2\text{O}]{①\text{CH}_3\text{CH}_2\text{MgBr}} \text{CH}_3\text{CH}_2\overset{\overset{\displaystyle\text{OH}}{|}}{\underset{\underset{\displaystyle\text{CH}_2\text{CH}_3}{|}}{\text{C}}}\text{CH}_2\text{CH}_3$$

5. 酰胺的特殊反应

酰胺除具有羧酸衍生物的一些特征反应以外，还可发生一些特殊反应。

（1）脱水反应

酰胺在脱水剂（五氧化二磷、乙酐）作用下，发生分子内脱水生成腈。

$$(\text{CH}_3)_2\text{CHCONH}_2 \xrightarrow[\triangle]{\text{P}_2\text{O}_5} (\text{CH}_3)_2\text{CHCN}$$

异丁酰胺　　　　　　　异丁腈

该产物用于有机磷杀虫剂二嗪农中间体——异丁脒的生产。

该方法是实验室制备腈的重要方法之一。

（2）霍夫曼降解（霍夫曼重排）

伯酰胺（氮原子上连有两个氢原子的酰胺）在碱性溶液中与次卤酸钠或卤素反应，脱去羰基从而生成少一个碳原子的伯胺的反应称为霍夫曼降解反应。例如：

$$(\text{CH}_3)_3\text{CCH}_2\text{CONH}_2 \xrightarrow{\text{NaOBr}} (\text{CH}_3)_3\text{CCH}_2\text{NH}_2$$

$$\underset{\text{COONa}}{\overset{\text{O=C-NH}_2}{\bigcirc}} \xrightarrow[②\text{H}^+,70℃]{①\text{NaOCl}} \underset{\overset{\overset{\displaystyle\text{O}}{\|}}{\text{C-OH}}}{\overset{\text{NH}_2}{\bigcirc}}$$

该反应是有机合成中一个重要的降解反应，常用来制备仲碳或叔碳的伯胺。

四、重要的羧酸衍生物

1. 乙酰氯

乙酰氯又名氯乙酰，为无色透明有刺激性气味的发烟液体，沸点52℃，易溶于乙醚、丙酮、乙酸等有机溶剂。其暴露或接触空气即可被空气中水分水解而冒白烟（产生氯化氢气体），所以需要密封保存。

乙酰氯可由乙酸与 PCl₃、PCl₅、SOCl₂ 反应来制取。

乙酰氯是重要的乙酰化试剂，酰基化能力比乙酐强，另外其可广泛用于有机合成生产农药、医药等精细有机合成中间体，如在医药中可用于制 2,4-二氯-5-氟苯乙酮（环丙沙星中间体）及布洛芬等。

2. 苯甲酰氯

苯甲酰氯为无色液体，有特殊刺激性臭味，沸点 197.2℃，溶于乙醚、苯等有机溶剂，较脂肪酰氯稳定，遇水、氨、乙醇缓慢分解，是重要的苯甲酰化剂。

苯甲酰氯可由三氯甲苯水解或苯甲酸与光气反应制取。

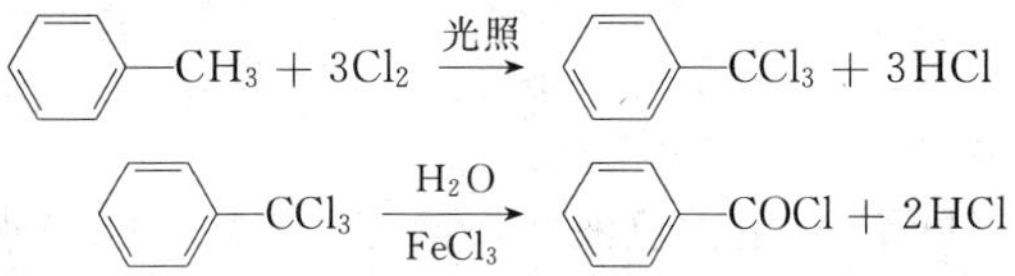

$$\text{C}_6\text{H}_5-\text{CH}_3 + 3\text{Cl}_2 \xrightarrow{\text{光照}} \text{C}_6\text{H}_5-\text{CCl}_3 + 3\text{HCl}$$

$$\text{C}_6\text{H}_5-\text{CCl}_3 \xrightarrow[\text{FeCl}_3]{\text{H}_2\text{O}} \text{C}_6\text{H}_5-\text{COCl} + 2\text{HCl}$$

苯甲酰氯广泛用于有机合成，可作为中间体合成各种染料，也可用于合成有机过氧化物，如过氧化苯甲酰（树脂聚合物引发剂）等。医药工业中用于合成二甲氧苯青霉素、叶酸、盐酸普鲁卡因等药物。

3. 乙酸酐

乙酸酐又名醋酐、乙酐，为无色具有窒息性酸味的液体，沸点 139.5℃，微溶于水，可以和极性溶剂互溶，是重要的乙酰化试剂。

乙酸酐的生产有乙酸裂解法、乙醛氧化法、乙酸甲酯羰基化法等。

乙酸裂解法：$\text{CH}_3\text{COOH} \longrightarrow \text{CH}_2{=}\text{C}{=}\text{O} + \text{H}_2\text{O}$

$$\text{CH}_2{=}\text{C}{=}\text{O} + \text{CH}_3\text{COOH} \longrightarrow (\text{CH}_3\text{CO})_2\text{O}$$

乙酸甲酯羰基化法：　$\text{CH}_3\text{COOCH}_3 + \text{CO} \xrightarrow{\text{催化剂}} (\text{CH}_3\text{CO})_2\text{O}$

乙酸酐是主要的乙酰化试剂和脱水剂，大部分乙酸酐用于生产乙酸纤维。乙酸纤维可用于制造塑料、纤维等制品，其中香烟过滤嘴丝束的用量最大。另外乙酸酐还用于生产阿司匹林、香料、染料中间体、炸药、氯乙酸等。

乙酸酐属第一类易制毒化学品。

4. 顺丁烯二酸酐

顺丁烯二酸酐又名顺酐、马来酐、失水苹果酸酐，为无色针状或片状结晶体，熔点为52.8℃，有强烈刺激性气味。溶于水、乙醇，微溶于四氯化碳。

工业生产可用苯氧化法：

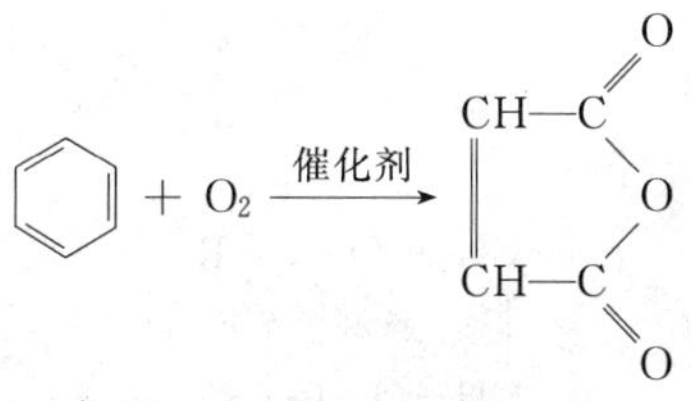

农药工业可用于生产马拉硫磷以及杀菌剂和除草剂，食品工业可生产苹果酸，用作饮料酸味剂，涂料工业用于生产水性漆、油性漆和合成树脂漆等。

5. 甲基丙烯酸甲酯

甲基丙烯酸甲酯是无色液体，沸点 101℃，微溶于水，溶于乙醇和乙醚，易挥发，易聚合，也能与其他单体共聚。

现国外（如日本）生产甲基丙烯酸甲酯采用的方法是异丁烯氧化法。

$$CH_2{=}C(CH_3)_2 + O_2 \longrightarrow CH_2{=}C(CH_3)CHO$$

$$CH_2{=}C(CH_3)CHO + \frac{1}{2}O_2 \longrightarrow CH_2{=}C(CH_3)COOH$$

$$CH_2{=}C(CH_3)COOH + CH_3OH \rightleftharpoons CH_2{=}C(CH_3)COOCH_3 + H_2O$$

甲基丙烯酸甲酯本体聚合得聚甲基丙烯酸甲酯（俗称有机玻璃），是迄今为止合成的最优异的透明材料，具有质轻、不易碎等特点。由于它的高透明性，可用于制灯具、仪表盘、防护罩等。

6. N,N-二甲基甲酰胺

N,N-二甲基甲酰胺（DMF）是无色液体，沸点 153℃，能与水和多数有机溶剂混溶。

工业上常采用由二甲胺与一氧化碳直接合成。

$$(CH_3)_2NH + CO \xrightarrow[100{\sim}120℃,1.5{\sim}5MPa]{CH_3ONa} H{-}\overset{O}{\underset{}{C}}{-}N(CH_3)_2$$

DMF 有"万能溶剂"之称，在聚丙烯腈干法抽丝工艺中用作溶剂。其作为医药原料可生产可的松、磺胺类、维生素 B_6、扑尔敏等药品，也可用作生产农药、染料的原料等。

第三节　油　　脂

油脂的分布十分广泛，各种植物的种子、动物的组织和器官中都存在一定数量的油脂，特别是油料作物的种子和动物皮下的脂肪组织，油脂含量丰富，人体中的脂肪约占体重的 10%～20%。油脂是人类食物组成中的重要部分，同时也是同质量产生能量最高的营养物质。脂肪在人体内的化学变化主要是在脂肪酶的作用下进行水解，生成甘油和高级脂肪酸，然后再分别进行氧化分解，释放能量。1g 油脂在完全氧化时，放出热量约 38.9kJ，大约是糖或蛋白质的 2 倍。油脂在生物体中还承担极为重要的生理功能，如溶解维生素（A、D、E 等）、保持体温和保护内脏器官等。此外，油脂也是一种重要的工业原料，如广泛用于制造肥皂、脂肪酸、甘油、油漆、油墨、乳化剂、润滑剂等。

一、油脂的组成和结构

油脂是高级脂肪酸的甘油酯。

$$\begin{array}{l} CH_2{-}O{-}\overset{O}{\overset{\|}{C}}{-}R \\ CH{-}O{-}\overset{O}{\overset{\|}{C}}{-}R' \\ CH_2{-}O{-}\overset{O}{\overset{\|}{C}}{-}R'' \end{array}$$

其中，若 R、R′和 R″相同，称为单甘油酯，不同则称为混甘油酯。自然界中存在的油脂大多数是混甘油酯。

油脂包括油和脂肪。植物油是不饱和高级脂肪酸甘油酯，常温下一般呈液态，称之为油；动物脂肪是高级饱和脂肪酸酯，常温下呈固态，称之为脂。

油脂中的高级脂肪酸大多是正构含偶数碳原子的饱和或不饱和脂肪酸。组成油脂的脂肪酸的饱和程度，对油脂的熔点影响很大。一般含较多不饱和脂肪酸成分的甘油酯常温下呈液态，而含较多饱和脂肪酸成分的甘油酯常温下呈固态。

二、油脂的性质

纯净的油脂是无色、无臭、无味的物质，油脂相对密度小于 1，不溶于水，易溶于丙酮、乙醚、氯仿等有机溶剂。因天然油脂是混合物，所以没有固定的熔点和沸点。

油脂具有酯的典型反应。此外，由于构成各种油脂的脂肪酸不同程度地含有碳碳双键，所以油脂可发生加成和氧化反应。

1. 水解反应

油脂在酸或酶的作用下，可发生水解生成甘油和高级脂肪酸，是工业中生产甘油和脂肪酸的一种方法，该反应是可逆反应。

油脂与强碱（如 NaOH 或 KOH）水溶液共热时，可完全水解生成高级脂肪钠（钾）和甘油。高级脂肪钠（钾）俗称肥皂，因此，油脂在碱性溶液中的水解反应称为皂化反应，简称皂化，皂化反应是不可逆反应。

$$
\begin{array}{l}
CH_2-O-\overset{\overset{\displaystyle O}{\|}}{C}-R \\
CH-O-\overset{\overset{\displaystyle O}{\|}}{C}-R' + 3KOH \longrightarrow
\begin{array}{l} CH_2-OH \\ CH-OH \\ CH_2-OH \end{array}
\begin{array}{l} RCOOK \\ +R'COOK \\ R''COOK \end{array} \\
CH_2-O-\overset{\overset{\displaystyle O}{\|}}{C}-R''
\end{array}
$$

肥皂有普通肥皂（钠肥皂）和软皂（钾肥皂）之分，软皂多用于医药和高档洗涤用品。

工业上把 1g 油脂完全皂化时所需 KOH 的质量（单位：mg）称为皂化值。根据皂化值可以估算油脂的平均相对分子质量。皂化值越大，其相对分子质量越低。皂化值是检验油脂质量的重要常数之一（检验是否掺有其他物质）。

2. 加成反应

不饱和脂肪酸甘油酯中的碳碳双键可发生加成反应，如加氢、加碘。

（1）加氢

含有不饱和脂肪酸甘油酯的液态油经催化加氢，可转化为饱和脂肪酸甘油酯含量较多的半固态或固态脂肪，这一过程称为油脂的氢化或硬化。氢化后的半固态或固态油脂称为"氢化油"或硬化油。部分氢化的硬化油可配制人造奶油和黄油等，完全硬化的油脂可用于制造饱和脂肪酸。

（2）加碘

油脂的不饱和程度可用碘值来定量衡量。100g 油脂与碘加成所需碘的质量（单位：g）称为碘值。碘值越大，表示油脂的不饱和程度越大。在油脂氢化工业上，碘值常用来测定氢化程度的高低。

（3）氧化反应

油脂长时间储存会发生变质，产生难闻的气味，这种现象称为油脂的酸败。酸败的原因是由于油脂中不饱和酸的碳碳双键在空气中的氧、水分及微生物的作用下被氧化分解，从而生成有挥发性的低级醛、酮、羧酸的缘故。光、热、湿气都会加速油脂的酸败。

油脂的酸败程度可用酸值表示（新鲜的油脂中游离脂肪酸很少，酸败油脂中游离脂肪酸含量增加）。中和1g油脂所需氢氧化钾的质量（单位：mg）称为油脂的酸值。

酸值低的油脂品质好，酸值大于6.0的油脂不宜食用。因为油脂酸败的分解产物能使人体的酶系统和脂溶性维生素受到破坏，因此食用酸败油脂对人体极为有害。

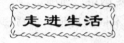

科学认识反式脂肪酸及其引起的安全问题

2008年三聚氰胺事件以来，食品安全问题成了广大消费者普遍关注的重点，最近很多媒体都在报道，人们在吃蛋糕、冰淇淋、饼干、薯条等食品的时候有可能会摄入一种叫做"反式脂肪酸"的有害物质，这很快成为了舆论的热点，其中的焦点"反式脂肪酸"也渐渐地走进了众多消费者的视野。

1. 反式脂肪酸的定义

油脂中含有多种脂肪酸，包括饱和脂肪酸和不饱和脂肪酸，其中，不饱和脂肪酸又有"顺式"和"反式"之分，从化学结构上讲，反式脂肪酸是不饱和脂肪酸的一种，是所有含反式双键不饱和脂肪酸的总称，因其与双键相连的氢原子分布在碳链两侧而得名。反式脂肪酸虽然属于不饱和脂肪酸，但反式双键的存在使脂肪酸的空间构型产生了很大的变化，脂肪酸分子呈刚性结构，性质接近饱和脂肪酸。

2. 反式脂肪酸的来源

生活中的反式脂肪酸来源于以下几个方面：首先是油脂加氢过程产生的反式脂肪酸。植物油的氢化过程指在镍（Ni）等催化剂的作用下，将氢直接加到不饱和脂肪酸的双键处，使双键转变为单键。经氢化处理而获得的油脂与原来的性质不同，叫做"氢化油"。氢化过程中部分油脂的不饱和双键可以发生异构化，产生反式脂肪酸，这是反式脂肪酸的主要来源。氢化油又称"植物奶精"、"植脂末"、"起酥油"、"植物奶油"，藏身于面包、人造奶油、蛋糕、巧克力、冰淇淋、奶油饼干、蛋黄派、咖啡伴侣等食品中。其次，反刍动物的肉以及乳制品是膳食中天然反式脂肪酸的主要来源。反刍动物（牛、羊等）肠腔中的丁酸弧菌属菌群与饲料中的不饱和脂肪酸发生酶促生物氢化反应，可生成反式脂肪酸，存在于肌肉和乳汁中。此外，油脂的精炼、烹调过程也可以产生反式脂肪酸。例如植物油在脱色、脱臭等精炼过程中，多不饱和脂肪酸发生热聚合反应，造成脂肪酸的异构化，会产生部分反式脂肪酸。有研究表明，高温脱臭后的油脂中反式脂肪酸的含量可增加1%～4%。

3. 反式脂肪酸与人体健康的关系

关于反式脂肪酸安全问题的争论已经持续半个多世纪，20世纪90年代后，"反式脂肪酸有害论"才获得国际学术界共识，目前国际组织和权威机构对反式脂肪酸与人体健康的关系的主要结论是：

① 损害记忆力——能破坏促进人类记忆的一种胆固醇。

② 造成肥胖——在人体内极难消化，引起腹部脂肪堆积。

③ 形成血栓——增加人体血液黏稠度及凝聚力，导致血栓形成。

④ 导致营养不良——阻碍对正常脂肪酸的吸收，影响身体发育。

引发多种疾病——造成人体免疫、心脑血管、生殖、内分泌等系统紊乱。从而引起高血压、高血脂、动脉粥样硬化、风湿病、糖尿病、皮肤粗糙、加速衰老……

反式脂肪酸对人体健康有这么多的危害，那么我们在日常膳食中怎样尽量避免摄入反式脂肪酸呢？

每人每日摄入反式脂肪酸安全的量在 0.6g 左右，因此只要不是经常食用那些含有较高的反式脂肪酸食品，一般不用过于担忧。平日炒菜使用的豆油、菜籽油、橄榄油等，都不含有反式脂肪酸，大家可以放心食用。生日蛋糕上的奶油，含大量的反式脂肪酸，应少吃。购买饼干、薯片等煎炸制零食时，要留心产品包装上的植物氢化油标识，尽量选用少含（或不含）植物氢化油的产品。但是，并非所有的反式脂肪酸都有害，如共轭亚油酸就是一种有益的反式脂肪酸，它具有一定的抗肿瘤作用。因此，人们应该以科学的态度来看待反式脂肪酸。

习　题

1. 命名下列化合物

(1) $(CH_3)_2CHCOOH$

(2) $H_2C=CH-CH_2COOH$

(3) $CH_3CONHCH_3$

(4) $HOOCCHCHCOOH$
　　　　$|$　$|$
　　　Br　CH_3

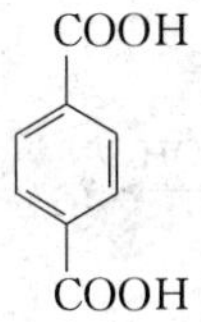

(5)

(6)

(7) $(CH_3)_2CHCH_2COBr$

(8)

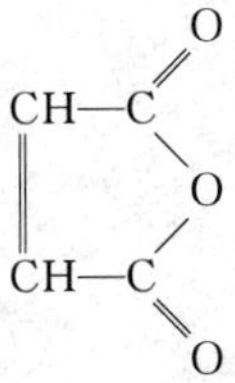

(9) $CH_3CH_2OCH_2CH_2COOCH_3$

2. 写出下列化合物的构造式

(1) 甲酸异丙酯

(2) 2-甲基丁酰胺

(3) 阿司匹林

(4) 环己基甲酸

(5) 丙烯酸

(6) 丁二酸酐

3. 试比较下列各组化合物沸点高低

(1) 丁酸、丙酸、乙酸甲酯

(2) 乙酰胺、N-甲基乙酰胺、N,N-二甲基乙酰胺

(3) 乙醇、乙醛、乙酸

(4) 戊醇、丁酸、乙酸乙酯

4. 比较下列各组化合物酸性强弱

(1) 甲酸、乙酸、乙二酸、丙二酸

(2) 乙酸、苯酚、碳酸、乙醇、水

(3) 对硝基苯甲酸、间硝基苯甲酸、苯甲酸、苯酚、苯甲醇

5. 用化学方法鉴别下列各组化合物

(1) 乙醇、乙醛、甲酸、乙酸

(2) 苯酚、苯甲酸、苯甲醛、苯乙酮

6. 石油炼制企业的石油产品中含有环烷酸，具有一定的腐蚀性，试将其与油层分离。

7. 完成下列反应式

(1) + NaHCO$_3$ $\longrightarrow$?

(2) —CH$_2$COOH $\xrightarrow[\text{P}]{\text{Cl}_2}$? $\xrightarrow{\text{NaCN}}$? $\xrightarrow{\text{H}_2\text{O/H}^+}$?

(3) $\xrightarrow{?}$ $\xrightarrow{?}$ $\xrightarrow[\text{②CO}_2，\text{H}_2\text{O/H}^+]{\text{①Mg，无水乙醚}}$?

(4) CH$_3$CH(COOH)$_2$ $\xrightarrow{\triangle}$?

(5) —CH$_2$CH$_2$COOH $\xrightarrow{\text{SOCl}_2}$? $\xrightarrow{\text{AlCl}_3}$?

(6) CH$_3$CH$_2$COOH + NH$_3$ $\longrightarrow$? $\xrightarrow{\triangle}$?

(7) $\xrightarrow{\triangle}$? $\xrightarrow[\triangle]{\text{NH}_3 \text{过量}}$? $\xrightarrow[\text{NaOH}]{\text{NaOBr}}$?

(8) —COOH $\xrightarrow{\text{SOCl}_2}$? $\xrightarrow{\text{CH}_3\text{CH}_2\text{OH}}$?

(9) CH$_3$CH$_2$COOH + CH$_3$OH $\xrightarrow{\text{H}^+}$? $\xrightarrow{\text{CH}_3(\text{CH}_2)_3\text{CH}_2\text{OH}}$?

(10) CH$_3$CH$_2$COOCH$_3$ $\xrightarrow{\text{C}_2\text{H}_5\text{OH，Na}}$? + ?

8. 用指定原料合成下列化合物

(1) 、CH$_3$CH$_2$OH $\longrightarrow$

(2) CH$_3$OH、CH$_3$CHO $\longrightarrow$

(3) 、H$_2$C—CH$_2$(环氧) $\longrightarrow$

(4) CH$_3$CH$_2$CH$_2$Cl $\longrightarrow$ CH$_3$CH$_2$CH$_2$CONH$_2$

9. 化合物 A 和 B 的分子式均为 C$_4$H$_8$O$_2$，其中 A 容易与 Na$_2$CO$_3$ 作用放出 CO$_2$；B 不和 Na$_2$CO$_3$ 作用，但与 NaOH 的水溶液共热生成乙醇，试推断 A 和 B 的结构式。

10. 某化合物分子式为 $C_9H_8O_3$，能与 NaOH 和 $NaHCO_3$ 反应，遇 $FeCl_3$ 溶液显紫色，还能使溴的四氯化碳溶液褪色，若用 $KMnO_4/H^+$ 氧化，可得对羟基苯甲酸，同时放出 CO_2，试写出该化合物的结构式及各步反应式。

11. 化合物 A、B、C 的分子式均为 $C_3H_6O_2$。A 与 Na_2CO_3 作用放出 CO_2，B 和 C 不能，在 NaOH 和 I_2 的溶液中加热后，B 的水解产物可发生碘仿反应而 C 的水解产物不能。试推断 A、B、C 的结构式。

12. 化合物 A 的分子式为 $C_4H_6O_4$，加热后得到分子式为 $C_4H_4O_3$ 的化合物 B，将 A 与过量 CH_3OH 及少量 H_2SO_4 一起加热得到 C，C 的分子式为 $C_6H_{10}O_4$，B 与过量 CH_3OH 作用也得到 C，A 与 $LiAlH_4$ 作用得到分子式为 $C_4H_{10}O_2$ 的化合物 D。写出 A、B、C、D 的结构式及相关反应式。

第十二章　含氮有机化合物

分子中含有氮元素的有机化合物叫做含氮有机化合物，其种类很多。本章主要讨论胺、季铵盐和季铵碱、重氮化合物和偶氮化合物、硝基化合物、腈等。

第一节　胺

氨分子中的一个或几个氢原子被烃基取代后的化合物称为胺，氨基是胺的官能团。

一、胺的分类、命名

1. 胺的分类

根据氨分子中氢原子被取代的个数，可把胺分成伯胺（1°胺）、仲胺（2°胺）和叔胺（3°胺）。

$$CH_3NH_2 \qquad (CH_3)_2NH \qquad (CH_3)_3N$$
伯胺　　　　　　仲胺　　　　　　叔胺

应注意，这里的伯、仲、叔胺的含义和以前醇、卤代烃等的伯、仲、叔含义是不同的，它是由氨中所取代的氢原子的个数决定的，而不是由氨基（—NH$_2$）所连接的碳原子的类型决定的，与氨基所连碳原子是伯、仲、叔碳无关。

$$(CH_3)_2CHNH_2 \qquad (CH_3)_2CHOH$$
异丙胺（伯胺）　　　　　异丙醇（仲醇）

根据取代烃基类型的不同，胺可以分为脂肪胺和芳香胺两类。取代烃基都为脂肪族烃基时称为脂肪胺，取代烃基中只要有一个是芳基的胺则称为芳香胺。

$$CH_3NHCH_2CH_3$$
脂肪胺　　　　　　　芳香胺

根据分子中氨基的数目，又可把胺分为一元胺和多元胺。

$$CH_3CH_2NH_2 \qquad\qquad H_2NCH_2CH_2NH_2$$
一元胺　　　　　　　二元胺

铵盐（NH$_4$）$^+$X$^-$分子中的四个氢原子被四个烃基取代后的化合物，称为季铵盐，其相应的氢氧化物称为季铵碱。

$$(CH_3)_4N^+Cl^- \qquad\qquad (CH_3)_4N^+OH^-$$
季铵盐　　　　　　　季铵碱

2. 胺的命名

（1）习惯命名法

构造简单的胺一般用习惯命名法，在烃基名称后加上"胺"字即可。例如：

$$CH_3CH_2CH_2NH_2 \qquad (CH_3)_2CHNH_2 \qquad \underset{\underset{CH_3}{|}}{CH_3CH_2CHNH_2} \qquad CH_3NHCH_2CH_3$$

正丙胺　　　　　　异丙胺　　　　　　仲丁胺　　　　　　甲乙胺

在芳仲胺或芳叔胺中，如果氮原子同时连有芳基和烷基，命名时在烷基的名称前加符号"N"，表示烷基与氮相连。例如：

N-甲基苯胺　　　　　　　　　　N-甲基-N-乙基苯胺

（2）系统命名法

对于构造比较复杂的胺常采用系统命名法。命名时，以烃为母体，以氨基或烷氨基作为取代基。例如：

$$\underset{\underset{CH_3}{|} \quad \underset{NH_2}{|}}{CH_3CHCH_2CHCH_2CH_3} \qquad \qquad \underset{\underset{NHCH_3}{|}}{CH_3CHCH_2CH_2CH_3}$$

2-甲基-4-氨基己烷　　　　　　　　　　2-甲氨基戊烷

季铵类的命名与铵盐相似，称为"某化某铵"。例如：

$$[(CH_3)_4N]^+Br^- \qquad [(CH_3)_4N]^+OH^- \qquad [(CH_3)_3NCH_2CH_3]^+I^-$$

溴化四甲铵　　　　　　氢氧化四甲铵　　　　　　碘化三甲基乙基铵

二、胺的物理性质

1. 物理状态

低级和中级脂肪胺在常温下是无色气体或易挥发的液体，有难闻的臭味。高级脂肪胺是固体，无臭。芳香胺是高沸点的液体或低熔点的固体，有特殊的气味。芳香胺有毒，吸入蒸气和皮肤接触都可能引起中毒。

2. 沸点

与氨相似，伯、仲胺可以通过分子间氢键而缔合，使伯胺和仲胺的沸点比相对分子质量相近的醚的沸点高，但由于氮的电负性比氧小，形成的氢键比较弱，因此，比相对分子质量相近的醇或酸的沸点要低。叔胺不能形成氢键，因此，沸点比相对分子质量相近的伯胺和仲胺低。

3. 溶解性

伯、仲、叔胺都能与水形成氢键，因此，低级胺都可溶于水。胺也溶于醇、醚和苯等有机溶剂。

表 12-1 是常见胺的名称及物理常数。

表 12-1　常见胺的名称及物理常数

名称	熔点/℃	沸点/℃	密度(20℃)/10^3kg·m^{-3}	水溶性/g·$(100g)^{-1}$H$_2$O
甲胺	−92.5	−6.5	0.6990(−11℃)	易溶
二甲胺	−96	7.4	0.6804(0℃)	易溶
三甲胺	−124	3.58	0.6356	91
乙胺	−80.5	16.6	0.6829	∞
二乙胺	−50	55.5	0.7108	易溶
丙胺	−83	48.7	0.7173	∞
乙二胺	8.5	117	0.8995	易溶
己二胺	42	204.5	0.8313	2.0
苯胺	−6	184	1.022	3.7
二苯胺	54	302	1.131	不溶

三、胺的化学性质

胺的官能团是氨基（—NH$_2$），它决定了胺类的化学性质。

1. 胺的碱性

胺分子中氨基氮原子上有一对未共用电子，能接受质子，所以胺都具有碱性。胺是一种弱碱，它同强无机酸反应，生成相应的盐。

$$R—NH_2 + HCl \rightleftharpoons RNH_3^+ Cl^-$$

利用这个性质，可以把胺从其他非碱性物质中分离出来，也可定性地鉴别胺。

一般脂肪胺的 $pK_b = 3\sim5$，芳香胺的 $pK_b = 7\sim10$。

胺类的碱性呈现以下的一般规律：

① 对于脂肪胺，在气态时，碱性强弱顺序通常是：

叔胺＞仲胺＞伯胺＞氨

但在水溶液中则有所不同，碱性强弱顺序是：

仲胺＞伯胺＞叔胺＞氨

② 对于芳香胺，碱性强弱顺序是：

NH$_3$＞ArNH$_2$＞Ar$_2$NH＞Ar$_3$N

③ 芳胺的苯环上连有其他取代基，尤其是处于氨基邻、对位时，则主要体现了电子效应对碱性强度的影响。当苯环上连有推电子基团时，碱性增强；苯环上连有拉电子基团时，碱性减弱。

2. 氮上的烃基化反应

胺与卤代烃、醇、酚等反应能在氮原子上引入烃基，这个反应称为胺的烃基化反应，常用于仲胺、叔胺和季铵盐的制备，但往往得到的是混合产物。

$$\text{(NH}_2\text{)} \xrightarrow[\text{230℃,2.5～3MPa}]{\text{CH}_2\text{OH,H}_2\text{SO}_4} \text{(NHCH}_3\text{)}$$

N-甲基苯胺

N-甲基苯胺是染料工业中最重要的中间体之一。

控制反应物的配比和反应条件，可得到以某种胺为主的产物。

3. 氮上的酰基化反应

伯胺、仲胺与酰氯、酸酐、羧酸等反应，氨基上的氢会被酰基取代，生成 N-取代酰胺。这类反应称为胺的酰基化反应。叔胺的氮原子上没有可取代的氢，所以不能发生酰基化反应。

$$\text{(NH}_2\text{)} + \text{CH}_3\text{COOH} \xrightarrow[-\text{H}_2\text{O}]{\text{回流}} \text{(NHCOCH}_3\text{)}$$

苯胺 　　　　　　　　　　　乙酰苯胺

乙酰苯胺是磺胺类药物原料，可用作止痛剂、退热剂、防腐剂和染料中间体。

胺酰化后生成的 N-取代酰胺为无色晶体，它们具有确定的熔点。因此，酰化反应可用来鉴定伯胺和仲胺。

胺的酰化产物性质比较稳定，不易被氧化，在酸或碱的催化下，可以水解生成原来的胺。因此在有机合成中常利用酰基化反应来保护氨基。

$$\text{(NH}_2\text{,CH}_3\text{)} \xrightarrow{(\text{CH}_3\text{CO})_2\text{O}} \text{(NHCOCH}_3\text{,CH}_3\text{)} \xrightarrow[\text{H}^+]{\text{KMnO}_4} \text{(NHCOCH}_3\text{,COOH)} \xrightarrow{\text{H}_2\text{O/H}^+} \text{(NH}_2\text{,COOH)}$$

对氨基苯甲酸

对氨基苯甲酸用于染料和医药中间体，也可用于防晒剂。

4. 与亚硝酸反应

胺能与亚硝酸反应，不同的胺与亚硝酸反应的产物也不相同。由于亚硝酸不稳定，易分解，一般用亚硝酸钠与盐酸（或硫酸）在反应过程中作用生成亚硝酸。

脂肪族伯胺与亚硝酸反应，生成醇、烯烃等混合物，并放出氮气。

$$\text{CH}_3\text{CH}_2\text{NH}_2 \xrightarrow[\text{HCl}]{\text{NaNO}_2} \text{CH}_3\text{CH}_2\text{OH} + \text{CH}_2{=}\text{CH}_2 + \text{N}_2\uparrow$$

该反应可用来测定—NH$_2$ 的含量。

芳香族伯胺与亚硝酸在低温下反应，生成重氮盐，该反应叫做重氮化反应。生成的重氮盐如加热，也会放出氮气。

$$\text{(NH}_2\text{)} + \text{NaNO}_2 + \text{HCl} \xrightarrow{0\sim5℃} \text{(N}_2^+\text{Cl}^-) + \text{H}_2\text{O} + \text{NaCl}$$

苯胺 　　　　　　　　　　氯化重氮苯

脂肪族和芳香族仲胺与亚硝酸反应，都生成黄色油状或固体的 N-亚硝基化合物（亦称亚硝胺）。

$$(CH_3CH_2)_2NH + NaNO_2 + HCl \longrightarrow (CH_3CH_2)_2N\!-\!N\!=\!\!O + H_2O + NaCl$$

N-亚硝基二乙胺
中性，黄色液体

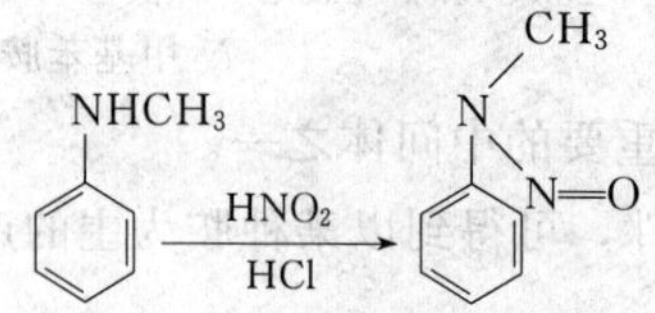

N-甲基-N-亚硝基苯胺
黄色油状物

N-亚硝基化合物是一种很强的致癌物，与稀酸共热，可分解生成仲胺。

脂肪族叔胺与亚硝酸不反应。芳香族叔胺与亚硝酸反应，生成氨基对位取代的亚硝基化合物。

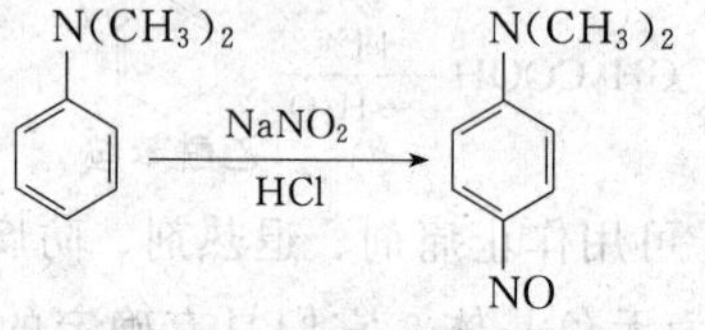

对亚硝基-N,N-二甲基苯胺

该产物为绿色晶体，用于制造噁嗪染料、噻嗪染料等。

根据上述的不同反应，可以用来区别脂肪族及芳香族的伯、仲、叔胺。

5. 芳胺环上的亲电取代反应

氨基是强的邻、对位定位基，它使芳环活化，容易发生亲电取代反应。

（1）卤化

苯胺与氯和溴发生卤化反应，活性较高，不需催化剂常温下就能进行，并直接生成三卤苯胺。

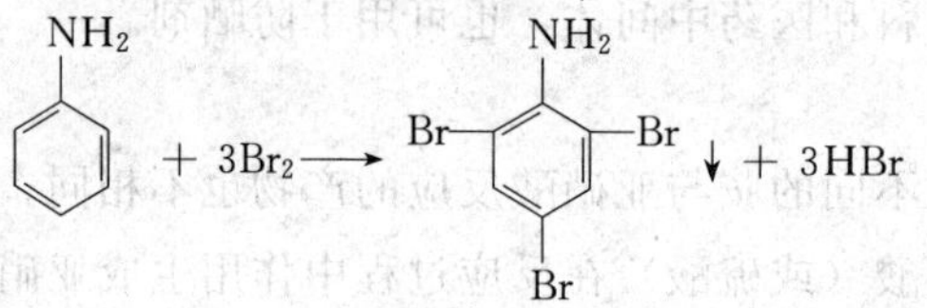

2,4,6-三溴苯胺

溴化生成的三溴苯胺是白色沉淀，反应很灵敏，常用于苯胺的定性鉴别和定量分析。若要制备一元取代苯胺，可先将氨基酰化，降低它的反应活性，再卤化，然后水解。

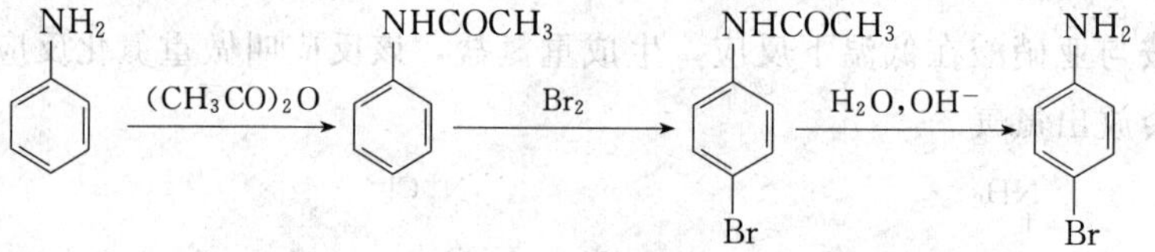

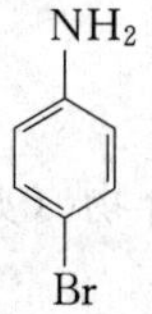

为染料原料，如偶氮染料、喹啉染料等，可作为医药及有机合成中间体。

（2）硝化

苯胺硝化时，很容易被硝酸氧化，生成焦油状物。因此，制备硝基苯胺时必须先将苯胺酰化后再硝化，以保护其不被氧化。

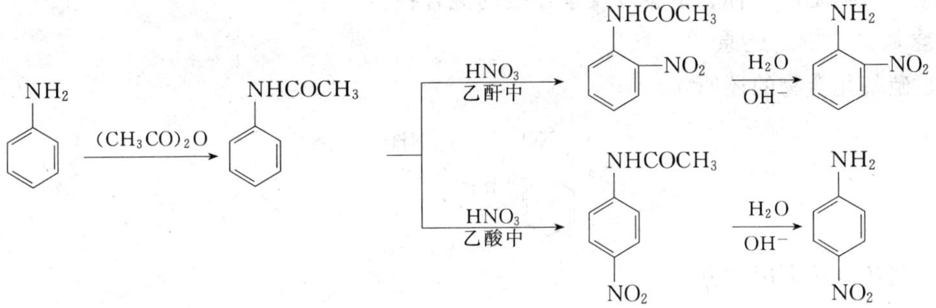

若用浓硝酸和浓硫酸的混酸进行硝化，则主要生成间硝基苯胺。

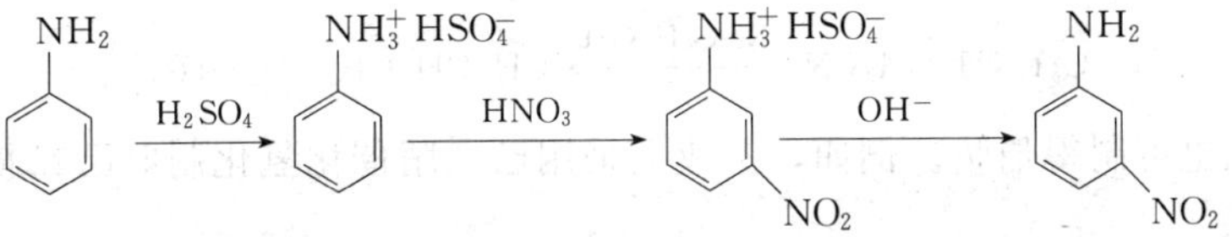

（3）磺化

苯胺在常温下与浓硫酸反应，先生成苯胺硫酸盐，将其加热到 180～190℃ 时，则得到对氨基苯磺酸，这是工业上生产氨基苯磺酸的方法。

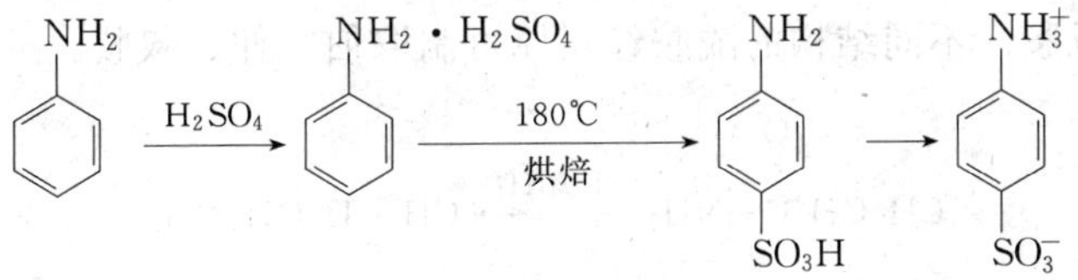

6. 胺的氧化

胺易被氧化，芳胺则更易被氧化。例如，苯胺在放置时就会被空气氧化而颜色变深。苯胺被漂白粉氧化，会产生明显的紫色，这可用于检验苯胺。在酸性条件下，苯胺用二氧化锰低温氧化，则生成对苯醌。

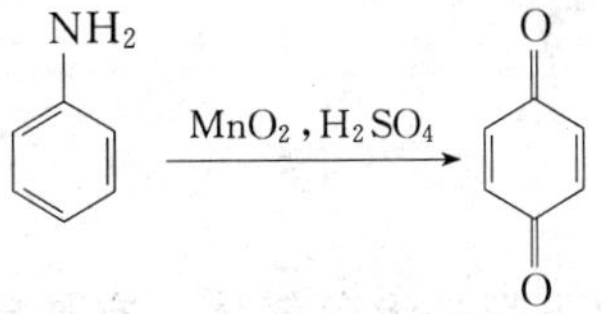

对苯醌

对苯醌用作染料中间体，分析中用于测定氨基酸，用于毒芹碱、吡啶、氮杂茂、酪氨酸和对苯二酚的定性检定。

四、胺的制备

1. 氨的烃基化

氨与卤代烃反应，首先生成伯胺。

$$CH_3OH + NH_3 \xrightarrow[380\sim450℃,5MPa]{Al_2O_3} CH_3NH_2$$

伯胺可以继续与卤代烃反应,生成仲胺;仲胺再反应生成叔胺;最后生成季铵盐。因此,反应的产物是伯、仲、叔胺以及季铵盐的混合物。

2. 含氮化合物的还原

(1) 硝基化合物的还原

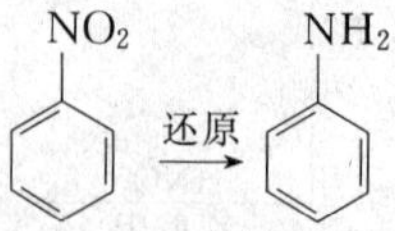

这是制备芳胺常用的方法。

(2) 腈的还原

腈在乙醇与金属钠作用下还原为伯胺。

$$CH_3CH_2CH_2CN \xrightarrow{Na-C_2H_5OH} CH_3CH_2CH_2CH_2NH_2$$

用催化氢化也可制得伯胺。例如,工业上采用己二腈催化氢化制取己二胺。

$$NCCH_2CH_2CH_2CH_2CN \xrightarrow[\triangle,P]{H_2,Ni} H_2NH_2C(CH_2)_4CH_2NH_2$$

该产物为制尼龙-66 的原料。

(3) 酰胺的还原

酰胺也可还原成胺。不同结构的酰胺经还原可制取伯、仲、叔胺。

$$CH_3CH_2\overset{\displaystyle O}{\overset{\|}{C}}-NH_2 \xrightarrow{LiAlH_4} CH_3CH_2CH_2NH_2$$

3. 酰胺的霍夫曼降解

酰胺与次卤酸钠作用,脱去羰基,生成少一个碳原子的伯胺。

$$CH_3CH_2\overset{\displaystyle O}{\overset{\|}{C}}-NH_2 \xrightarrow[NaOH]{Br_2} CH_3CH_2NH_2$$

五、重要的胺

1. 甲胺、二甲胺、三甲胺

甲胺、二甲胺、三甲胺在常温下都是无色气体,有特殊气味。它们都有毒,易溶于水,能溶于乙醇和乙醚,都易燃烧,与空气能形成爆炸性混合物,水溶液呈碱性,能与酸成盐。

甲胺、二甲胺、三甲胺都是重要的有机合成原料,可用来制造药物、染料、橡胶硫化促进剂及表面活性剂等。

2. 乙二胺

乙二胺是最简单的二元胺,是无色或微黄色黏稠液体,有类似氨的气味,熔点 8.5℃,沸点 117℃,溶于水和乙醇,微溶于乙醚。

乙二胺与氯乙酸在碱性溶液中作用生成乙二胺四乙酸盐,后者经酸化得到乙二胺四乙酸,简称 EDTA。EDTA 及其盐是分析化学中常用的金属螯合剂，用于络合和分享金属离子。ED-TA 二钠盐可用作重金属中毒的解毒剂。

乙二胺可用作环氧树脂的固化剂，也可用于制造药物、农药和乳化剂等。

3. 己二胺

己二胺（1,6-己二胺）是重要的二元胺，为无色片状晶体，有吡啶气味，有刺激性，熔点 42℃，沸点 204.5℃，微溶于水，易溶于乙醇、乙醚、苯，能吸收空气中的二氧化碳和水分。己二胺是尼龙-66、尼龙-610、尼龙-612 的重要单体。

4. 苯胺

苯胺是无色油状液体，露置在空气中会逐渐变为深棕色，久之则变为棕黑色，有特殊气味，沸点 184℃，熔点 −6℃，微溶于水，能溶于醇及醚。苯胺有毒，能被皮肤吸收引起中毒。

苯胺是重要的有机化工原料。由苯胺可制染料和染料中间体，苯胺也用于制造橡胶促进剂、磺胺类药物等。

六、季铵盐和季铵碱

1. 季铵盐

季铵盐可由叔胺与卤代烷反应制得：

$$R_3N + RX \longrightarrow [R_4N]^+ X^-$$

季铵盐为无色晶体，是强酸强碱盐，具有盐的性质，能溶于水，不溶于非极性有机溶剂。

季铵盐易溶于水，生成的季铵离子既含亲油基团又含亲水基团，并具有润湿、起泡和去污的作用，因此季铵盐常用作相转移催化剂、表面活性剂、杀菌消毒剂、柔软剂等。

2. 季铵碱

季铵碱是强碱，其碱性与氢氧化钠相近，易溶于水，有很强的吸湿性。季铵碱可由季铵盐与湿的氧化银反应制得。

$$[R_4N]^+ X^- \xrightarrow{\text{湿 } Ag_2O} [R_4N]^+ OH^-$$

季铵碱受热会分解。当 β-C 上没有氢原子时，分解生成叔胺和醇。

$$[(CH_3)_4N]^+ OH^- \xrightarrow{\triangle} (CH_3)_3N + CH_3OH$$

当 β-C 上有氢原子时，分解生成叔胺、烯烃和水。

$$[CH_3CH_2CH_2N(CH_3)_3]^+ OH^- \xrightarrow{\triangle} (CH_3)_3N + CH_3CH=CH_2 + H_2O$$

若有多个 β-C 都有可发生消除反应的氢原子时，季铵碱热解主要生成双键上烷基取代最少的烯烃。

$$[CH_3CH_2\underset{\underset{N(CH_3)_3}{|}}{C}HCH_3]^+ OH^- \xrightarrow{\triangle} (CH_3)_3N + CH_3CH_2CH=CH_2 + CH_3CH=CHCH_3 + H_2O$$

主要产物　　　　次要产物

这个消除反应的消除取向与前面的札依采夫规则恰好相反。这个规则称为霍夫曼规则。

用过量的碘甲烷与胺作用生成季铵盐，然后转化成季铵盐，最后分解成烯烃，这一过程称为霍夫曼彻底甲基化，也称霍夫曼降解。此反应可用于制备烯烃及鉴定胺的结构。

第二节　芳香族重氮和偶氮化合物

一、重氮化合物和偶氮化合物的命名

重氮和偶氮化合物分子中都含有氮氮重键（—N₂—）官能团。其中—N₂—基团的一端与烃基相连，另一端与非碳原子相连的化合物，叫做重氮化合物，可分为重氮化合物和重氮盐。

重氮化合物命名为"某重氮某"。例如：

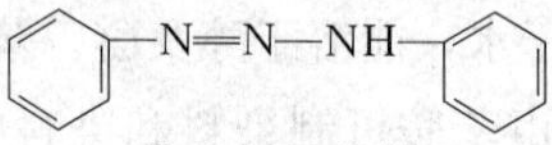

苯重氮氨基苯

重氮盐命名为"重氮某酸盐"或"某化重氮某"或"某酸重氮某"。例如：

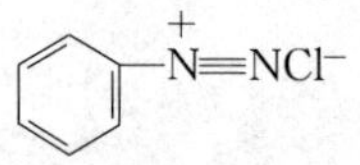

重氮苯盐酸盐（氯化重氮苯） 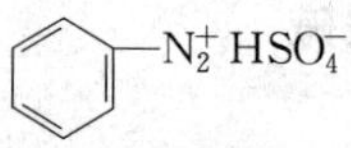　　　　硫酸氢重氮苯（重氮苯硫酸盐）

—N₂—基团以—N＝N—的形式两端都与烃基相连的化合物叫做偶氮化合物。例如：

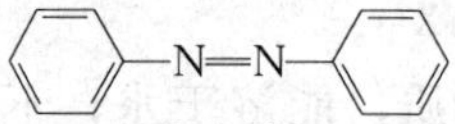

偶氮苯 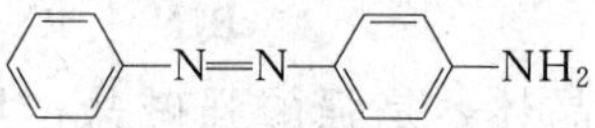　　　　　　　　　对氨基偶氮苯

二、重氮化反应

芳伯胺与亚硝酸在强酸溶液中反应生成重氮盐，此反应叫做重氮化反应。例如：

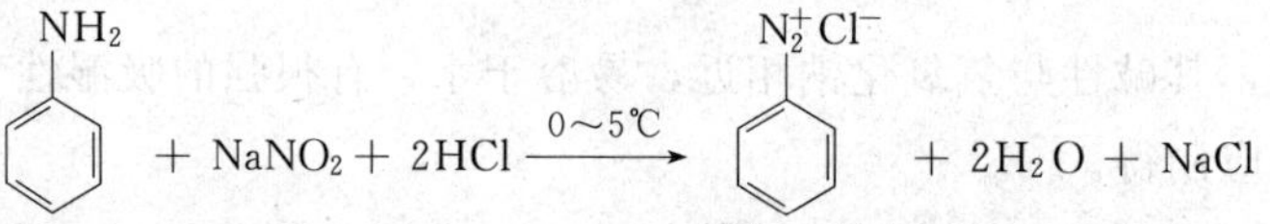

$$\text{（图）} + NaNO_2 + 2HCl \xrightarrow{0\sim5℃} \text{氯化重氮苯} + 2H_2O + NaCl$$

重氮化反应一般在较低温度下进行。因为重氮盐在低温时比较稳定，温度稍高就会分解。通常所用的酸是盐酸或硫酸。

三、重氮盐的性质及应用

重氮盐具有盐的通性。可溶于水，不溶于有机溶剂，其水溶液能导电。干燥的重氮盐对热和震动都很敏感，易分解放出 N_2，而且容易发生爆炸。

芳香族的重氮盐的化学性质非常活泼，能发生多种反应，生成多种化合物，在有机合成上非常有用。这些反应可归纳为两类：失去氮的反应和保留氮的反应。

1. 失去氮的反应

在不同条件下，重氮盐分子中的重氮基可以被卤原子、氰基、羟基、氢原子等取代，生成各种不同的有机化合物，同时放出氮气，这类反应称为失去氮的反应，又叫放氮反应。

（1）被卤原子取代

芳香族重氮盐在亚铜盐的催化作用下，重氮基可被氯原子或溴原子取代，生成氯苯或溴

苯，同时放出氮气，称为桑德迈尔反应。

$$\underset{}{\text{（苯基）}N_2^+ Cl^-} \xrightarrow[\triangle]{CuCl, HCl} \text{（苯基）}Cl + N_2\uparrow$$

重氮基被碘取代比较容易。加热重氮盐与碘化钾的混合溶液，就会生成碘苯，同时放出氮气。

$$\text{（苯基）}N_2^+ HSO_4^- \xrightarrow[100℃]{KI} \text{（苯基）}I + N_2\uparrow$$

（2）被氰基取代

重氮盐与氰化亚铜的氰化钾溶液共热，重氮基被氰基取代生成苯甲腈，同时放出氮气。

$$\text{（苯基）}N_2^+ Cl^- \xrightarrow[\triangle]{CuCN, KCN} \text{（苯基）}CN + N_2$$

（3）被羟基取代

在酸性条件下，重氮盐可以发生水解反应，重氮基被羟基取代生成苯酚，同时放出氮气。

$$\text{（苯基）}N_2^+ HSO_4^- + H_2O \xrightarrow[\triangle]{H^+} \text{（苯基）}OH + N_2\uparrow + H_2SO_4$$

此反应一般用重氮苯硫酸盐在 40%～50% 的硫酸溶液中进行，这样可以防止反应生成的酚与未反应的重氮盐发生偶合反应。如果用重氮苯盐酸盐溶液，则常伴有副产物氯苯的生成。

在有机合成中可通过生成重氮盐的途径将氨基转变成羟基，来制备一些不能由其他方法合成的酚。

例如，间溴苯酚不宜用间溴苯磺酸钠碱熔法制取，因为溴原子在碱熔时也会被酚羟基所取代，所以在有机合成中，可用间溴苯胺经重氮化反应再水解制得。

$$\text{（3-溴苯胺）}NH_2 \xrightarrow[0\sim5℃]{NaNO_2, H_2SO_4} \text{（3-溴重氮盐）}N_2^+ HSO_4^- \xrightarrow[\triangle]{H_2O, H_2SO_4} \text{（3-溴苯酚）}OH$$

（4）被氢原子取代

重氮盐与次磷酸（H_3PO_2）或乙醇反应，重氮基被氢原子取代，同时放出氮气。

$$\text{（苯基）}N_2^+ Cl^- + H_3PO_2 + H_2O \xrightarrow{\triangle} \text{（苯）} + H_3PO_3 + N_2\uparrow + HCl$$

利用此反应可从芳环上除去硝基和氨基。例如：1,3,5-三溴苯无法由苯直接溴代得到，可由苯胺通过溴代、重氮化再还原制得。

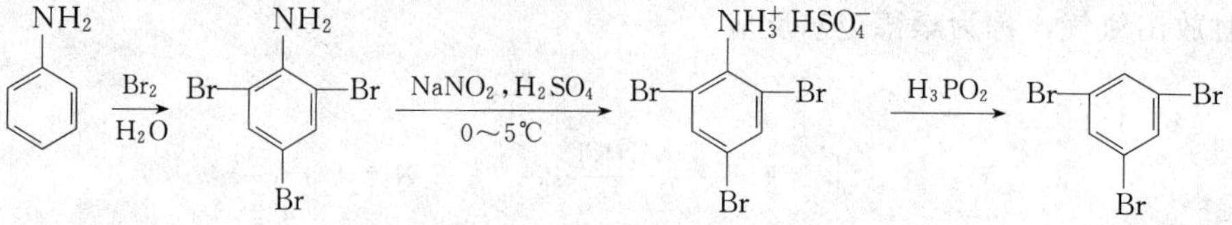

1,3,5-三溴苯

1,3,5-三溴苯为重要的有机合成原料和中间体。

2. 保留氮的反应

重氮盐在反应中没有氮气放出，分子中的重氮基被还原成肼或转变为偶氮基的反应叫做保留氮的反应。

(1) 还原反应

重氮盐可被氯化锡和盐酸（或亚硫酸钠）还原，生成苯肼。

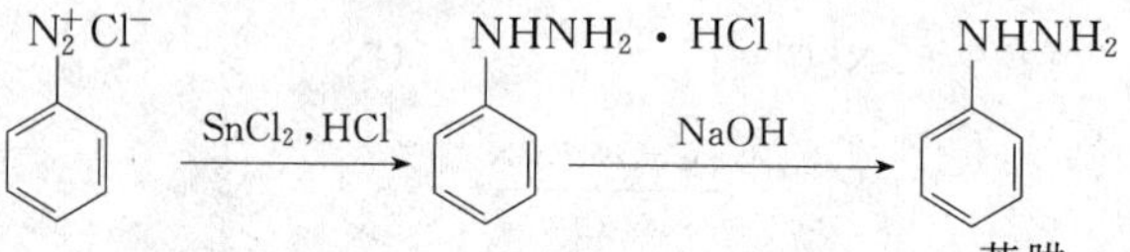

苯肼

苯肼为白色单斜棱形晶体或油状液体，有毒，是染料，医药，农药工业重要中间体。

(2) 偶合反应

在适当的条件下，重氮盐与酚或芳胺反应生成偶氮化合物，这个反应称为偶合反应（或偶联反应）。

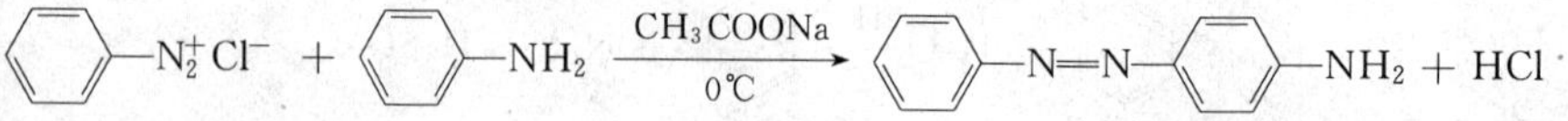

对氨基偶氮苯

对氨基偶氮苯为染料中间体。

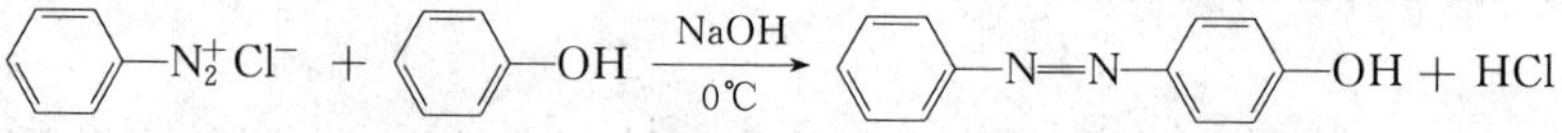

对羟基偶氮苯

对羟基偶氮苯为非水滴定用酸碱指示剂。

偶合反应相当于在一个芳环上引入苯重氮基，只有比较活泼的芳烃衍生物（如酚和芳胺）才能与重氮盐发生偶合反应，生成偶氮化合物。

偶合反应主要发生在活性基团如羟基或氨基的对位，对位被占，则发生在邻位。

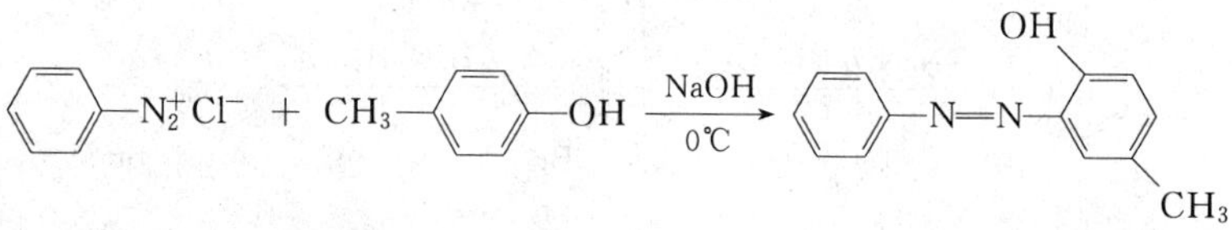

重氮盐与酚类的偶合反应通常在弱碱性介质（pH 值为 8～9）中进行，与芳胺的偶合反应通常在弱酸或中性介质（pH 值为 5～7）中进行。偶合反应主要用于制取偶氮染料。

第三节　硝基化合物

烃分子中的氢原子被硝基取代后生成的化合物称为硝基化合物。硝基是硝基化合物的官能团。

一、硝基化合物的分类、命名

1. 硝基化合物的分类

硝基化合物可分为脂肪族硝基化合物和芳香族硝基化合物，通式为 RNO_2 或 $ArNO_2$。例如：

$CH_3CH_2NO_2$
脂肪族硝基化合物

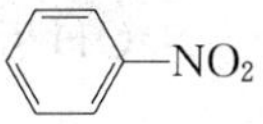
芳香族硝基化合物

2. 硝基化合物的命名

硝基化合物的命名通常是以烃为母体，硝基作为取代基来命名的。

CH_3NO_2
硝基甲烷

$$\begin{array}{c} CH_3\underset{\displaystyle |\atop\displaystyle NO_2}{C}HCH_2CH_3 \end{array}$$
2-硝基丁烷

多官能团硝基化合物命名时，硝基仍作为取代基。例如：

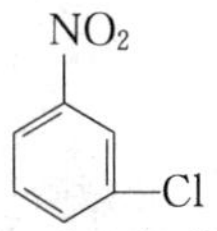
间硝基氯苯

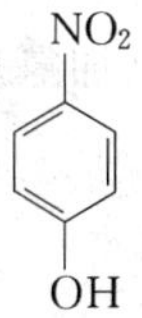
对硝基苯酚

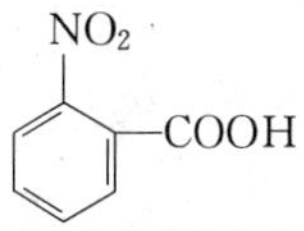
邻硝基苯甲酸

二、硝基化合物的物理性质

1. 物理状态

低级的硝基烷是无色、难溶于水、具有香味的液体。芳香族的一硝基化合物是无色或淡黄色的液体或固体。多硝基化合物则多为黄色固体。

2. 沸点

与相对分子质量相近的其他物质相比，硝基化合物有较高的沸点。

表 12-2 为常见硝基化合物的名称及物理常数。

表 12-2　常见硝基化合物的名称及物理常数

名称	熔点/℃	沸点/℃	密度(20℃)/10^3kg·m^{-3}
硝基甲烷	−28.5	101.2	1.1354(22℃)
硝基乙烷	−90	114	1.0448(25℃)
硝基苯	5.7	210.8	1.203
邻硝基甲苯	−9.3	222	1.168
间硝基甲苯	16.1	231	1.157
对硝基甲苯	52	238.5	1.286
邻二硝基苯	118	319	1.565(17℃)
间二硝基苯	89.8	303	1.571(0℃)
2,4,6-三硝基甲苯	80.6	280(爆炸)	1.654
α-硝基萘	61	304	1.332

三、硝基化合物的化学性质

1. α-H 的酸性

含有 α-H 的硝基化合物具有酸性。例如：CH_3NO_2 的 $pK_a = 10.2$。这是由于硝基是强的拉电子基（$-I$ 和 $-C$ 电子效应），从而导致含有 α-H 的硝基化合物具有酸性。所以不溶于水的这类硝基化合物可以与 NaOH 反应生成钠盐而溶于氢氧化钠水溶液。钠盐酸化后，又可重新生成硝基化合物。

$$RCH_2NO_2 + NaOH \longrightarrow [\overline{RCHNO_2}]Na^+ + H_2O$$
钠盐，溶于水

芳香族硝基化合物不含 α-H，因此没有这个性质。

2. 还原反应

还原反应是硝基化合物的重要性质，无论在理论上和实际中都有重大意义。

芳香族硝基化合物随着还原条件的不同可被还原成不同产物。

(1) 催化加氢

在一定的温度和压力下，硝基可发生催化加氢反应。

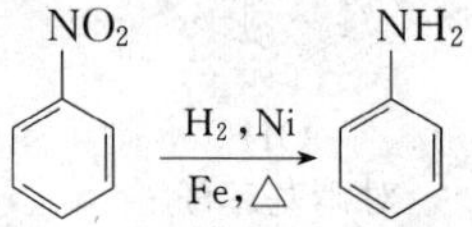

(2) 还原剂还原

在酸性介质中与还原剂作用，硝基被还原成氨基，生成芳胺。常用的还原剂有铁与盐酸、锡与盐酸等。例如：

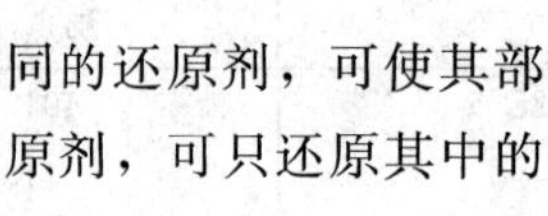

使用化学还原剂，尤其是铁和盐酸时，虽然工艺简单，但污染严重，收率和产品质量都不及催化加氢法。因此工业上常用催化加氢法制取苯胺。

(3) 选择性还原

还原多硝基化合物时，选择不同的还原剂，可使其部分还原。例如在间二硝基苯的还原反应中，如果选用硫氢化钠作为还原剂，可只还原其中的一个硝基，生成间硝基苯胺。

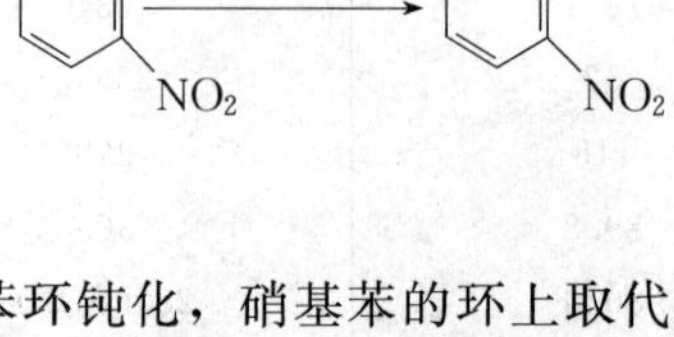

3. 苯环上的取代反应

硝基是间位定位基，可使苯环钝化，硝基苯的环上取代反应主要发生在间位且比较难以进行。但在较强的条件下，硝基苯也能发生卤代、硝化和磺化反应。例如：

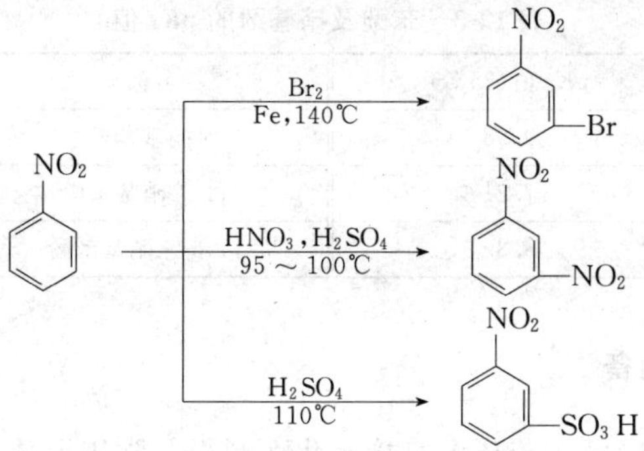

由于硝基对苯环的强烈致钝作用，不能与较弱的亲电试剂发生反应，因此，硝基苯不能发生傅瑞德尔-克拉夫茨烷基化和酰基化反应。

4. 硝基对苯环上其他基团的影响

硝基不仅钝化苯环，使苯环上的取代反应难以进行，而且对苯环上其他取代基的性质也会产生显著的影响。

（1）对卤原子活性的影响

在通常情况下，氯苯很难发生水解反应。但当其邻位或对位上连有硝基时，则氯原子容易被水解，硝基越多，反应越容易进行。这是由于硝基具有较强的拉电子作用，使与氯原子直接相连的碳原子上电子云密度大大降低，从而带有部分正电荷，有利于 OH^- 的进攻，因此，水解反应变得容易发生。

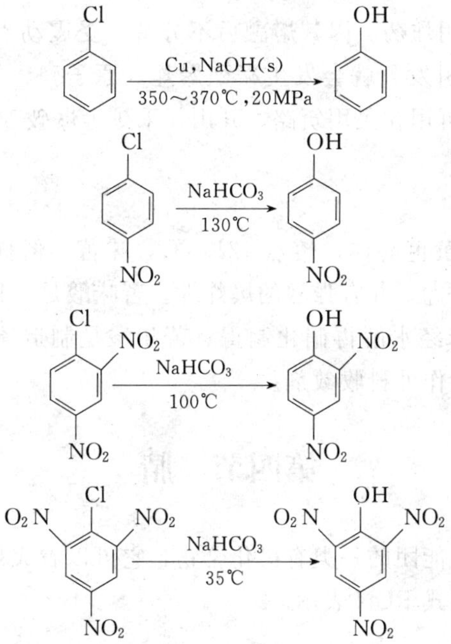

（2）对酚类酸性的影响

在苯酚的环上引入硝基后，由于硝基的拉电子作用，使酚羟基氧原子上的电子云密度大大降低，对氢原子的吸引力减弱，使羟基中的氢原子容易解离成质子，使酚的酸性增强。而且，硝基越多，酸性越强。常见酚的 pK_a 值见表 12-3。

表 12-3 苯酚及硝基酚的 pK_a 值

名称	pK_a 值(25℃)	名称	pK_a 值(25℃)
苯酚	9.98	对硝基苯酚	7.15
邻硝基苯酚	7.21	2,4-二硝基苯酚	4.00
间硝基苯酚	8.39	2,4,6-三硝基苯酚	0.71

四、硝基化合物的制备

芳香族硝基化合物一般可在芳环上直接硝化而制得。常用混酸作为硝化剂。例如：

$$\text{苯} \xrightarrow[50\sim60℃]{HNO_3, H_2SO_4} \text{苯} - NO_2$$

五、重要的硝基化合物

1. 硝基苯

硝基苯为浅黄色油状液体，熔点 5.7℃，沸点 210.8℃，相对密度 1.203，有苦杏仁味，有毒，不溶于水，易溶于乙醇、乙醚等有机溶剂。硝基苯可通过苯的硝化反应制备。硝基苯可用于制造苯胺、联苯胺、染料等，是重要的化工原料。

2. 2,4,6-三硝基甲苯

2,4,6-三硝基甲苯俗称 TNT，是淡黄色针状晶体，熔点 80.6℃，不溶于水，可溶于苯、甲苯和丙酮，有毒，可由甲苯直接硝化制得。

TNT 是一种重要的军用炸药。因其熔融后不分解，受震动也相当稳定，所以装弹运输比较安全。TNT 经起爆剂引发，就会发生猛烈爆炸。原子弹、氢弹的爆炸威力常用 TNT 的万吨级来表示。TNT 也可用在民用筑路、开山、采矿等爆破工程中。此外，TNT 还可用于制造染料和照相用药品等。

3. 2,4,6-三硝基苯酚

2,4,6-三硝基苯酚为黄色晶体，熔点 121.8℃，味苦，俗称苦味酸，不溶于冷水，可溶于热水、乙醇和乙醚，有毒，并有强烈的爆炸性。苦味酸是一种强酸，其酸性与强无机酸相近。可由 2,4-二硝基氯苯经水解再硝化制得。苦味酸是制造硫化染料的原料，也可作为生物碱的沉淀剂，医药上用作外科收敛剂。

第四节 腈

腈是分子中含有氰基官能团的一类有机化合物，它可以看成是氢氰酸分子中的氢原子被烃基取代后的产物，常用通式 RCN 表示。

一、腈的命名

简单腈可根据分子中所含碳原子的数目称为"某腈"。

$$CH_3CN \qquad CH_3CH_2CN \qquad \text{苯} - CN$$
乙腈 丙腈 苯甲腈

复杂腈则以烃为母体，氰基作为取代基，叫做"氰基某烷"。

$$CH_3CHCH_2CH_3$$
$$|$$
$$CN$$

2-氰基丁烷

二、腈的物理性质

1. 物理状态

低级腈为无色液体，高级腈为固体。

2. 沸点

由于腈的分子间作用力较大，因此其沸点比相对分子质量相近的烃、醚、醛、酮和胺的沸点高，与醇相近，比相应羧酸的沸点低。

3. 溶解性

低级腈易溶于水，随着相对分子质量的增加，在水中溶解度降低。腈可以溶解许多无机盐类，其本身是良好的溶剂。

三、腈的化学性质

1. 水解反应

腈在酸或碱的催化下，加热水解生成羧酸。例如，工业上由己二腈水解制取己二酸：

$$NC(CH_2)_4CN \xrightarrow[\triangle]{H_2O,H^+} HOOC(CH_2)_4COOH$$

己二酸

己二酸用于制造尼龙-66 纤维和尼龙-66 树脂，聚氨酯泡沫塑料，还可用于生产润滑剂、增塑剂己二酸二辛酯，也可用于医药等方面。

2. 还原反应

腈经催化加氢或用氢化铝锂还原生成伯胺。

$$CH_3CN \xrightarrow[\text{高压}]{H_2,Ni} CH_3CH_2NH_2$$

四、腈的制备

1. 卤代烃氰解

卤代烃与氰化钠发生氰解反应得到腈。

$$CH_3CH_2Cl \xrightarrow{NaCN} CH_3CH_2CN$$

2. 酰胺脱水

酰胺与五氧化二磷共热时，发生脱水反应得到腈。

$$CH_3CH_2\overset{\overset{\displaystyle O}{\|}}{C}-NH_2 \xrightarrow[\triangle]{P_2O_5} CH_3CH_2CN$$

3. 由重氮盐制备

重氮盐与氰化亚铜的氰化钾溶液反应，重氮基被氰基取代制得腈，这是在芳环上引入氰基的重要方法。

$$\underset{\text{(N}_2\text{Cl)}}{\bigcirc} \xrightarrow{\text{CuCl, KCN}} \underset{\text{(CN)}}{\bigcirc}$$

苯甲腈主要用作合成中间体。

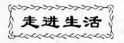

苏丹红及其安全问题

2005 年 2 月，英国食品标准局在官方网站上公布了一份通告：亨氏、联合利华等 30 家企业的产品中可能含有致癌性的工业染色剂苏丹红一号。随后，一场声势浩大的查禁苏丹红一号的行动席卷全球。3 月，中国在许多食品中发现了苏丹红成分，包括肯德基的部分产品，亨氏食品的某辣椒酱中含有苏丹红一号，苏丹红甚至出现在某些药品胶囊及化妆品中。如今苏丹红事件已经逐渐从人们视野中消失，但这次事件给人们生活带来的影响却没有完全消退。食品安全问题成为目前人们普遍关注的重点。

"苏丹红"是一种化学染色剂，并非食品添加剂。苏丹红为亲脂性偶氮化合物，学名 1-苯基偶氮-2-萘酚，主要包括Ⅰ、Ⅱ、Ⅲ和Ⅳ四种类型。它具有致癌性，对人体的肝肾器官具有明显的毒性作用。苏丹红属于化工染色剂，主要是用于石油、机油和其他的一些工业溶剂中，目的是使其增色，也用于鞋、地板等的增光。

由于苏丹红是一种人工合成的工业染料，1995 年欧盟（EU）等国家已禁止其作为色素在食品中进行添加，对此我国也明文禁止。但由于其染色鲜艳，印度等一些国家在加工辣椒粉的过程中还允许添加苏丹红Ⅰ。由于实际在辣椒粉中苏丹红的检出量通常较低，因此对人健康造成危害的可能性很小，偶然摄入含有少量苏丹红的食品，引起的致癌性危险性不大，但如果经常摄入含较高剂量苏丹红的食品就会增加其致癌的危险性，因此应尽可能避免摄入这些物质。基于苏丹红是一种人工色素，在食品中非天然存在，有致癌性，因此在食品中应禁用。针对我国一些食品中也可能含有苏丹红色素的情况，应加大对食品中苏丹红Ⅰ的监测，同时不能放松对苏丹红Ⅱ、Ⅲ、Ⅳ的监测，并对我国人群可能的摄入量进行评估。

既然苏丹红有毒性，为何还要将它添加进食品中呢？一位业内人士分析，之所以将作为化工原料的苏丹红添加到食品中，尤其是运用于辣椒产品加工当中：一是，由于苏丹红用后不容易褪色，这样可以弥补辣椒放置久后变色的现象，保持辣椒鲜亮的色泽；二是，一些企业将玉米等植物粉末用苏丹红染色后，混在辣椒粉中，以降低成本牟取利益。

"苏丹红"到底有何危害？

研究表明，"苏丹红一号"具有致癌性，会导致鼠类患癌，它在人类肝细胞研究中也显现出可能致癌的特性。由于这种被当成食用色素的染色剂只会缓慢影响食用者的健康，并不会快速致病，因此隐蔽性很强。长期食用含"苏丹红"的食品，可能会使肝部 DNA 结构变化，导致肝部病症。建议经常食用者检查肝部。

习 题

1. 命名下列化合物

(1) $(CH_3CH_2)NH$ 　　(2) 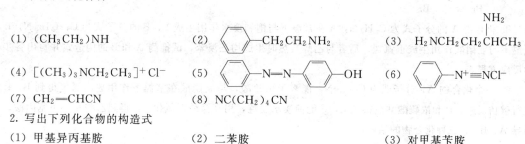　　(3) $H_2NCH_2CH_2\overset{\displaystyle NH_2}{\underset{}{C}HCH_3}$

(4) $[(CH_3)_3NCH_2CH_3]^+Cl^-$　　(5) 见上图　　(6) 见上图

(7) $CH_2{=}CHCN$　　(8) $NC(CH_2)_4CN$

2. 写出下列化合物的构造式

(1) 甲基异丙基胺　　(2) 二苯胺　　(3) 对甲基苄胺

(4) N,N-二甲基苯胺　　(5) 乙酰苯胺　　(6) 对氨基偶氮苯

(7) 氢氧化三甲基-2-甲基-3-戊铵　　(8) 2-氰基戊烷

3. 将三甲胺，甲乙胺，丙胺按沸点由高到低排列。

4. 将下列化合物按碱性由大到小排列

(1) $(CH_3CH_2)_3N$，$CH_3CH_2NH_2$，$(CH_3CH_2)_2NH$，$CH_3\overset{\displaystyle O}{\overset{\|}{C}}NH_2$

(2) $[(CH_3)_3N(C_2H_5)]^+OH^-$，$(CH_3CH_2)_2NH$，$(CH_3CH_2)_3N$，$NH_3$

(3) 四种氨基取代苯化合物（对甲基苯胺、苯胺、间硝基苯胺、对硝基苯胺）

5. 用化学方法鉴定下列各组化合物

(1) 苯胺，苯酚，环己醇，环己基胺

(2) 苯胺，N-甲基苯胺，N,N-二甲基苯胺

6. 完成下列反应式

(1) 苯 $\xrightarrow[50\sim60℃]{混酸}$? $\xrightarrow{Fe+HCl}$?

(2) 苯-$NHCH_2CH_3$ $\xrightarrow{CH_3I\ 过量}$? $\xrightarrow{湿\ Ag_2O}$?

(3) 苯-NH_2 $\xrightarrow[0\sim5℃]{NaNO_2，HCl}$? $\xrightarrow[NaOH]{苯-OH}$?

(4) 苯-$CONH_2$ $\xrightarrow{Br_2/NaOH}$? $\xrightarrow[0\sim5℃]{NaNO_2，HCl}$? $\xrightarrow{CuCN}$? $\xrightarrow{H_2O}$?

(5) 苯-NH_2 $\xrightarrow{CH_3COCl}$?

(6) CH_3-苯-NH_2 $\xrightarrow{?}$ CH_3-苯-$N_2\ HSO_4$ $\xrightarrow{H_3PO_2}$?

7. 以苯或甲苯为原料合成下列化合物

(1) 间硝基苯酚（OH，NO_2）

(2) 1,3,5-三溴苯（Br, Br, Br）

（3）

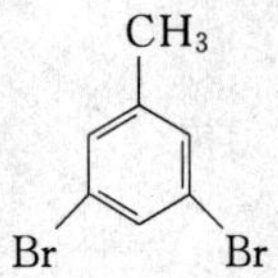

CH₃ 取代苯（3,5-二溴甲苯）

（4）苯偶氮苯胺

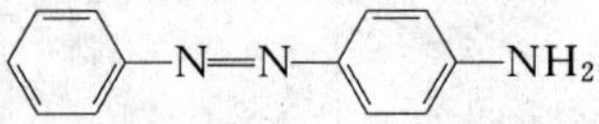

8. 化合物 A 的分子式为 C_6H_7N，A 在常温下与饱和溴水作用生成 B，B 的分子式为 $C_6H_4Br_3N$，B 在低温下与亚硝酸作用生成重氮盐，后者与乙醇共热时生成均三溴苯，试推测 A 和 B 的构造式并写出各步化学反应方程式。

9. 一个化合物 A，分子式为 $C_6H_{15}N$，能溶于稀盐酸，与亚硝酸在室温下作用放出氮气得到 B，B 能进行碘仿反应，B 和浓硫酸共热得到 C，C 能使溴水褪色，用高锰酸钾氧化 C，得到乙酸和 2-甲基丙酸。试推导 A、B、C 三种化合物的结构。

第十三章　杂环化合物

在环状化合物中，组成环的原子除碳原子外，还含有其他原子，这类化合物称为杂环化合物。杂环上所含非碳原子称为杂原子，最常见的杂原子有 O、N、S 三种原子。

杂环化合物有芳香性杂环和非芳香性杂环之分，有机化学中所讨论的杂环化合物，并不是指所有环内含有杂原子的化合物，如环醚、内酯、酸酐、内酰胺等，易发生开环反应，其理化性质与链状化合物相似，是非芳香性杂环化合物，通常不把它们视为杂环化合物。本章讨论的是结构稳定、具有芳香性的杂环化合物。

第一节　杂环化合物的分类和命名

一、杂环化合物的分类

杂环化合物可以根据环的大小、多少及所含杂原子的数目进行分类。

按环数的多少，可分为单杂环和稠杂环；单杂环又可根据成环原子数的多少分为五元杂环及六元杂环等；稠杂环可分为苯并单杂环和单杂环并单杂环两种；按环中杂原子的数目又可分为含一个杂原子的杂环和含多个杂原子的杂环化合物。

表 13-1 为常见杂环化合物的分类和名称。

表 13-1　常见杂环化合物的分类和名称

分类		含一个杂原子			含多个杂原子	
单杂环	五元杂环	 呋喃 	噻吩 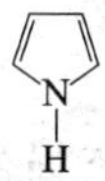	吡咯	 咪唑 	噻唑
	六元杂环	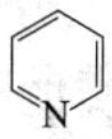 吡啶 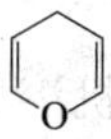	吡喃		 嘧啶	
稠杂环		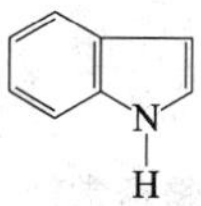 吲哚 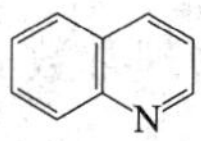	喹啉 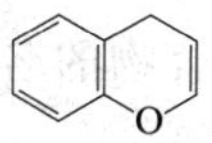	苯并吡喃	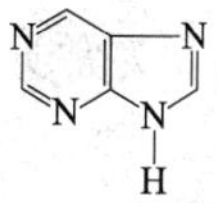 嘌呤	

二、杂环化合物的命名

1. 音译法

杂环母环的命名常用音译法，即按照英文谐音汉字加"口"偏旁表示杂环母体的名称。详见表 13-1。

2. 系统命名法

把杂环看作杂原子取代了相应碳环中的碳原子，命名时以相应的碳环为母体，在碳环名称前加上杂原子的名称，称为"某（杂）某"。如吡啶称为氮（杂）苯，喹啉称为1-氮（杂）萘。

杂环母环的编号规则介绍如下。

① 含1个杂原子的杂环，从杂原子开始用阿拉伯数字或从靠近杂原子的碳原子开始用希腊字母编号。

② 如有几个不同的杂原子时，则按 O、S、—NH—、—N═ 的先后顺序编号，并使杂原子的编号尽可能小。

③ 有些稠杂环母环有特定的名称和编号原则。

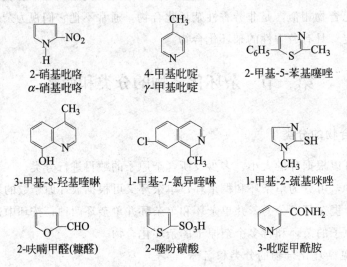

| 2-硝基吡咯 | 4-甲基吡啶 | 2-甲基-5-苯基噻唑 |
| α-硝基吡咯 | γ-甲基吡啶 | |

3-甲基-8-羟基喹啉　　1-甲基-7-氯异喹啉　　1-甲基-2-巯基咪唑

2-呋喃甲醛(糠醛)　　2-噻吩磺酸　　3-吡啶甲酰胺

第二节　单杂环化合物的物理性质

1. 物理状态

单杂环化合物多为无色液体，有强烈而难闻的气味，有一定的毒性。

2. 溶解性

单杂环化合物难溶于水，易溶于有机溶剂。吡啶能与水、乙醇、醚等混溶，是一种优良的溶剂。

表13-2为常见单杂环化合物的名称及物理常数。

表 13-2　常见单杂环化合物的名称及物理常数

名称	熔点/℃	沸点/℃	密度(20℃)/$10^3 kg \cdot m^{-3}$
呋喃	−86	31	0.934
噻吩	−38	84	1.065
吡咯	−24	131	0.969
糠醛	−39	162	1.159
吡啶	−42	115.5	0.982

第三节　单杂环化合物的化学性质

杂环化合物除具有一定程度的芳香性外，还具有其他一些化学性质。

一、酸碱性

在吡咯分子中，因为氮原子上未共用电子对参与了环上共轭体系，氮原子上的电子云密度降低，使与氮原子相连的氢原子比较活泼，使吡咯的碱性比仲胺还弱，反而能与强碱或碱金属成盐，所以吡咯具有弱酸性，其酸性比醇强，比酚弱。吡啶则显碱性，可与酸成盐。例如：

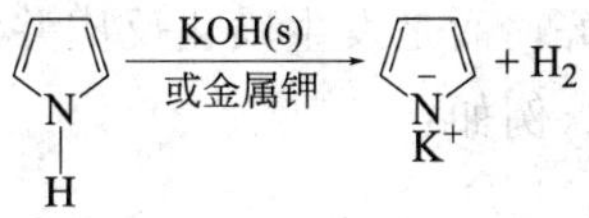

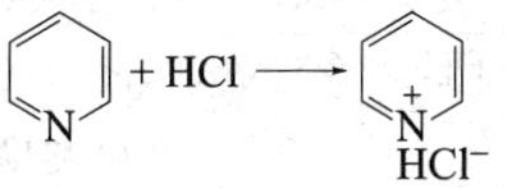

二、亲电取代反应

吡咯、呋喃、噻吩很容易发生亲电取代反应，当它们在强酸性条件下时很容易发生分解、开环甚至聚合反应，所以要在缓和条件下进行。

1. 卤代

吡咯、呋喃、噻吩等五元芳杂环很容易发生卤代反应，并常可得到多卤代物。例如：

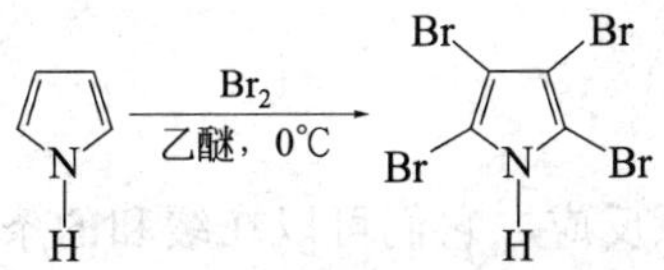

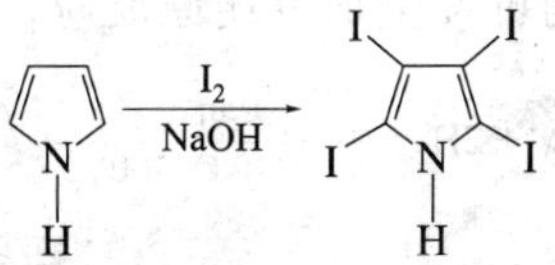

吡啶的结构为六元环，其亲电取代反应类似于硝基苯，因此要在较剧烈的条件下才被卤代。例如：

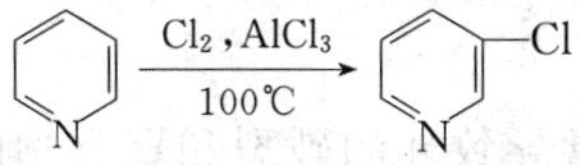

2. 硝化

吡咯、呋喃、噻吩等五元杂环只能在比较缓和的条件下硝化，当它在酸性条件下易发生开环、聚合反应，因而不能用硝酸直接硝化。例如：

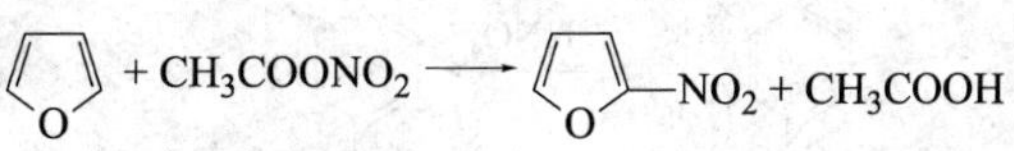

吡啶的硝化较难，需在剧烈的条件下硝化，并且反应较为缓慢，产率很低。例如：

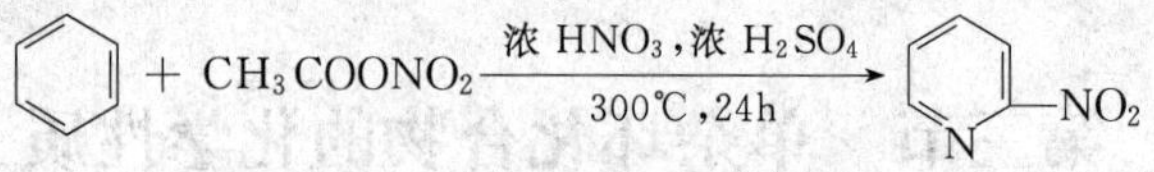

$$\text{（苯环）} + CH_3COONO_2 \xrightarrow[300℃,24h]{\text{浓 } HNO_3,\text{浓 } H_2SO_4} \text{（吡啶）} - NO_2$$

3. 磺化

吡咯、呋喃较易发生磺化，但不能直接用硫酸磺化，常用温和的磺化剂，如吡啶与三氧化硫的混合物。例如：

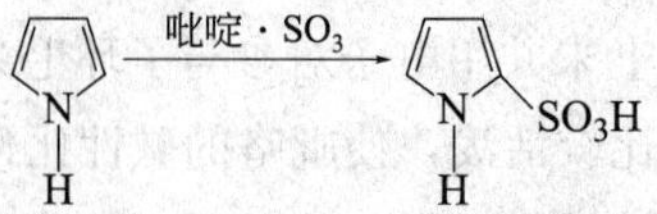

$$\text{（吡咯）} \xrightarrow{\text{吡啶} \cdot SO_3} \text{（2-吡咯磺酸）} - SO_3H$$

2-吡咯磺酸

噻吩在常温下不被浓硫酸分解，而是发生磺化反应并溶于浓硫酸中，因此用浓硫酸可直接磺化；吡啶的磺化则较为困难。例如：

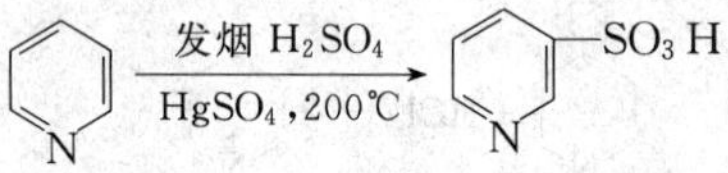

$$\text{（吡啶）} \xrightarrow[HgSO_4,200℃]{\text{发烟 } H_2SO_4} \text{（3-吡啶磺酸）} - SO_3H$$

3-吡啶磺酸

4. 傅-克酰基化反应

吡咯、噻吩等五元芳杂环可被乙酸酐等酰化，而吡啶则不起酰化反应。例如：

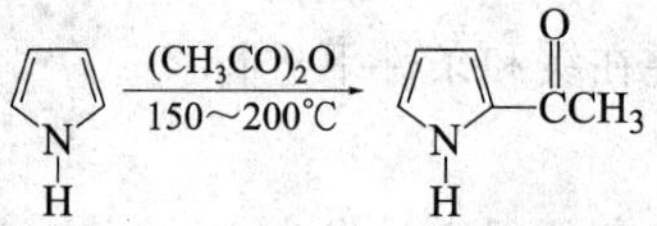

$$\text{（吡咯）} \xrightarrow[150\sim200℃]{(CH_3CO)_2O} \text{（2-乙酰基吡咯）}$$

2-乙酰基吡咯

三、加成反应

芳杂环比苯容易起加氢还原反应，它们可以在缓和的条件下催化加氢，如在催化剂的作用下，吡咯、吡啶、噻吩、呋喃均可发生加氢还原反应。例如：

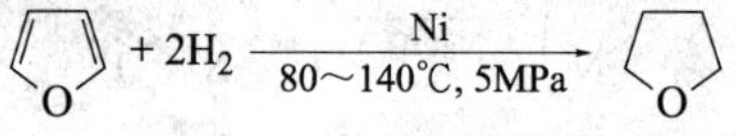

$$\text{（呋喃）} + 2H_2 \xrightarrow[80\sim140℃,5MPa]{Ni} \text{（四氢呋喃）}$$

四氢呋喃

四氢呋喃是一种用途广泛的优良溶剂，也是重要的有机合成原料。

四、氧化反应

吡咯、呋喃很容易被氧化，常导致环的破裂和聚合物的形成。特别在酸性环境中，氧化反应更易发生。所以吡咯和呋喃等不能用浓硝酸和浓硫酸进行硝化和磺化。

吡啶环很稳定，它比苯环更不易被氧化，只有侧链才会被氧化。例如：

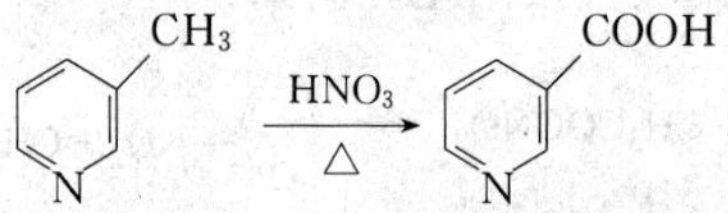

$$\text{（β-甲基吡啶）} \xrightarrow[\triangle]{HNO_3} \text{（β-吡啶甲酸）}$$

β-甲基吡啶　　　　　β-吡啶甲酸

第四节　重要的杂环化合物

一、呋喃、糠醛

呋喃为无色液体，有特殊气味，沸点 32℃，相对密度 0.9336，难溶于水，易溶于有机溶剂。呋喃是重要的有机化工原料，可用来合成药物、除草剂、稳定剂和洗涤剂等精细化工产品。

糠醛化学名为 α-呋喃甲醛，为无色液体，有特殊香味，沸点 162℃，相对密度 1.160，溶于水，与乙醇、乙醚互溶，是优良的有机溶剂。在工业上可用于制合成树脂、电绝缘材料、清漆、呋喃西林和精制粗蒽，并用作防腐剂和香烟香料等，同时还是制药和多种有机合成的原料和试剂。

二、噻吩

噻吩为无色液体，有特殊气味，沸点为 84.12℃，相对密度 1.0644，不溶于水，易溶于乙醇、乙醚、苯和硫酸。在浓硫酸作用下与松木片作用呈蓝色，这是检验噻吩存在的方法。

噻吩及其衍生物主要用于合成药物的原料，也是制造感光材料、增塑剂、增亮剂、除草剂和香料的材料，是现代有机化工很重要的原料之一。

三、吡咯

吡咯是无色液体，在空气中颜色迅速变黑，有显著的刺激性气味，沸点 130～131℃，几乎不溶于水，溶于乙醇、乙醚、苯和无机酸溶液。吡咯蒸气遇蘸有盐酸的松木片能显红色，可用于鉴定吡咯的存在。

吡咯和许多重要的衍生物都是重要的药物和具有很强的生理活性物质，如叶绿素、血红素、胆汁色素、某些氨基酸和许多生物碱等，在工业上应用广泛。

四、吡啶

吡啶是无色或微黄色液体，有特殊气味，沸点 115.56℃，相对密度 0.978，溶于水、乙醇、乙醚、苯、石油醚和动植物油，并能溶解大部分有机化合物和许多无机盐类，是一种良好的溶剂。

吡啶及其衍生物广泛存在于自然界中，有些具有一定的生理活性，所以是制许多维生素和药物的原料，吡啶还是一些有机反应的介质和分析化学的试剂。

五、喹啉

喹啉为无色油状液体，遇光或在空气中变黄色，有特殊气味，沸点 237.7℃，微溶于水，易溶于乙醇、乙醚、氯仿等有机溶剂。

喹啉及其衍生物主要用于制药、染料、试剂和溶剂，还可用于照相胶片的感光剂、彩色电影胶片的增感剂等，是很重要的一类有机合成原料。

生物碱及其生理功能

生物碱是一类存在于生物体内、对人类和动物有强烈生理作用的碱性含氮有机物。其分子结构复杂，大多是含氮杂环的衍生物。许多中草药的有效成分主要是生物碱。

生物碱主要存在于植物中，因而又称为植物碱。

绝大多数生物碱为无色晶体，味苦。分子中含有手性碳原子，具有旋光作用，大多不溶或难溶于水，能溶于氯仿、乙醇、醚等有机溶剂。生物碱既是很好的药物，也是有毒物质。

生物碱的种类很多，到目前为止，已分离出的生物碱约有五六千种，已知结构就超过2000种。这里介绍几种常见的生物碱及其生理功能。

1. 烟碱

烟碱又名尼古丁，含吡啶和四氢吡咯环，主要存在于烟草中，国产烟叶约含烟碱1%～4%，无色液体，能溶于水及大多数有机溶剂，沸点246℃。烟碱的毒性极大，经口40mg即致死，解毒药为颠茄碱。因此吸烟对人体有害，应提倡不要吸烟。烟碱在农业上可作为杀虫剂，量小可作为药物治疗疾病，量大时可引起中毒。

2. 茶碱

茶碱含嘌呤环，主要存在于茶叶中，无色针状晶体，易溶于热水，难溶于冷水，熔点270～274℃。茶碱有松弛平滑肌和较强的利尿作用，医药上用来消除支气管痉挛和各种水肿症。

3. 吗啡碱

吗啡碱存在于鸦片中，片状晶体，难溶于一般有机溶剂，熔点253～254℃。鸦片是罂粟果实流出的乳状汁液，经日光晒成的黑色膏状物质。鸦片中含有25种以上生物碱，以吗啡碱最重要，约含10%，属于异喹啉类生物碱。吗啡碱对中枢神经有麻醉作用，有极快的镇痛效力，但久用成瘾，要严格控制使用。

4. 麻黄素

麻黄素又称麻黄碱，主要存在于麻黄中，无色晶体，易溶于水及大多数有机溶剂，熔点38.1℃，具有兴奋交感神经、收缩血管、扩张气管的作用，是常见的止咳平喘药物。

5. 颠茄碱

颠茄碱又称阿托品，含氢化吡咯和氢化吡啶环，主要存在于颠茄、曼陀罗、天仙子等植物中，白色晶体，难溶于水，易溶于乙醇。颠茄碱在医药上用作抗胆碱药，能扩散瞳孔，治疗平滑肌痉挛，胃和十二指肠溃疡，亦可作为有机磷中毒的解毒剂。

习 题

1. 命名下列化合物

(1) 呋喃-CHO　　　(2) 吡咯-N-C₂H₅　　　(3) 噻吩-CH₃

(4) 　　　　(5) CH₃ OH

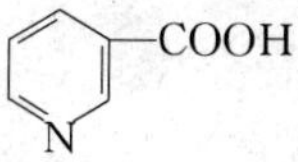

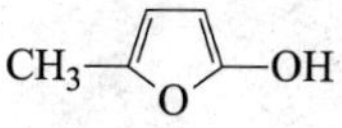

2. 写出下列化合物的构造式

(1) N-乙基-α-甲基吡咯　　(2) 5-硝基-2-呋喃甲醛　　(3) 六氢吡啶

(4) 8-羟基喹啉　　(5) α,β-吡啶二甲酸

3. 比较吡咯，吡啶，四氢吡啶，苯胺碱性强弱。

4. 比较吡咯，噻吩，呋喃，吡啶，苯发生亲电取代反应活性强弱。

5. 下列化合物中不能发生傅-克酰基化反应的是（　　）

A. 吡咯　　B. 噻吩　　C. 苯　　D. 硝基苯　　E. 吡啶

6. 完成下列反应式

(1) 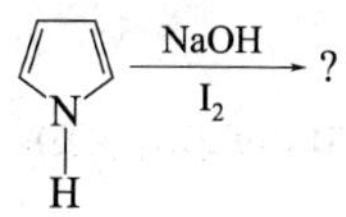 $\xrightarrow[\text{I}_2]{\text{NaOH}}$?

(2) + CH₃COONO₂ $\xrightarrow{-30\sim-5℃}$?

(3) $\xrightarrow[100℃]{\text{SO}_3,\ \text{吡啶}}$?

(4) + HCl ⟶ ?

(5) $\xrightarrow[\Delta]{\text{HNO}_3}$?

(6) $\xrightarrow{\text{H}_2\text{SO}_4}$?

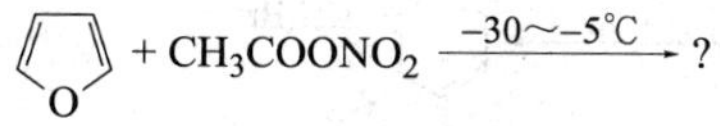

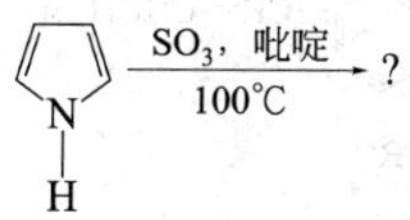

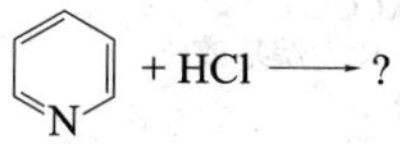

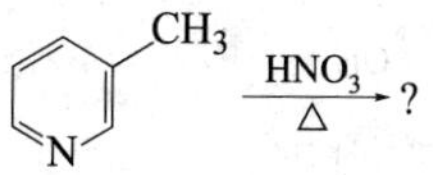

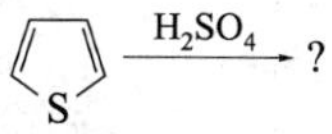

附　录

一、卤代烃及含卤化合物制备反应示意图

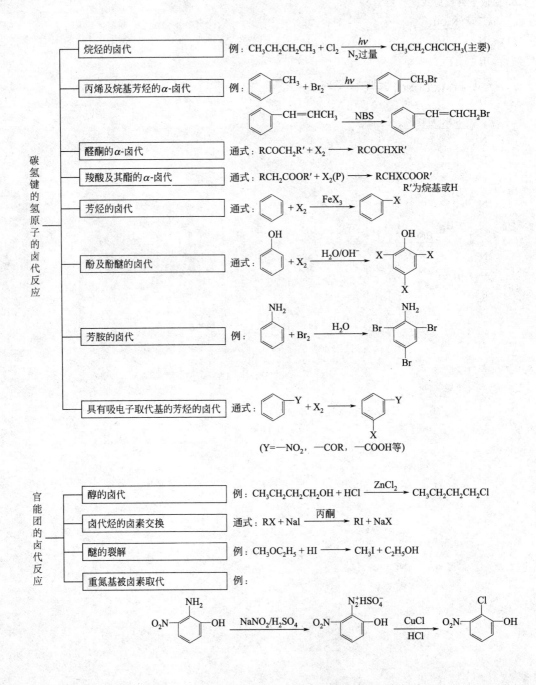

烷烃的卤代	例：$CH_3CH_2CH_2CH_3 + Cl_2 \xrightarrow[\text{N}_2\text{过量}]{hv} CH_3CH_2CHClCH_3$(主要)

碳氢键的氢原子的卤代反应

丙烯及烷基芳烃的 α-卤代

例：⬡—CH$_3$ + Br$_2$ $\xrightarrow{hv}$ ⬡—CH$_3$Br

⬡—CH=CHCH$_3$ $\xrightarrow{NBS}$ ⬡—CH=CHCH$_2$Br

醛酮的 α-卤代　　通式：$RCOCH_2R' + X_2 \longrightarrow RCOCHXR'$

羧酸及其酯的 α-卤代　通式：$RCH_2COOR' + X_2(P) \longrightarrow RCHXCOOR'$　R′为烷基或H

芳烃的卤代　　通式：⬡ + X$_2$ $\xrightarrow{FeX_3}$ ⬡—X

酚及酚醚的卤代　通式：⬡—OH + X$_2$ $\xrightarrow{H_2O/OH^-}$ （三卤代酚）

芳胺的卤代　　例：⬡—NH$_2$ + Br$_2$ $\xrightarrow{H_2O}$ （三溴苯胺）

具有吸电子取代基的芳烃的卤代　通式：⬡—Y + X$_2$ $\longrightarrow$ （间位卤代物）

(Y=—NO$_2$，—COR，—COOH等)

官能团的卤代反应

醇的卤代　　例：$CH_3CH_2CH_2CH_2OH + HCl \xrightarrow{ZnCl_2} CH_3CH_2CH_2CH_2Cl$

卤代烃的卤素交换　通式：$RX + NaI \xrightarrow{\text{丙酮}} RI + NaX$

醚的裂解　　例：$CH_3OC_2H_5 + HI \longrightarrow CH_3I + C_2H_5OH$

重氮基被卤素取代　例：

O_2N—⬡（—NH$_2$，—OH）$\xrightarrow{NaNO_2/H_2SO_4}$ O_2N—⬡（—N$_2^+$HSO$_4^-$，—OH）$\xrightarrow[\text{HCl}]{CuCl}$ O_2N—⬡（—Cl，—OH）

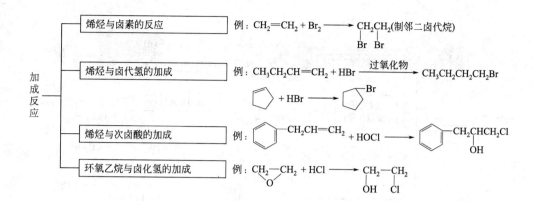

二、醇及含羟基化合物制备反应示意图

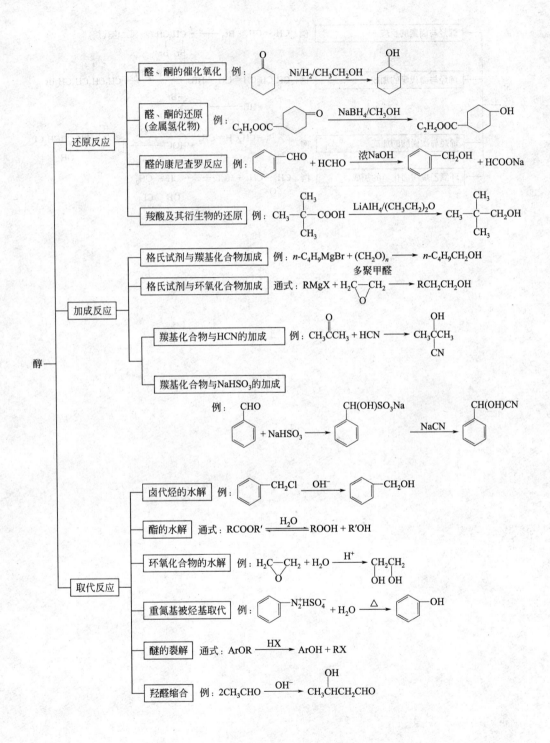

三、羧酸制备反应示意图

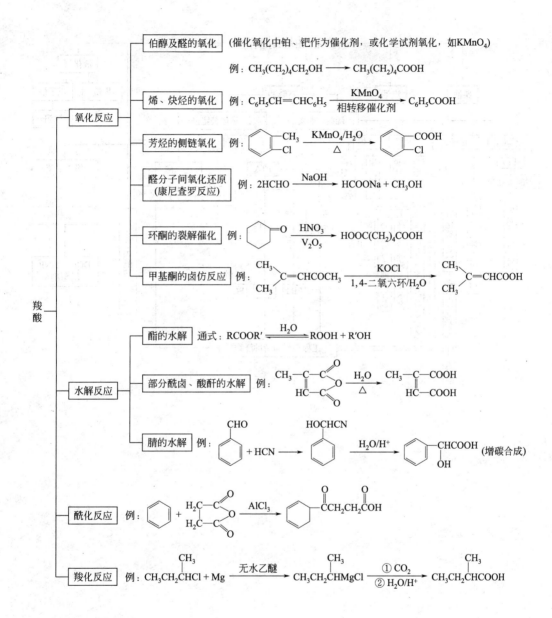

四、石油化工相关产品示意图

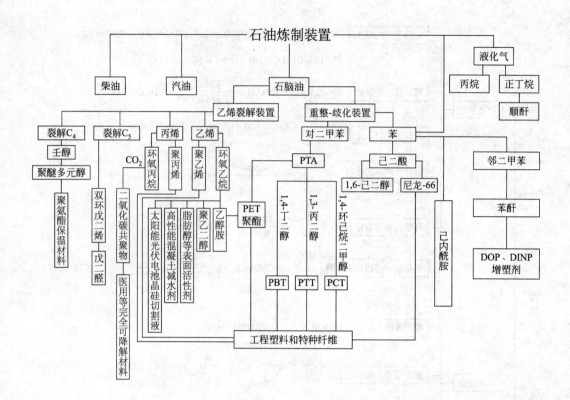

五、煤化工相关产品示意图

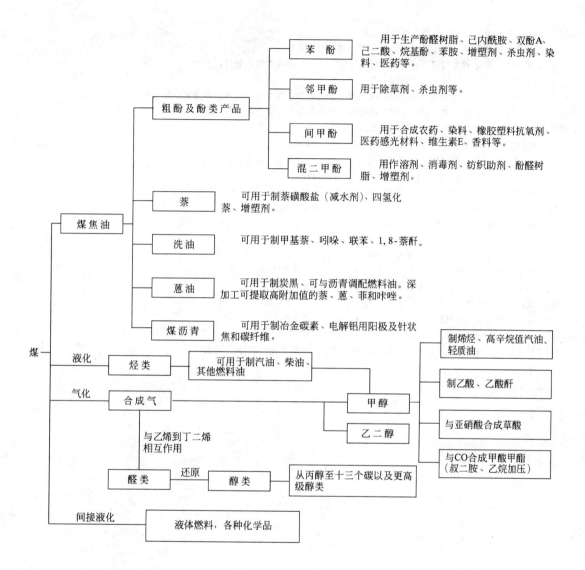

参考文献

[1] 周乐. 有机化学. 北京：科学出版社，2008.

[2] 高鸿滨. 有机化学. 第4版. 北京：高等教育出版社，2005.

[3] 高职高专化学教材编写组. 有机化学. 第3版. 北京：高等教育出版社，2008.

[4] 陈宏博. 有机化学. 第3版. 大连：大连理工大学出版社，2009.

[5] 王积涛，王永梅，张宝申，胡青眉，庞美丽. 有机化学. 第3版. 天津：南开大学出版社，2009.

[6] 黄宪，王彦广，陈振初. 新编有机合成化学. 北京：化学工业出版社，2002.

[7] 高建业. 煤焦油化学品制取与应用. 北京：化学工业出版社，2011.

[8] 唐宏青. 煤化工新技术. 北京：化学工业出版社，2009.

[9] 邢其毅，裴伟伟，徐瑞秋，裴坚. 有机化学. 第3版. 北京：高等教育出版社，2005.

[10] 汪小兰. 有机化学. 第4版. 北京：高等教育出版社，2010.

[11] 伍越寰，李永昶，沈晓明. 有机化学. 第2版. 合肥：中国科学技术大学出版社，2007.

[12] 袁红兰，金万祥. 有机化学. 第2版. 北京：化学工业出版社，2008.

[13] 尹冬冬. 有机化学. 第2版. 北京：高等教育出版社，2010.

[14] 邬瑞斌. 有机化学. 第2版. 北京：科学出版社，2010.

[15] 李树山. 有机化学. 北京：中国环境科学出版社，2008.

[16] 刘军，张文雯，申玉双. 有机化学. 第2版. 北京：化学工业出版社，2010.

[17] 初玉霞. 有机化学. 第2版. 北京：化学工业出版社，2006.

[18] 贺红举. 有机化学. 第2版. 北京：化学工业出版社，2010.

[19] 沈萍，李炳勇. 有机化学. 第2版. 重庆：西南师范大学出版社，2009.

[20] Carey F A. Organic Chemistry. 4th ed. New York：McGraw-Hill Companies，Inc，2000.

[21] 徐克勋. 精细有机化工原料及中间体手册. 北京：化学工业出版社，1998.